W0332471

STARK

DEIN COACH ZUM ERFOLG!

Dein ActiveBook auf My**STARK**:

Du kannst auf alle digitalen Inhalte zu diesem Band online zugreifen. Registriere dich dazu unter **www.stark-verlag.de/mystark** mit deinem **persönlichen Zugangscode**:

C09585-002323

Die Inhalte dieser Auflage stehen bis Schuljahresende zur Verfügung.

MySTARK

Das Active**Book** *bietet dir:*

- Die Original-Prüfungsaufgaben von 2022 mit vollständigen Lösungsvorschlägen
- Interaktive Aufgaben mit sofortiger Ergebnisauswertung zu wichtigen prüfungsrelevanten Themenbereichen, z. B. Klimageographie, Ressourcen, Bevölkerungs- und Siedlungsgeographie
- Videos zu den Themen Karteninterpretation, Bild- und Diagrammanalyse
- Ein Glossar zum schnellen Nachschlagen von Begriffen und Definitionen

DEIN COACH ZUM ERFOLG!

So kannst du interaktiv lernen:

Interaktive Aufgaben

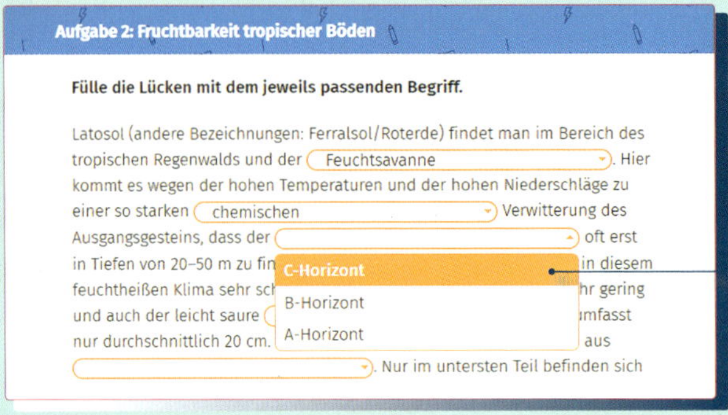

Sofortige Ergebnisauswertung

Lernvideos

Anschauliche Erklärungen zur Analyse von Bildern, Diagrammen und Karten

Glossar

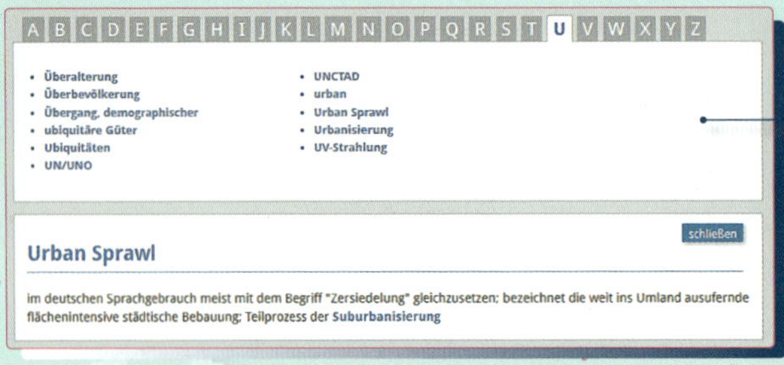

Schnelles Nachschlagen von Begriffen und Definitionen

Systemvoraussetzungen:

- Mindestens 1024×768 Pixel Bildschirmauflösung
- Chrome, Firefox oder ähnlicher Webbrowser
- Internetzugang

2023

Abitur

Original-Prüfungsaufgaben
mit Lösungen

Gymnasium · Bayern

Geographie

STARK

13. ergänzte Auflage
www.stark-verlag.de

Inhalt

Vorwort

Hinweise und Tipps

1 Rahmenbedingungen für das schriftliche Abitur I
2 Prüfungsinhalte II
3 Bearbeitung der Aufgaben III
4 Bewertungskriterien IV
5 Anforderungsbereiche und Operatoren V
6 Strategien für die schriftliche Abiturprüfung VII
7 Umgang mit Materialien IX

Schriftliche Abiturprüfungsaufgaben 2017

Aufgabe I: Ökosysteme und anthropogene Eingriffe in Südostasien und im Pazifik 2017-1
Aufgabe II: Ressourcen und Klimawandel in Peru 2017-11
Aufgabe III: Globalisierung und Entwicklung in Afrika 2017-21
Aufgabe IV: Raumstrukturen und aktuelle Entwicklungsprozesse in Deutschland 2017-29

Schriftliche Abiturprüfungsaufgaben 2018

Aufgabe I: Naturraum und Nutzungspotenzial der kalten Zonen 2018-1
Aufgabe II: Alpenrepublik Österreich 2018-11
Aufgabe III: Strukturen und Entwicklungen in Asien und Europa 2018-19
Aufgabe IV: Strukturen und aktuelle Entwicklungen in Thüringen 2018-28

Schriftliche Abiturprüfungsaufgaben 2019

Aufgabe I: Naturraum und Inwertsetzung der Sahel-Staaten 2019-1
Aufgabe II: Ressourcen und Nutzungsvielfalt im orientalischen Raum 2019-12
Aufgabe III: Nigeria 2019-23
Aufgabe IV: Raumstrukturen und aktuelle Entwicklungsprozesse im Ruhrgebiet 2019-33

Schriftliche Abiturprüfungsaufgaben 2020

Aufgabe I: Naturraum und Nutzung in den Tropen Südamerikas . . 2020-1
Aufgabe II: Energieproduktion, Klimawandel und Nachhaltigkeit in Afrika 2020-10
Aufgabe III: Bolivien: Wirtschaftspotenziale und Entwicklung 2020-19
Aufgabe IV: Raumstrukturen in Sachsen 2020-29

Schriftliche Abiturprüfungsaufgaben 2021

Aufgabe I: Der Naturraum Afrikas und dessen Nutzung 2021-1
Aufgabe II: Karibik und nördliches Südamerika 2021-9
Aufgabe III: Philippinen und Indonesien 2021-19
Aufgabe IV: Rhein-Main-Gebiet 2021-28

Abiturprüfungsaufgaben 2022 . . . . **www.stark-verlag.de/mystark**
Sobald die Original-Prüfungsaufgaben 2022 freigegeben sind, können Sie sie als PDF auf der Plattform MyStark herunterladen (Zugangscode vgl. Farbseiten zu Beginn des Buches).

Autoren:

WILFRIED BÜTTNER: Lösungen Abiturprüfung 2017/IV, 2018/IV, 2019/III, 2020/III und IV, 2021/III und IV
WERNER ECKERT: Hinweise und Tipps zum schriftlichen Abitur; Lösungen Abiturprüfung 2017/I und II, 2018/I, 2019/I und II, 2020/I, 2021/II
BERND RACZKOWSKY: Lösungen Abiturprüfung 2017/III, 2018/II und III, 2019/IV, 2020/II, 2021/I

Vorwort

Liebe Schülerinnen, liebe Schüler,

bald werden Sie Ihre **Abiturprüfung in Geographie** ablegen. Der vorliegende Band hilft Ihnen, sich auf die Prüfungsanforderungen im Abitur effektiv vorzubereiten.

Das einführende Kapitel „**Hinweise und Tipps**" fasst zunächst wichtige Informationen zum **schriftlichen Abitur** zusammen. Sollten nach Erscheinen dieses Bandes vom Kultusministerium noch wichtige Änderungen im Abitur 2023 bekannt gegeben werden, finden Sie aktuelle Informationen dazu im Internet unter:
www.stark-verlag.de/mystark

Der zweite Teil des Buchs ist der Übungsteil. Er umfasst
- die vollständigen **Abiturjahrgänge** der letzten Jahre,
- **Farbabbildungen** der Abiturjahrgänge am Ende des Buchs.

Zu allen Aufgaben gibt es **konkrete Bearbeitungshinweise** (gekennzeichnet durch kleine graue Rauten), die Ihnen ein gezieltes Vorgehen bei der Beantwortung der einzelnen Aufgaben vermitteln und so zu einer optimalen Lösung hinleiten.
Die ausführlichen **Musterlösungen** helfen Ihnen bei der **selbstständigen Wiederholung** Ihrer im Unterricht erworbenen geographischen Kenntnisse und Fertigkeiten.

Auf dieser Grundlage können Sie die Bearbeitung der Aufgaben **unter Prüfungsbedingungen** trainieren und optimieren.

Eine weitere Übungsmöglichkeit bieten die **digitalen Zusätze** zu diesem Buch: Über den **Online-Code** erhalten Sie Zugang zur Plattform *MyStark.* Hier finden Sie neben den **Abituraufgaben 2022** auch zahlreiche **interaktive Aufgaben** zu wichtigen prüfungsrelevanten Themenbereichen, ein **Glossar** sowie **Lernvideos** zu den Themen Karten-, Diagramm- und Bildinterpretation.

Die Autoren wünschen Ihnen eine effektive Vorbereitungsphase und viel Erfolg in der Abiturprüfung!

Hinweise und Tipps

1 Rahmenbedingungen für das schriftliche Abitur

Die bayerische Abiturprüfung erstreckt sich auf fünf verschiedene Fächer. Das schriftliche Abitur umfasst für alle Schüler*innen verpflichtend die Fächer Deutsch und Mathematik (Abiturprüfungsfächer 1 und 2). Bei den weiteren Abiturprüfungsfächern entscheiden Sie selbst, welches Fach in schriftlicher Form **(Abiturprüfungsfach 3)** und welche beiden Fächer **(Abiturprüfungsfächer 4 und 5)** in mündlicher Form **(Kolloquium)** geprüft werden. Geographie kann also entweder als drittes – schriftliches – Abiturfach oder aber als viertes bzw. fünftes mündliches Abiturfach – Kolloquiumsfach – gewählt werden.

In der **schriftlichen Abiturprüfung** werden Ihnen **vier Aufgaben** vorgelegt, von denen Sie **zwei zur Bearbeitung auswählen**. Als Bearbeitungszeit für diese zwei Aufgaben stehen Ihnen **210 Minuten** zur Verfügung.

Als **Hilfsmittel** dürfen ein netzunabhängiger elektronischer **Taschenrechner** sowie **zugelassene Geographie-Atlanten** benutzt werden. Der Atlas darf keine Kommentare enthalten; Hervorhebungen und Verweise auf wichtige Karten durch Lesezeichen oder Haftnotizzettel sind jedoch gestattet.

Folgende Atlanten sind in der Abiturprüfung zugelassen *(Stand: 06. 09. 2021)*:
- HAACK Weltatlas, Bayern, ISBN 978-3-12-828621-1, 1. Aufl. 15/nur 1. Dr. 15, 2. Dr. 16, 3. Dr. 17, 4. Dr. 18 u. 5. Dr. 19, Zulassungsnr. 119/15-G (23. 01. 2020)
- HAACK Weltatlas, Bayern, ISBN 978-3-623-49645-0, 1. Aufl. 08/nur 8. Dr. 14, Zulassungsnr. 125/08-G (21. 01. 2015)*
- HAACK Weltatlas, ISBN 978-3-623-49621-4, 1. Aufl. 07/nur 10. Dr. 14, Zulassungsnr. 135/07-G (21. 01. 2015)*
- SEYDLITZ Weltatlas, Bayern, ISBN 978-3-507-01162-5, Dr. A^2 15, Zulassungsnummer 6/14-G (17. 09. 2015)
- DIERCKE Weltatlas, Ausgabe Bayern, ISBN 978-3-14-100803-6, 1. Aufl. 15/ nur Dr. $A^1$15, $A^2$16, $A^3$17, $A^4$19, $A^5$20 u. $A^6$21, Zulassungsnummer 34/15-G/R (06. 08. 2021)
- DIERCKE Weltatlas, ISBN 978-3-14-100703-9, 1. Aufl. 10/nur Dr. $A^3$12, $A^4$13, $A^5$14 u. $A^6$14, Zulassungsnummer 122/10-G/R (20. 11. 2014)*

* vergriffen, kann jedoch weiterhin im Unterricht eingesetzt werden, solange der grundlegende Lehrplan gültig ist

2 Prüfungsinhalte

Die Prüfungsaufgaben orientieren sich an den **Einheitlichen Prüfungsanforderungen (EPA)** der Kultusministerkonferenz. Den inhaltlichen Rahmen für die schriftliche Abiturprüfung Geographie bildet der **Lehrplan** für die Jahrgangsstufen 11 und 12. Das heißt, dass alle vier Prüfungsaufgaben nur auf der Grundlage folgender vom Lehrplan vorgegebener Themen und Inhalte gestellt werden:

Geo 11.1: Der blaue Planet und seine Geozonen

Geo 11.2: Ökosysteme und anthropogene Eingriffe: Die Tropen – Die kalten Zonen

Geo 11.3: Ressourcen – Nutzung, Gefährdung und Schutz: Wasser als Lebensgrundlage, Rohstofflagerstätten und deren Nutzung

Geo 11.4: Umweltrisiken und menschliches Verhalten

Geo 12.1: Eine Welt – Strukturen, Entwicklungswege, Verflechtungen, Globalisierung: Merkmale und Ursachen unterschiedlicher Entwicklung, Bevölkerungsentwicklung und Verstädterung, Globalisierung

Geo 12.2: Raumstrukturen und aktuelle Entwicklungsprozesse in Deutschland

Wenn Sie ausführlichere Informationen über die Inhalte des Lehrplans benötigen, bitten Sie Ihre Geographielehrerin bzw. Ihren Geographielehrer, Ihnen den Lehrplan zur Verfügung zu stellen. Sie können den Lehrplan auch unter *www.isb.bayern.de* einsehen und herunterladen.

Zudem sind einige Lehrplanabschnitte aufgrund der durch **Corona verursachten besonderen Lernsituation** in der **schriftlichen Prüfung 2023 nicht relevant:**

Geo 12.1.1 Merkmale und Ursachen unterschiedlicher Entwicklung

- beim Punkt „Merkmale des Entwicklungsstands“: *Gliederungsschemata als Ausdruck sich verändernder Sichtweisen der Welt*
- beim Punkt „Entwicklungstheorien und -strategien“: *Wachstumsstrategie, Strategie der Armutsbekämpfung, Entwicklung durch Wachstumspole*

Geo 12.1.3 Globalisierung

- ganzer Punkt: *Versuche zur Steuerung des Globalisierungsprozesses: Zielsetzungen bedeutender Wirtschaftsblöcke, Diskussion der Wirksamkeit internationaler Handelsabkommen*

Geo 12.2 Raumstrukturen und aktuelle Entwicklungsprozesse in Deutschland

- beim Punkt „Entwicklungen in städtischen Räumen“: *Stadtumbau*
- beim Punkt „Wirtschaftsräumliche Disparitäten“: *Bedeutungswandel ländlicher Räume*

Geo 12.3 Geographische Arbeitstechniken und Arbeitsweisen

- Erstellung graphischer Darstellungen von statistischen Angaben
- Selbständiges Anfertigen von Strukturskizzen und graphische Darstellung von Wirkungszusammenhängen

- Expertenbefragung
- Durchführung und Auswertung von Unterrichtsgängen
- Arbeiten mit geographischen Informationssystemen (GIS)
- Recherche zu einem ausgewählten Aspekt in der aktuellen Diskussion mithilfe der Fachliteratur
- Erstellung und Präsentation der Ergebnisse einer Gruppenarbeit

Hinweis zur Kolloquiumsprüfung: Im Zusammenhang mit der Corona-Pandemie kann es durch geänderte Schwerpunktsetzungen im Unterricht dazu kommen, dass Lehrplaninhalte eines Ausbildungsabschnitts oder Schuljahres im darauffolgenden Ausbildungsabschnitt oder Schuljahr behandelt werden müssen. Für die Kolloquiumsprüfung gilt dann, dass die tatsächliche Unterrichtsgestaltung Grundlage für die Benennung der Themenbereiche sein kann. Allerdings müssen für jeden Ausbildungsabschnitt nach wie vor mindestens drei Themenbereiche benannt werden.

Alles Wissenswerte zu Anforderungen und Ablauf der Kolloquiumsprüfung finden Sie in folgendem Buch: Stark Verlag: Kolloquiumsprüfung Bayern – Geographie, Verlagsnummer 95911, ISBN 978-3-8490-3905-9.

3 Bearbeitung der Aufgaben

Jede Abituraufgabe stellt eine thematische Einheit dar. Diese gliedert sich wiederum in **Teilaufgaben**, die als Arbeitsanweisungen formuliert und mit **Materialien** (Diagrammen, Karten, Statistiken, Graphiken) versehen sind.
Als eine Sonderform der Aufgabenstellung gilt die **materialgestützte Aufgabe**, die Bestandteil einer Aufgabe des Abiturs ist. Bei diesem Aufgabentypus sollen Sie aus einer Vielzahl von Materialien elementare Aussagen herausarbeiten, die sich sinnvoll und argumentativ auf eine Auswertung der Materialien stützen.

Beispiel: *Beschreiben Sie ausgehend von den Materialien M 1 bis M 4 in Anlage II.2 die Entwicklung der ökonomischen und sozialen Situation in Venezuela und legen Sie mögliche Gründe für die aktuelle Krise des Landes dar.* (2021 / II / 2.1)

Bei der Bewertung der materialgestützten Aufgaben werden dementsprechend zu angemessenen Anteilen auch argumentative Leistungen wie schlüssige Argumentation oder gut strukturierte Ausführungen berücksichtigt.

Da im Abitur nur zwei Aufgaben bearbeitet werden müssen, stellt sich die Frage nach einer **sinnvollen thematischen Vorbereitung**. Soll man alle vier Halbjahresthemen vorbereiten oder „Mut zur Lücke" haben und sich nur z. B. auf zwei Themen spezialisieren?
Eine derartige Spezialisierung widerspricht einerseits die Aussage des ISB: „Jeweils zwei der zur Bearbeitung gestellten Aufgaben haben einen **inhaltlichen Schwerpunkt** in jeweils einer bestimmten Jahrgangsstufe (Q11 bzw. Q12); jede Aufgabe enthält dabei aber auch Inhalte aus der anderen Jahrgangsstufe und ist damit **jahrgangsübergreifend** strukturiert" *(vgl. Sonderkontaktbrief Geographie 2010).*
Andererseits lassen sich zahlreiche geographische **Modelle und Prozesse** auf regionale Beispiele bzw. geographische Sachverhalte **transferieren**, sodass es nicht sinn-

voll erscheint, sich nur auf bestimmte Lehrplaninhalte zu spezialisieren. Es ist daher ratsam, sich zumindest in Grundzügen auf alle vier Halbjahresthemen vorzubereiten. Grundlegende Strukturen und Sachverhalte aus den Jahrgangsstufen 11 und 12 sollten Sie verinnerlicht haben. Wichtig ist, dass Sie in der Lage sind, Methoden und überregionales Grundwissen der Allgemeinen Geographie, z. B. zur physischen Geographie oder Stadtgeographie, selbstständig auch auf andere Räume zu übertragen.

4 Bewertungskriterien

Die bei jeder Abituraufgabe jeweils erreichbaren Bewertungseinheiten sind auf dem Aufgabenblatt bei den einzelnen Teilaufgaben angegeben und für die Korrektorin bzw. den Korrektor verbindlich. Nur dann, wenn eine Teilaufgabe aus mehreren Unterfragen besteht, kann die Korrektorin/der Korrektor die Gesamtzahl der auf diese Teilaufgabe entfallenden Bewertungseinheiten nach eigenem Ermessen verteilen.
Insgesamt gibt es jedoch keine absolut verbindlich vorgeschriebenen Vorgaben für die Korrektur. Innerhalb gewisser Grenzen kann die Korrektorin/der Korrektor vom Lösungsschlüssel abweichen und entsprechend dem vorangegangenen Unterricht anders gewichten. Neben der inhaltlichen Bewertung können auch Ungenauigkeiten, falsche Bezüge und Verstöße gegen die sprachliche Richtigkeit oder gegen die äußere Form die Bewertung beeinflussen.
Die in den beiden Aufgaben erreichten Bewertungseinheiten werden addiert und nach der folgenden Tabelle in Notenpunkte umgesetzt:

Notenpunkte	Notenstufen	Bewertungseinheiten	Intervalle in %
15	+1	100–96	
14	1	95–91	15
13	1–	90–86	
12	+2	85–81	
11	2	80–76	15
10	2–	75–71	
9	+3	70–66	
8	3	65–61	15
7	3–	60–56	
6	+4	55–51	
5	4	50–46	15
4	4–	45–41	
3	+5	40–35	
2	5	34–28	20
1	5–	27–21	
0	6	20–0	20

5 Anforderungsbereiche und Operatoren

Um eine Aufgabenstellung eindeutig zu verstehen, müssen Sie die Arbeitsanweisungen exakt definieren können. Diese Arbeitsanweisungen spiegeln unterschiedliche **Anforderungsbereiche** wider, die in der Antwort erwartet werden.
Die „Einheitlichen Prüfungsanforderungen“ (EPA) der Kultusministerkonferenz des Jahres 2005 unterscheiden **drei Anforderungsbereiche (AFB):**

1. die Ebene einer reinen **Reproduktion/Reorganisation** von Kenntnissen,
2. die Ebene der **Übertragung/des Transfers** dieser Kenntnisse auf neue Inhalte,
3. die Ebene des **problemlösenden Denkens**.

Diese Anforderungsbereiche lassen sich nicht scharf voneinander abgrenzen und können nicht immer eindeutig einem bestimmten Aufgabenbereich zugeordnet werden. Grundsätzlich gilt, dass die Aufgabenstellung in der Abiturprüfung **Anforderungen aus allen drei Bereichen** enthält und dass sich der unterschiedliche Schwierigkeitsgrad in der Zuordnung der Verrechnungspunkte zu den Einzelaufgaben widerspiegelt. Wenn Sie sich genauer über die Anforderungsbereiche informieren möchten, können Sie dies auf der Internetseite der Kultusministerkonferenz (*www.kmk.org*) tun.

Allen drei Anforderungsbereichen sind bestimmte **Operatoren** zugeordnet. Anhand dieser standardisierten Arbeitsanweisungen können Sie erkennen, was genau von Ihnen in den einzelnen Teilaufgaben der Prüfung erwartet wird.

Tipp: Gelegentlich kommen in einer Teilaufgabe zwei Operatoren vor. Vergessen Sie nicht, beide Arbeitsaufträge auszuführen. Um ganz sicherzugehen, können Sie auch die Operatoren nach ihrem Anforderungsbereich farbig markieren.

Beispiel: ***Beschreiben*** *und* ***erklären*** *Sie die in Anlage I.2 modellhaft dargestellte Bodenfruchtbarkeit im Bereich des afrikanischen tropischen Regenwaldes sowie deren Veränderung durch Brandrodungswanderfeldbau. (2021/I/1.2)*

Operatoren, die dem **AFB I (Reproduktion)** entsprechen, sind vor allem:

(be-)nennen	Entweder Informationen aus vorgegebenem Material entnehmen oder Kenntnisse ohne Materialvorgabe anführen.
herausarbeiten	Informationen und Sachverhalte unter bestimmten Gesichtspunkten aus vorgegebenem Material entnehmen, wiedergeben und/oder gegebenenfalls berechnen.
beschreiben	Wesentliche Informationen aus vorgegebenem Material oder aus Kenntnissen zusammenhängend und schlüssig wiedergeben.
charakterisieren	Sachverhalte und Vorgänge mit ihren typischen Merkmalen beschreiben und in ihren Grundzügen bestimmen.
wiedergeben	Inhalte und Zusammenhänge in eigenen Worten sachlich und fachsprachlich richtig formulieren.
darstellen	Informationen und Sachzusammenhänge geordnet (graphisch, verbal) verdeutlichen.

Operatoren, die dem **AFB II (Transfer)** entsprechen, sind vor allem:

erstellen	Sachverhalte inhaltlich und methodisch angemessen graphisch veranschaulichen und mit fachsprachlichen Begriffen beschriften (z. B. Fließschema, Diagramm, Wirkungsgefüge).
analysieren	Materialien oder Sachverhalte systematisch und gezielt untersuchen und auswerten.
ein-, zuordnen	Sachverhalte und Vorgänge begründet in einen vorgegebenen Zusammenhang stellen.
begründen	Komplexe Grundgedanken argumentativ schlüssig entwickeln und im Zusammenhang darstellen.
erklären	Informationen durch eigenes Wissen und eigene Einsichten begründet in einen Zusammenhang stellen (z. B. Theorie, Modell, Gesetz, Regel, Funktionszusammenhang)
erläutern	Sachverhalte im Zusammenhang beschreiben und anschaulich mit Beispielen oder Belegen erklären.
vergleichen	Gemeinsamkeiten und Unterschiede gewichtend einander gegenüberstellen und als Ergebnis formulieren.
kennzeichnen	Einen Raum oder Sachverhalt auf der Basis bestimmter Kriterien begründet charakterisieren.
anwenden	Theorien, Modelle oder Regeln zu einem konkreten Fall-/Raumbeispiel oder Sachverhalt in Beziehung setzen.

Operatoren, die dem **AFB III (Problemlösung)** entsprechen, sind vor allem:

überprüfen	Vorgegebene Aussagen bzw. Behauptungen an konkreten Sachverhalten und innerer Stimmigkeit messen.
beurteilen	Aussagen, Behauptungen, Vorschläge oder Maßnahmen im Zusammenhang auf ihre Stichhaltigkeit bzw. Angemessenheit prüfen und dabei die angewandten Kriterien nennen.
bewerten	Aussagen, Behauptungen, Vorschläge oder Maßnahmen beurteilen, eine persönliche Stellungnahme abgeben und dabei die eigenen Wertmaßstäbe offenlegen.
erörtern	Zu einer vorgegebenen Problemstellung durch Abwägen von Für- und Wider-Argumenten ein begründetes Urteil fällen.
gestalten	Sich produkt-, rollen- bzw. adressatenorientiert durch Entwerfen z. B. von Reden, Streitgesprächen, Strategien, Beratungsskizzen, Szenarien oder Modellen mit einem Problem auseinandersetzen.
Stellung nehmen	Unter Abwägung unterschiedlicher Argumente zu einer begründeten Einschätzung eines Sachverhalts oder einer Behauptung gelangen.
entwickeln	Vorschläge, Einschätzungen oder Maßnahmen darlegen, die zu einer inhaltlich weiterführenden und zukunftsorientierten Betrachtung führen.
diskutieren	Zu einer Problemstellung eigene Gedanken entwickeln, mithilfe derer dann ein begründetes Urteil gefällt wird.

Es gibt keine direkte Zeitvorgabe für die **Auswahl** der zwei Aufgaben. Sie können sich von den insgesamt zur Verfügung stehenden 210 Minuten auch mehr als die dafür eigentlich vorgeschlagenen **30 Minuten Einlesezeit** nehmen. Auf keinen Fall sollten Sie vorschnell mit der Bearbeitung einer Aufgabe beginnen: Während des Schreibens abzubrechen und mit einer anderen Aufgabe zu beginnen, kostet Zeit und Nerven. Legen Sie sich deshalb nicht zu schnell fest und lesen Sie wirklich alle Aufgaben einschließlich der Materialien intensiv durch, bevor Sie sich entscheiden.
Um zu einer Entscheidung zu kommen, können Sie folgendermaßen vorgehen:

- Sehen Sie sich zuerst die Überschriften der Aufgaben und Teilaufgaben an. Anhand der **Überschriften** wird bereits klar, um welchen **Untersuchungsraum** es sich handelt und welche **Themenschwerpunkte** angesprochen werden.
- Sehr wichtig ist die genaue **Analyse der Fragestellung** der einzelnen Aufgaben. Überlegen Sie deshalb, welches Vorwissen Sie zum Thema schon mitbringen und, ob ähnliche Fragestellungen zu einem vergleichbaren Raum bzw. geographischen Inhalt schon einmal in einer Klausur oder im Unterricht behandelt worden sind. Auch wenn Sie spontan zu einer Aufgabe tendieren: Entscheiden Sie sich nicht vorschnell, **überprüfen** Sie in jedem Fall auch, ob Sie die zugehörigen **Anlagen** im Materialteil im Sinne der Fragestellung interpretieren können!
- Aus Ihrer Erfahrung wissen Sie, für welche Aufgaben Sie persönlich eher mehr Zeit brauchen (z. B. zum Zeichnen eines Profils oder zum Erstellen eines Wirkungsgefüges). Überschlagen Sie, wie schnell und leicht Sie wie viele Verrechnungspunkte „einfahren" können, denn bei einer Arbeitszeit von 210 Minuten und 60 Verrechnungspunkten haben Sie im Durchschnitt **vier Minuten Zeit pro Verrechnungspunkt**.
- Sehen Sie nach, ob es im Atlas geeignete Karten zu dem jeweiligen Thema gibt.

Auch wenn Sie nur begrenzt Zeit haben: Beginnen Sie nicht zu schnell mit der Reinschrift der Klausur. Wichtig ist, dass Sie vorher **alle Aufgaben und Materialien gründlich lesen**. Nur so können Sie Gesamtzusammenhänge erfassen und Querbezüge zwischen den Aufgaben und dem Material herstellen.
Schauen Sie sich deshalb jeden **Operator** genau an, rufen Sie sich ins Gedächtnis, welchem **Anforderungsbereich** er entspricht, und halten Sie sich unbedingt daran! So vermeiden Sie eine Themaverfehlung.
Oft sind den Arbeitsaufträgen Informationen vorangestellt. Lesen Sie diese Sätze genau, da sie wichtige Informationen zur Beantwortung der Frage enthalten können.

Beispiel: *In der philippinischen Hauptstadt Manila arbeiten tausende Menschen als Müllsammler, die wiederverwertbare Materialien verkaufen. Diese Tätigkeit wird von den Behörden toleriert. Stellen Sie mögliche positive und negative Folgen dieser Form des Müllsammelns dar. (2021/III/1.3)*

Beachten Sie auch die **Formulierung** zur Verwendung der **Anlage**. Redewendungen wie *„in der Anlage erkennbare, dargestellte oder ersichtliche …"* erfordern eine auf die Anlage bezogene Analyse und Argumentation, wohingegen Formulierungen wie

„... unter Einbeziehung, unter Berücksichtigung, mithilfe, unter Verwendung, anhand der Anlage“ weitere, über das Material hinausgehende Ausführungen erwarten.

Beispiel 1: *Erklären Sie **mithilfe geeigneter Atlaskarten** das besonders große und künftig zum Teil noch steigende Gefährdungspotenzial für viele Anrainerstaaten am Karibischen Meer aufgrund von Naturgefahren. (2021 / II / 1.1)*

Beispiel 2: *Erläutern Sie **unter Einbezug der Anlage I.3** wesentliche Vorteile der sogenannten „regenerativen Wiederaufforstung“ in Burkina Faso! (2019 / I /2.2)*

Legen Sie sich für ihre Bearbeitung einen **Zeitplan** fest. Bedenken Sie dabei, dass Sie **zwei Aufgaben** zu bearbeiten haben.
Beginnen Sie mit der Abiturteilaufgabe, die Ihnen am leichtesten fällt. Die Fragennummerierung dieser Aufgabe sollten Sie jedoch einhalten. Denn häufig sind die Teilaufgaben logisch aufeinander aufgebaut, sodass eine veränderte Reihenfolge bei der Bearbeitung unnötige Probleme mit sich bringt.
Bevor Sie mit der Ausformulierung Ihrer Lösungen beginnen, sollten Sie sich trotz der bereits vorhandenen **Vorstrukturierung durch die Teilfragen** einen **sinnvollen Aufbau** Ihrer Antworten überlegen. Auf diese Weise vermeiden Sie Wiederholungen und Widersprüche, die nicht nur Zeit, sondern auch Punkte kosten können.
Verwenden Sie die geowissenschaftliche Fachsprache, das verschafft Klarheit und erspart wortreiche und doch nicht hinreichend treffende Umschreibungen. Manchmal kann es für einen Sachverhalt mehrere mögliche Erklärungen geben. Zeigen Sie diese Alternativen auf und begründen Sie, warum für die betreffende Aufgabe welche Form relevant ist. Sie zeigen damit Überblick und fachliche Kompetenz.
Schreiben Sie lesbar und grammatikalisch korrekt – bei missverständlichen Aussagen ist kein Korrektor gezwungen, zu Ihren Gunsten zu entscheiden! Vermeiden Sie es, selbst wenn Sie Überschneidungen von zwei Fragen vermuten, als Antwort auf eine Frage auf die Antwort zu einer anderen Frage zu verweisen.
Am Schluss sollten Sie noch mindestens 10 bis 20 Minuten einplanen, um Ihren Text **Korrektur zu lesen** und formale Fehler (Grammatik, Zeichensetzung, Rechtschreibung) zu berichtigen. Sie können jetzt auch noch Zwischenüberschriften ergänzen oder hervorheben. Eine lesbare Schrift und eine übersichtliche Gestaltung unterstützen eine gute Argumentation und sind deshalb ebenso wichtig.

Tipps und Tricks für die Abiturprüfung

- Wer sich im Atlas auskennt, verfügt im Abitur über eine reiche Fundgrube von Informationen zu nahezu allen geographischen Themen. Deshalb ist ein regelmäßiges **Atlas-Training** ein lohnender Zeitaufwand. Üben Sie auch rechtzeitig den souveränen Umgang mit dem Register (Kartenverzeichnis und Übersicht der thematischen Karten nach Sachgruppen).
- Beim **Sichten des Materials** empfiehlt es sich, mit Textmarkern zu arbeiten. **Markieren** Sie damit die **Operatoren** in den Fragen sowie wichtige **Aussagen** und **Zahlen** in den Texten, Diagrammen und Tabellen der Anlagen. Ist in einer Aufgabe eine Erörterung oder Diskussion verlangt, sollten Sie schon beim Anstreichen zwei Farben für mögliche Pro- und Kontraargumente verwenden.

- Als sinnvoll hat sich erwiesen, nach jeder Teilaufgabe bei der ersten Niederschrift genügend freien **Platz für eventuelle nachträgliche Zusätze** zu lassen. Sollte dieser Platz dann für die späteren Ergänzungen nicht ausreichen, müssen Sie unbedingt darauf achten, dass Ihre zusätzlichen Ausführungen eindeutig zugeordnet werden können.
- Kennzeichnen Sie auf dem Aufgabenblatt bereits bearbeitete Teilaufgaben. Es ist schon vorgekommen, dass einzelne Teilaufgaben vergessen wurden!
- Ohne „Abschalten" zwischendurch geht es nicht. Planen Sie unbedingt auch **Pausen** ein! Neben einer längeren Pause von einigen Minuten, ungefähr nach der Hälfte der Bearbeitungszeit, ist es empfehlenswert, auch zwischendurch hin und wieder kurz den Stift aus der Hand zu legen. Nach einer solchen kleinen „Auszeit" gehen Sie oft mit einem ganz anderen Blick und neuen Ideen an die Aufgaben heran.

7 Umgang mit Materialien

Die schriftlichen Abituraufgaben im Fach Geographie beziehen sich in der Regel auf beiliegende Bilder, Tabellen, Graphiken, Diagramme, Karten u. ä. Mit deren Beschreibung und Interpretation kann man einen beträchtlichen Teil der möglichen Punktzahl erreichen.
Bedenken Sie, dass bei der Auswertung von Materialien der erste Schritt immer die Beschreibung des Materials ist. Wenn Sie sofort mit der Interpretation beginnen, fehlen Ihnen die Bewertungspunkte, die für die Beschreibung vorgesehen sind. Zudem können Sie durch die Beschreibung sicherstellen, alle Informationen herausgelesen zu haben; auch schafft die Beschreibung eine klare Strukturierung für Ihre Interpretation. Es empfiehlt sich daher, schon bei der Vorbereitung auf das Abitur einen Schwerpunkt auf die Beschreibung und Interpretation von Materialien zu legen.

Bei der Auswertung von Materialien ist es ratsam, eine Art „Gerüst" zur Verfügung zu haben, an dem Sie sich orientieren können. Generell ist ein Vorgehen in **drei Schritten** empfehlenswert:
1. Beschreibung der Form bzw. des Inhalts
2. Erklärung bzw. Interpretation des Inhalts
3. Bewertung, Schlussfolgerung und Kritik (wenn dies die Fragestellung verlangt).

Karten

Die Arbeit mit Karten stellt einen klassischen und grundlegenden Inhalt des Geographieunterrichts dar. Da Sie in der Abiturprüfung eine Sammlung von Karten – den Atlas – verwenden dürfen, sind Karten auch hier Ihr wichtigstes Hilfsmittel. Durch **gute Atlaskenntnisse** können Sie viel Zeit sparen!

Mit der Möglichkeit, eine farbige Abbildung in die Abituraufgaben einzubinden, vergrößern sich auch die Einsatzmöglichkeiten kartographischer Fragestellungen über den traditionellen Rahmen der Atlasarbeit hinaus. In der Abiturprüfung können damit die grundlegenden Kompetenzen im Umgang mit Karten auch bei größeren Maßstäben nicht nur über thematische, sondern auch über farbige topographische Karten abgeprüft werden.

Im Umgang mit Karten bietet der Dreischritt Form – Inhalt – Aussageabsicht/Interpretation/Kritik ein gutes Grundgerüst:

1. **Form:**
   Bevor Sie sich mit dem Inhalt der Karte auseinandersetzen, sehen Sie sich zunächst Überschrift, Maßstab, Legende und u. U. die zeitliche Zuordnung an. So verschaffen Sie sich einen **ersten Überblick** über den dargestellten Raum.
   Sind Sie sich über die räumliche Einordnung nicht ganz im Klaren, so sollten Sie andere, kleinmaßstäblichere Karten aus dem Atlas zurate ziehen.
2. **Inhalt:**
   Anschließend kommen Sie zur **inhaltlichen Analyse**, indem Sie die einzelnen Signaturen auf ihre räumliche Verteilung prüfen und dabei die Schwerpunkte und Tendenzen festhalten. Mitunter werden Sie erst aus der Zusammenschau mehrerer Signaturen die erforderlichen Erkenntnisse erhalten. Auch mithilfe ergänzender Karten sind wertvolle Schlussfolgerungen möglich.
3. **Aussagekraft/Interpretation/Kritik:**
   Je nach Fragestellung müssen Sie eine Karte entweder nur **beschreiben**, wobei selbstverständlich die genaue räumliche Verteilung der nachgefragten Merkmale im Vordergrund steht, oder Sie müssen über die reine Beschreibung hinaus das Verteilungsmuster **erläutern**. Im ersten Fall reichen normalerweise die in der Karte enthaltenen Informationen aus, im zweiten Fall müssen aus Vorkenntnissen oder anderen Materialien die richtigen Schlüsse gezogen werden.

Bilder

Die Einheitlichen Prüfungsanforderungen der Kultusministerkonferenz (EPA) im Fach Geographie schreiben die Arbeit mit Bildern vor. **Farbige Bilder** (Luft-/Satellitenbilder u. ä.) sind deshalb Bestandteil des Abiturs. Damit verbunden werden Fragestellungen eröffnet, die nur anhand der Abbildung lösbar sind.

Beispiel: *Anlage IV.1 zeigt zwei Satellitenbilder mit Ausschnitten von Frankfurt a. M. und Memphis (Tennessee, USA). Arbeiten Sie anhand der vorliegenden Satellitenbilder strukturelle Unterschiede zwischen den beiden Städten heraus! (2017 / IV / 1.1)*

Sie sollen zeigen, dass Sie in der Lage sind, sich in die dargestellte (Stadt-)Landschaft „hineinzudenken“ und deren Eigenheiten unter Einbeziehung der entsprechenden Fachtermini zu beschreiben, zu erklären und zu interpretieren. Hierfür bietet sich eine mehrstufige **Bildauswertung** an:

1. **Bildlokalisierung**
   – thematischer und topographischer Bezug zur Überschrift
   – nach Möglichkeit topographische Verortung des Bildes auf einer Atlaskarte (Atlaskarte als Zusatzinformation)

2. Bildbeschreibung
- Beschreibung von Einzelheiten des Bildes (Vordergrund, Hintergrund)
- Ordnung bzw. Strukturierung der Bildbestandteile nach Farben, Flächen, linearen Elementen etc.

3. Bilderklärung
- Deutung und Erklärung des Bildinhalts unter Einbindung von gelerntem Wissen
- Verknüpfung der einzelnen Bildelemente
- Aufdeckung kausaler Zusammenhänge oder zeitlicher/genetischer Abfolgen

4. Bildbewertung und weitergehende Überlegungen
- Bewertung
- Schlussfolgerung
- Hypothesenbildung
- Medienkritik

Texte

Im Materialteil werden Ihnen als Anlagen auch unterschiedliche Textsorten zur Interpretation vorgelegt. Neben argumentativen Sachtexten (z. B. Kommentaren, Stellungnahmen, Kritiken, Glossen) sind informative Sachtexte (z. B. Nachrichten, Interviews, Auszüge aus Lexika), aber auch poetische Texte (z. B. Reiseerzählungen) denkbar. Damit finden die Vorgaben des G8-Lehrplans im Allgemeinen und des Geographielehrplans im Speziellen auch für den Bereich der **Texterschließungskompetenzen** Eingang in das Geographieabitur.
Je nach Fragestellung müssen Sie sich in unterschiedlicher Weise mit dem Text auseinandersetzen. Die einfachste Form ist eine Zusammenfassung der wichtigsten Aussagen. Aufwendiger ist es, wenn man aus dem Text nur ganz bestimmte Gesichtspunkte erarbeiten und interpretieren soll.
Der höchste Anforderungsbereich „Problemlösung" ist in Aufgaben gegeben, in denen Sie Stellung zu bestimmten Textteilen nehmen oder z. B. den Text wertend im Vergleich mit anderen Materialien auf Gemeinsamkeiten und Unterschiede bzw. logische Übereinstimmungen oder Unstimmigkeiten hin untersuchen sollen.
Wesentlich ist in jedem Fall, dass Sie den Textsinn präzise erfassen und in knappen eigenen Worten wiedergeben können.

Beispiel: *Arbeiten Sie zwei Ziele der in Anlage IV.2* [= Auszug aus der Homepage der Stadt Görlitz] *vorgestellten Initiative der Stadt Görlitz heraus und beurteilen Sie, inwieweit diese Ziele erreicht werden können.* (2020/IV/1.2)

Manchmal können schon die **Überschrift** des Textes, der **Autor**, die **Quelle** oder das **Erscheinungsjahr** erste Hinweise zur Beantwortung geben: Handelt es sich um eine objektive Darstellung oder um die subjektive Meinungsäußerung des Verfassers?
Es empfiehlt sich, mit Bezug zur Fragestellung die wesentlichen **Schlüsselbegriffe** des Textes zu **markieren** und den **Inhalt** zu analysieren und zusammenzufassen. Auf keinen Fall sollten Sie in Ihrer Antwort Textstellen wortwörtlich übernehmen. Notwendig ist dagegen, die Textstellen (Zeilenangaben!) zu nennen, denen Sie bestimmte Argumente oder Daten entnommen haben.

Tabellen, Graphiken, Diagramme

Statistische Angaben werden Ihnen im Abitur in der Regel in Form von Tabellen, Graphiken und Diagrammen vorgelegt.

Beispiel: *Anlage I.1 zeigt das Klimadiagramm von Tarakan auf der Insel Borneo. Erklären Sie den Verlauf von Temperatur und Niederschlag in Grundzügen!* (2017/I/1.1)

Bei den drei Schritten Analyse der Form, Analyse des Inhalts und Interpretation können – je nach Thema – folgende Leitfragen hilfreich sein:

1. Form:
- Was ist Thema/Erhebungsgegenstand und Zweck (Überschrift, Begleittext) der Tabelle/Graphik/des Diagramms?
- Welcher Erhebungsraum und Erhebungszeitraum liegt der Darstellung zugrunde (Momentaufnahme, Entwicklung, Prognose)?
- Wie und durch wen wurden die Werte ermittelt?
- Auf welchen Quellen beruht die Tabelle/Graphik/das Diagramm?
- Welche Darstellungsform wurde gewählt (z. B. Kurven-/ Linien-, Säulen-/Balken-, Kreis-, Flächen-, Block- oder Figuren-Diagramm)?
- Was sind die Bezugsgrößen: Zahlenarten (absolute Zahlen, Prozent-/Indexzahlen), Zahlenwerte (gerundet, geschätzt, vorläufig), Maßeinheiten und Intervalle?
- Welche Kategorien werden zueinander in Beziehung gesetzt (z. B. bei Tabellen Gliederung in Kopfzeile, Spalten und Vorspalten)?
- Sind auffällige graphische Gestaltungsmittel vorhanden (Symbole, Farben …)?
- Lassen sich Elemente oder Abschnitte zusammenfassen bzw. Teile ausgliedern?

2. Inhalt:
- Welche Hauptaussagen lassen sich formulieren (Trends, Tendenzen)?
- Welche Teilaussagen in Bezug auf Einzelaspekte lassen sich machen (Minima, Maxima, Zunahme, Abnahme, Stagnation, Zahlensprünge, Anomalien, Gleichmäßigkeiten und regelhafte Verläufe, unterschiedliche Phasen, Wechselbeziehungen zwischen verschiedenen Variablen/Merkmalen, …)?

3. Aussageabsicht, Interpretation und Kritik:
- Welche Antwort gibt die Tabelle/Graphik/das Diagramm auf die Fragestellung? Zu welchen Teilbereichen lassen sich klare Aussagen, zu welchen keine Aussagen treffen?
- Welche Empfehlungen oder Handlungen werden durch die Tabelle/Graphik/das Diagramm nahegelegt?
- Was sind mögliche Ursachen für die der Tabelle/Graphik/dem Diagramm entnommenen Sachverhalte bzw. Entwicklungen?
- Beurteilung der Aussagekraft:
  - Sind die Daten repräsentativ und korrekt?
  - Ist die Darstellungsform angemessen?
  - Gibt es Unklarheiten in Bezug auf die Daten, Bezugsgrößen, Quellen …?
  - Fehlen Informationen?
  - Besteht Verdacht auf Interessengebundenheit /Manipulation (Datenauswahl, Auftraggeber, graphische Darstellung …)?

Nach dieser „Vorarbeit“ müssen Sie die entscheidenden Aussagen klar gegliedert und prägnant wiedergeben. Ihre Ausführungen sollten auch ohne Blick auf das Material verständlich sein.
Bei der Frage nach den **Erklärungen** für die gefundenen Aussagen vergleichen Sie die von Ihnen vermutete Erklärung möglichst mit bereits vorhandenem Vorwissen. Ziehen Sie auch die Aussagen anderer Materialien (Atlas, Statistiken) heran und stellen Sie deren Aussagen in einen Zusammenhang mit den gefundenen Ergebnissen.

Tipp: Wenn Sie sich an diese drei Schritte und die Leitfragen halten, können Sie schon recht sicher sein, nichts Wesentliches übersehen zu haben. Auf welche Materialinformationen und Aspekte Sie bei der Ausformulierung Ihrer Lösung tatsächlich zurückgreifen, hängt jeweils von der konkreten Aufgabenstellung ab. Keinesfalls sollten Sie alles, was Ihnen zum Material einfällt, niederschreiben, sondern vielmehr eine zielgerichtete und auf das Material bezogene Auswahl treffen!

Profile

Sie sollten sich darauf vorbereiten, u. U. ein Profil zeichnen zu müssen. Diese Aufgabe kann sich auf den topographischen oder thematischen Bereich (z. B. Jahresniederschlagsmengen entlang einer vorgegebenen Strecke), aber auch auf die Nutzung einer Region (z. B. Landnutzungsprofil durch Indien) beziehen. Als Hilfsmittel stehen Ihnen Atlaskarten und/oder Tabellen zur Verfügung.

Beispiel: *Fertigen Sie anhand von Anlage X ein maßstabsgetreues Profil der Januarniederschläge entlang der Linie von A nach B an, und erläutern Sie die Niederschlagsverteilung auf dieser Strecke!*

Bei solchen Aufgabenstellungen sollten Sie sich zunächst einen sinnvollen Höhen- und Längenmaßstab überlegen. Entscheidend ist dabei, dass aus dem Profil die wesentlichen Höhen-/Werteunterschiede bzw. Landschaftseinheiten (Nutzungsprofil) deutlich erkennbar sind. Die Profillinie darf also nicht annähernd horizontal verlaufen.
Achten Sie auf eine maßstabsgetreue Zeichnung. Rechnen Sie dabei immer zunächst eine vorgegebene Strecke nach dem Maßstab der Atlaskarte in die reale Entfernung um. Dann erst sollten Sie die errechnete tatsächliche Streckenlänge nach dem Längenmaßstab Ihres Profils in die von Ihnen zu zeichnende Länge der Profillinie umrechnen.

Tipp: Um Zeit zu gewinnen, suchen Sie sich eine Atlaskarte, von der sich das Profil 1:1 auf ein DIN A4-Blatt übertragen lässt. Legen Sie nun den Rand eines Schmierblatts entlang der geforderten Profillinie und markieren Sie die jeweiligen Höhen- bzw. Werteunterschiede im Atlas durch Striche auf dieses Blatt. Ziehen Sie nun eine Grundlinie in Ihr Lösungsblatt, legen Sie das Schmierblatt an diese Linie an und übertragen Sie die Striche vom Schmierblatt entlang der Linie auf das Lösungsblatt. Somit haben Sie in kurzer Zeit die Grundlage für eine maßstabsgetreue Profildarstellung geschaffen.

Wenn entlang einer Profillinie in einer Atlaskarte zu wenige Höhenangaben enthalten sind, können Sie sich mit den Farbübergängen behelfen, die aus der Legende ersichtlich sind und jeweils einem bestimmten Höhenwert entsprechen. Auch bei thematischen Profilen kann man die Farbübergänge in einer Karte nutzen. Wenn z. B. hellgelbe Flächen eine Temperatur von 5 °C –10 °C darstellen und mittelgelbe Flächen 10 °C–15 °C entsprechen, dann liegt der Wert der Grenzlinie bei 10 °C.

Beschriften Sie die Achsen und versehen Sie die Profillinien mit den korrekten Bezeichnungen, z. B. „Jahresniederschlag", „Januartemperatur" oder „agrarische Nutzung". Bei topographischen Profillinien sollten Sie wichtige Geländepunkte, Landschaftseinheiten o. ä. kennzeichnen.

Meist wird von Ihnen noch gefordert, neben der Zeichnung aus dem Profil erkennbare Merkmale zu erläutern, oder es schließen sich Aufgaben an, die auf der Profillinie aufbauen. Die Profilzeichnung selbst wird nach inhaltlicher Korrektheit sowie zeichnerischer Vollständigkeit, Sauberkeit und Exaktheit bewertet.

Eine Zeichnung verlangt normalerweise mehr Zeit als eine schriftliche Beantwortung einer Frage, ergibt aber meistens nicht so viele Bewertungspunkte. Bedenken Sie das, wenn Sie Ihren Zeitplan zur Bearbeitung der Aufgaben aufstellen. Halten Sie sich unbedingt auch dann an diesen Zeitplan, wenn die anzufertigende Zeichnung zu einer übermäßig langen Beschäftigung damit verleitet.

Tipp: Zeichnen Sie nie mit Kugelschreiber oder Füller, sondern immer mit Bleistift! So können Sie auch leichter korrigieren.

Abitur 2017 Geographie Bayern
Aufgabe I: Ökosysteme und anthropogene Eingriffe in Südostasien und im Pazifik

1 Atmosphärische und marine Grundlagen

1.1 Anlage I.1 zeigt das Klimadiagramm von Tarakan auf der Insel Borneo. Erklären Sie den Verlauf von Temperatur und Niederschlag in Grundzügen!

1.2 In den letzten Jahren haben sich in einigen Teilen des Pazifiks oberflächennah enorme Mengen an Plastikmüll angesammelt, der zu großen Teilen auch vom Festland kommt.
Zeigen Sie mögliche Auswirkungen dieser Meeresverschmutzung auf und diskutieren Sie drei Maßnahmen, die zur Reduktion dieses Problems und seiner Entstehung beitragen können! 18 BE

2 Ökozonen und Landnutzung

2.1 Vergleichen Sie auch unter Berücksichtigung der Anlage I.2 die Auswirkungen großflächiger Rodungen in tropischen Regenwäldern und borealen Wäldern aus ökologischer Sicht!

2.2 Beschreiben und begründen Sie anhand der Anlage I.3 die räumliche Verteilung der unterschiedlichen Flächennutzungen auf der Insel Borneo! Verwenden Sie dazu auch geeignete Atlaskarten! 20 BE

3 Wirtschaft und Tourismus

3.1 Seit dem Jahr 2014 unternehmen verschiedene Luftfahrtgesellschaften Anstrengungen, Biokerosin aus Jatropha-Öl zur Marktreife zu führen. Die Jatropha-Pflanze wird unter anderem in Indonesien angebaut.
Erörtern Sie Vor- und Nachteile des Anbaus der Jatropha-Pflanze für die indonesische Landwirtschaft auch unter Berücksichtigung der Anlage I.4!

3.2 Das Sultanat Brunei hat seinen wirtschaftlichen Wohlstand weitgehend der Förderung von Öl und Gas zu verdanken. Zur Diversifikation der Wirtschaft Bruneis könnte der Tourismus beitragen.
Stellen Sie Maßnahmen zum Ausbau eines hochpreisigen Tourismusangebots dar! 22 BE

60 BE

Anlage I.1 Klimadiagramm von Tarakan, Insel Borneo

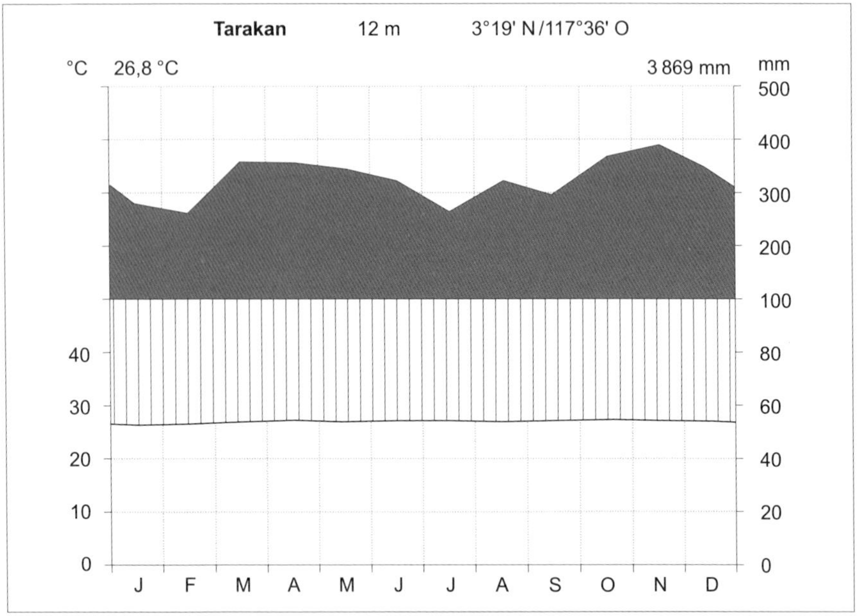

Anlage I.2 Kohlenstoffspeicherung und Biomasseproduktion in ausgewählten Vegetationszonen der Erde

Vegetationszone	**in der Biomasse vorhandener Kohlenstoff** (in Tonnen pro Hektar)	**jährliche Produktion von Biomasse** (in Tonnen pro Hektar)
tropischer Regenwald	316	12,5
borealer Wald	288	1,9

Anlage I.3 Flächennutzung auf Borneo

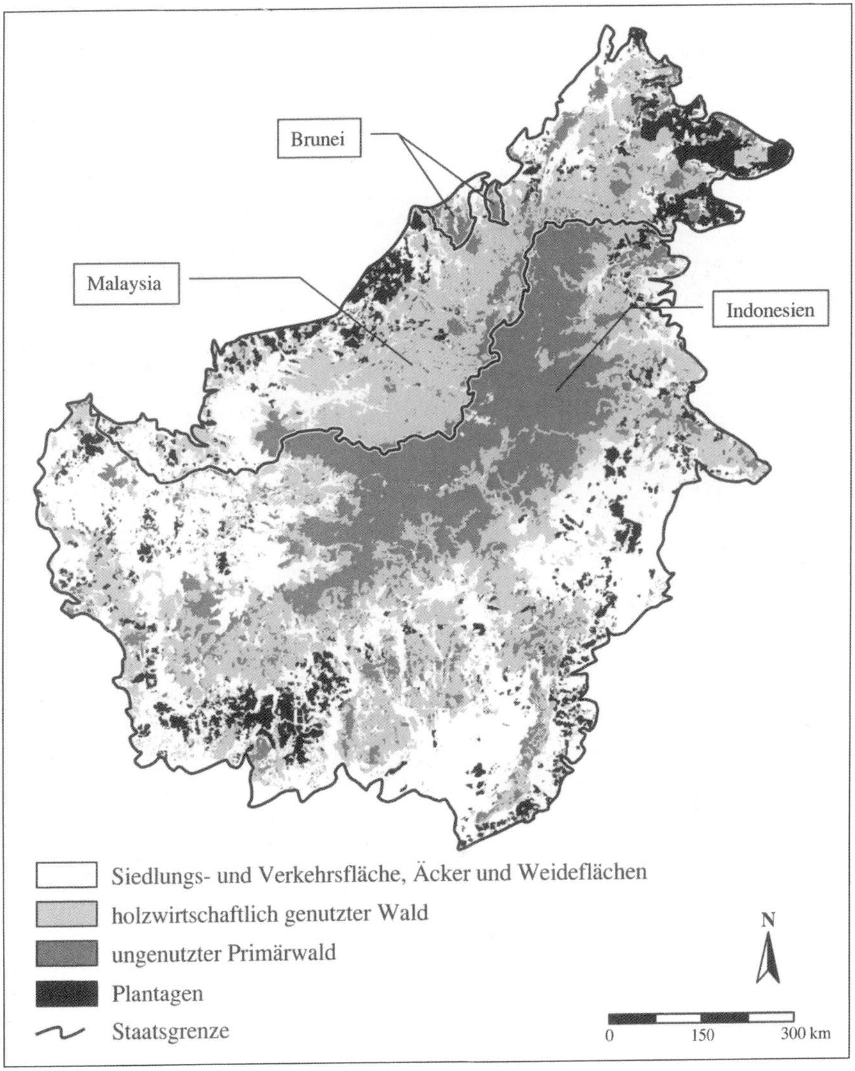

Anlage I.4 Steckbrief zur Jatropha-Pflanze

Name: *Jatropha curcas*, deutsch Purgiernuss; Wolfsmilchgewächs  Früchte der Jatropha-Pflanze	**Ansprüche:** – sehr geringe Ansprüche an Böden – Jahresdurchschnittstemperatur zwischen 20 und 28 °C – Anbau möglich ab 250 mm Niederschlag/Jahr; optimale Fruchtentwicklung ab 1 200 mm Niederschlag/Jahr – kann ohne Bewässerung drei Dürrejahre überdauern
Eigenschaften: – mehrjähriger Strauch mit ca. 3–5 m Höhe – ölhaltige Samen – Erträge je nach Wasser- und Nährstoffangebot zwischen 400 und über 4 200 kg/ha – unterschiedliche Reifezeitpunkte der Nüsse einer Pflanze: aufwendige Ernte per Hand	**Verwendung:** – Biokerosin (laut einer Studie noch Erzeugungskosten von 2,30 €/Liter; zum Vergleich: Einkaufspreis der Fluggesellschaften für herkömmliches Kerosin ca. 0,35 €/Liter im Jahr 2016) sowie Lampenöle, Seifen, Brennstoff zum Kochen – Abfallprodukte der Ölpressung als Biodünger und als Rohstoff in Biogasanlagen verwendbar

Quellenverzeichnis

Hedwig in Washington, erstellt mit Geoklima 2.1/wikimedia, CC BY 2.5 (Anlage I.1)

zusammengestellt nach: Grace, J., José, J. S., Meir, P., Miranda, H. S. and Montes, R. A. (2006): Productivity and carbon fluxes of tropical savannas. Journal of Biogeography, 33: 387–400. doi:10.1111/j.1365-2699.2005.01448.x (Anlage I.2)

Darstellung nach: Gaveau, D. et al.: Four Decades of Forest Persistence, Clearance and Logging on Borneo. In: Plos One 9 vom 16. 07. 2014; https://doi.org/10.1371/ journal.pone.0101654 (Anlage I.3)

ZUMA Press Inc./Alamy Stock Photo (Anlage I.4)

zusammengestellt nach: W. Hänggi: „Die entzauberte Nuss“. In: Die Wochenzeitung Nr. 8 vom 21. 2. 2008 (Anlage I.4)

Lösungsvorschlag

1.1 *Der Operator „erklären" fordert von Ihnen, zunächst den Verlauf von Temperatur und Niederschlag des in der Anlage I.1 dargestellten Klimadiagramms der Station Tarakan auf der Insel Borneo zu beschreiben und dann diese beiden Verläufe anhand Ihres Wissens bzw. mithilfe des Modells der planetarischen Zirkulation zu begründen.*
Die angegebene Klimastation finden Sie mithilfe des Registers im Atlas bzw. über die Gradnetzangaben im Diagramm auf entsprechenden Atlaskarten von Südostasien. Für die Erklärung des Temperatur- und Niederschlagsverlaufs können Ihnen entsprechende Atlaskarten zum Klima in Südostasien (z. B. Asien oder Erde – Luftdruck und Winde, Asien oder Erde – Niederschläge) durchaus hilfreich sein.

Das Diagramm der Station Tarakan auf der Insel Borneo zeigt in seinem Temperaturverlauf **ganzjährig hohe Temperaturen** mit einer kaum erkennbaren jährlichen Temperaturamplitude (Jahresdurchschnittstemperatur: 26,8 °C). Grund hierfür ist der ganzjährig sehr hohe Sonnenstand (Zenitalstand), da Tarakan nur wenige Breitengrade nördlich des Äquators liegt. Zudem begünstigt die Küstenlage Tarakans (12 m über N. N.) die sehr hohen Durchschnittstemperaturen, da sich hier zusätzlich die ausgleichende Wirkung des Meeres (hier: Celebesee) bemerkbar macht (Einfluss des maritimen Klimas).

Im Klimadiagramm sind **ganzjährig sehr hohe Niederschläge** zu erkennen (Jahresniederschlagssumme 3 869 mm). Ursache hierfür ist, dass die Station permanent unter dem Einfluss der **innertropischen Konvergenzzone** (ITC) steht. Durch die intensive Sonneneinstrahlung aufgrund der ganzjährig hohen Sonnenstände kommt es täglich zum vertikalen Aufstieg der erwärmten Luftmassen (Konvektion) und infolge von deren Abkühlung zu **Zenitalregen**. In Bezug auf den Niederschlagsverlauf sind zwei Niederschlagsmaxima im Frühjahr und im Herbst aus dem Diagramm herauszulesen. Diese ergeben sich aufgrund des zweimaligen Durchzugs der ITC an der äquatornahen Station, wobei die Niederschläge mit einer leichten zeitlichen Verzögerung zum Sonnenhöchststand fallen. Außerdem sind zwei Phasen leicht reduzierten Niederschlags zu erkennen, je eine in den Sommer- bzw. Wintermonaten. Ursache hierfür sind die größere Entfernung zwischen der äquatorialen Tiefdruckrinne und Tarakan aufgrund der Wanderung der ITC und hiermit des Zenitalregens zum nördlichen bzw. südlichen Wendekreis. Hinzu kommt der Einfluss der trockeneren Winde aus den randtropischen Hochdruckgürteln über dem festländischen Südostasien (**Nordostpassat**) und über Nordaustralien (**Südostpassat**).

Insgesamt ist festzustellen, dass in Tarakan auf der Insel Borneo infolge der hohen Durchschnittstemperatur sowie der ganzjährig extrem hohen Niederschläge ein durchgängig **humides Klima** herrscht.

1.2 *In dieser Teilaufgabe sollen Sie zuerst mögliche Auswirkungen der Meeresverschmutzung in Teilen des Pazifiks aufzeigen. Danach sollen Sie sich Gegenmaßnahmen überlegen und diese diskutieren, d. h. Vor- und Nachteile gegeneinander abwägen und zu einem begründeten Urteil kommen. Es reicht aus, wenn Sie sich mit drei Maßnahmen beschäftigen.*

Auswirkungen:
Eine der Auswirkungen ist sicherlich, dass der Plastikmüll an die Küsten der Anrainerstaaten geschwemmt wird und die **Verschmutzung der Strände** mit dem Müll negative Folgen für den **Tourismus** hat.

Weitaus bedeutender ist allerdings, dass **Meeresvögel** den Plastikmüll mit Futter verwechseln, ihn fressen und dadurch kläglich verenden bzw. mit müllgefülltem Magen verhungern.

Das zentrale Problem ist aber, dass der in den Meeren treibende Plastikmüll durch Wellenbewegung und ultraviolette Strahlung auf Dauer zerkleinert und pulverisiert wird. Ist ein hoher Feinheitsgrad erreicht, wird das Plastikpulver von verschiedenen Meeresbewohnern (marine Fauna) und auch von Plankton statt oder mit der üblichen Nahrung aufgenommen. Die Plastikpartikel können giftige Chemikalien enthalten bzw. können Letztere dem Plastikmüll auch anhaften. Durch die Aufnahme dieser Giftstoffe kann es dann zu einem **Fischsterben** kommen. Dies hätte wiederum finanzielle Einbußen für die ansässige Fischereiwirtschaft zur Folge. Über die Aufnahme des Plastikmülls durch die marine Fauna gelangen die Giftstoffe aber auch in die **Nahrungskette** und damit in die für den **menschlichen Verzehr** bestimmten Fische und Meeresfrüchte, was wiederum für den Menschen krebserregend sein kann.

Maßnahmen:
Eine auf der Hand liegende Maßnahme zur Reduktion des marinen Plastikmülls wäre das **Einsammeln** des Mülls, etwa durch Schiffe auf hoher See. Dies würde zu einer direkten Reduktion der Müllmenge auf dem Ozean führen. 2012 entstand in diesem Zusammenhang auch das Projekt „**The Ocean Cleanup**“. Dieses sieht vor, mit an Plattformen befestigten Schläuchen den an der Meeresoberfläche schwimmenden Plastikmüll abzufischen und zu recyceln. Diese Technik macht sich die natürliche Meeresströmung zunutze und hat den Vorteil, dass Plankton und andere Meeresbewohner nicht mitgefangen werden. Beide Varianten sind allerdings mit hohen **Kosten** verbunden und können aufgrund der Größe der verschmutzten Ozeanflächen nur geringe Effekte erzielen. Kostengünstiger wäre es, **Fischer** zu motivieren, Plastikmüll einzusammeln und in Häfen abzugeben. Denn gerade die Fischer sollten ein Interesse daran haben, dass ihre Produkte gesund sind und die Ozeane sauber bleiben.

Eine andere Lösung wäre es, den **Mülleintrag**, der vom Festland ins Meer geschwemmt wird, zu **reduzieren**. Denn sehr viel Müll wird an den Küsten und über die Flüsse der Anrainerstaaten entsorgt. Als mögliche flankierende Maßnahmen wären **strengere Kontrollen, Bußgelder** bzw. sogar das **Verbot des Mülleintrags** denkbar. Jedoch scheint dies geringe Erfolgsaussichten zu haben, da ein ungeheuer großes Gebiet überwacht werden müsste und die Anrainerstaaten willens sein müssten, strengere Auflagen durchzusetzen und Strafen zu verhängen.

Als dritte Maßnahme wären **staatliche Auflagen** zur **Minimierung** des Einsatzes von Plastik als **Verpackungsmaterial** denkbar. Jedoch liegen die Schwierigkeiten dabei auch wiederum bei der Umsetzung von verbindlichen Richtlinien und Sanktionen auf nationaler und internationaler Ebene.

Als weitere Maßnahme ist die **Veränderung der Konsumgewohnheiten** der Bevölkerung hinsichtlich der Verwendung von Plastikprodukten anzuführen. Leider sind dabei wahrscheinlich nur langfristig positive Effekte zu spüren, da viele Verbraucher an ihren bisherigen Verhaltensmustern festhalten. Immerhin verlangen seit einiger Zeit viele Geschäfte für Plastiktüten einen geringen Unkostenbeitrag.

Zusammenfassend ist festzustellen, dass versucht werden müsste, möglichst alle Maßnahmen einzusetzen, um die Millionen Tonnen Plastikabfall aus den Meeren zu sammeln und zu recyceln, um unsere Umwelt auch für nachkommende Generationen zu erhalten.

2.1 *In dieser Teilaufgabe sollen Sie die Auswirkungen großflächiger Rodungen in tropischen Regenwäldern und borealen Wäldern aus ökologischer Sicht vergleichen. Hierfür ist es hilfreich, wenn Sie die Gemeinsamkeiten und Unterschiede der Auswirkungen solcher Eingriffe herausarbeiten. In Ihre Ausführungen sollen Sie zudem die in Anlage I.2 dargestellten Unterschiede in der Kohlenstoffspeicherung und Biomasseproduktion der beiden Vegetationszonen einbinden!*

Beide Ökosysteme reagieren aufgrund der dort herrschenden **klimatischen Bedingungen**, d. h. durch die ganzjährig hohen Temperaturen in den tropischen Regenwäldern und die extreme Winterkälte in der borealen Waldzone, sowie wegen der relativ nährstoffarmen lateritischen **Böden** (tropische Regenwälder) bzw. Podsolböden (boreale Zone) auf Störungen sehr **sensibel**. So führen großflächige Rodungen in beiden **Ökosystemen** zu einem **irreversiblen Verlust der Vegetation** und somit auch der Biomasse. Durch die Rodung verliert nicht nur die in diesen Ökosystemen beheimatete Fauna ihre **Lebensräume**, sondern es kommt auch zum **Rückgang der biologischen Vielfalt** (Biodiversität), insbesondere in den tropischen Regenwäldern.
In beiden Fällen tragen großflächige Rodungen durch das Verrotten und Verbrennen des Holzes zum **anthropogenen Treibhauseffekt** bei. Zudem können die reduzierte Waldfläche der borealen Waldzone und ganz besonders die des tropischen Regenwalds jährlich weitaus geringere Mengen Kohlenstoff binden.
Der tropische Regenwald, aber auch die borealen Wälder sind große **Wasserspeicher**. Das gespeicherte Wasser des Waldes wird über die Verdunstung wieder an die Atmosphäre abgegeben. Das verdunstete Wasser wiederum kondensiert und fällt als Regen nieder. Wenn aber der Wald gerodet ist, verringert sich die Verdunstung und infolgedessen **reduzieren sich die Niederschläge** über den beiden Ökosystemen.

In den **tropischen Regenwäldern** verliert der Wald durch Rodung nicht nur seine gewaltige Biomasse, sondern auch alle im oberirdischen Ökosystem gespeicherten Mineralstoffe. Da nach der Rodung die Humussubstanz aber nicht mehr durch das Blätterdach geschützt wird, trifft die Sonnenstrahlung direkt auf die Erdoberfläche. Der bisher durchfeuchtete dünne Oberboden trocknet aus und verkrustet. Die häufig auftretenden **Starkregen** gelangen dann ungehindert auf die Erdoberfläche, zerstören die Bodenstrukturen und es kommt zur **Bodenerosion**. Damit wird der geschlossene **Mineralstoffkreislauf** an seiner entscheidenden Stelle unterbrochen, denn mit dem Absterben der Wurzelpilze verschwinden die Nährstofffallen. Dadurch verarmt der Boden sehr schnell an Mineralstoffen, sodass der zerstörte tropische Regenwald nur noch eingeschränkt oder gar **nicht mehr regenerationsfähig** ist.

Die **borealen Wälder** könnten sich nach großflächigen Rodungen zwar wieder regenerieren, jedoch nur sehr langsam. Denn durch die dort herrschenden niedrigen Temperaturen und die lange winterliche Frostperiode gibt es nur eine **kurze Vegetationsperiode**. Daher wachsen die Nadelbäume in dieser nördlichen Zone extrem langsam und produzieren nur eine **geringe Biomasse**.

2.2 *Diese Teilaufgabe verlangt von Ihnen zunächst, die in der Anlage I.3 dargestellte räumliche Verteilung der unterschiedlichen Flächennutzungen auf der Insel Borneo zu beschreiben. Die Flächennutzungen können Sie der Legende der Karte in Anlage I.3 entnehmen. Es ist zudem auch ratsam, an jede Beschreibung der räumlichen Verteilung direkt die jeweilige Begründung anzuhängen. Ausdrücklich wird in der Aufgabenstellung darauf hingewiesen, dass Sie geeignete Atlaskarten (z. B. Südostasien – Physische Karte oder Südostasien – Wirtschaft) für die Beantwortung der Frage hinzuziehen sollen, da aus diesen Karten weitere Aspekte für die Begründung herausgearbeitet werden können.*

Die **Siedlungen** und **Verkehrslinien** sowie die **Äcker und Weideflächen** befinden sich eher in küstennaher Lage sowie in den niedrig gelegenen Gebieten vor allem im Süden Borneos. Ursachen hierfür sind die ebenen Flächen sowie die dortigen **Schwemmlandböden**, die sich gut zum Anbau, als Siedlungsland und zur Anlage von Verkehrswegen eignen. Wie man in der Karte „Südostasien – physisch" sehen kann, können auch die Flüsse Kapuas, Barito und Mahakam vielfältig genutzt werden. Zudem fand die Inwertsetzung und Besiedlung Borneos im Zuge des **Transmigrasi-Neuansiedlungs- und Umsiedlungsprogramms** von der Küste aus statt.
Ebenso befinden sich die **Bananen-, Kokos- und Ölpalmenplantagen** auf den ebenen Flächen in Küstennähe. Die fruchtbaren Schwemmlandböden, der Wasserreichtum und die weiten ebenen Flächen begünstigen die Anlage und Bewirtschaftung der Plantagen, die den Arbeitsplatz und damit die Lebensgrundlage der Bevölkerung darstellen. Zudem sind von hier aus die Transportwege zu den Hafenstädten kürzer.

Der **holzwirtschaftlich genutzte Wald** liegt hingegen in den stärker reliefierten mittleren Höhenlagen weiter im Landesinneren. Hier befinden sich noch größere Bereiche tropischen Regenwalds. Zudem sind diese Lagen aufgrund der Unwirtlichkeit und der großen Entfernung zu den Absatzmärkten für eine nicht-forstwirtschaftliche Nutzung unrentabel.

Der **ungenutzte Primärwald** befindet sich nur noch in den zentralen Gebirgsregionen, vorwiegend im indonesischen Teil der Insel. Dieser ursprüngliche tropische Regenwald liegt in verkehrstechnisch kaum erschlossenem, unwegsamem Gelände. Aufgrund der hohen Reliefenergie sind diese Gebiete schwer zugänglich.

3.1 *Auf der Grundlage der Information, dass seit dem Jahr 2014 verschiedene Luftfahrtgesellschaften Anstrengungen unternehmen, aus dem Öl der in Indonesien angebauten Jatropha-Pflanze Biokerosin herzustellen, sollen Sie die Vor- und Nachteile des Anbaus der Jatropha-Pflanze für die indonesische Landwirtschaft abwägen, um dann ein begründetes Urteil zu fällen. Bei dieser Erörterung können die in der Anlage I.4 dargelegten Ansprüche, Eigenschaften und Verwendungsmöglichkeiten der Jatropha-Pflanze hilfreich sein.*

Vorteile:

Ein großer Vorteil ist, dass die **Jatropha-Pflanze** durch ihre **sehr geringen Ansprüche an den Boden** und ihre **Genügsamkeit hinsichtlich des Wasserbedarfs** in allen Landesteilen Indonesiens, sogar auf bisher nicht genutzten Flächen, angebaut werden kann. So braucht diese Pflanze nur 250 mm Jahresniederschlag und kann auch ohne Bewässerung drei Dürrejahre überdauern. Indonesien bietet durch seine innertropische Lage mit durchschnittlich 3 000 bis 4 000 mm Jahresniederschlag optimale Bedingungen für die Fruchtentwicklung dieser Pflanze. Zudem reduziert die Bepflanzung mit dieser **mehrjährigen Strauch- bzw. Dauerkultur** an den vielen Hängen der vulkanisch geprägten Insel Indonesien die Gefahr von **Bodenerosion**. Durch die zunehmende Bedeutung der Jatropha-Pflanze als CO_2-neutraler Treibstoff eröffnet sich für die indonesische Landwirtschaft die Chance, einen wachsenden **Energiemarkt** zu erschließen. Auch die indonesischen Arbeitskräfte können profitieren, da die Pflanze ganzjährig angebaut werden kann und ihnen damit eine dauerhafte Beschäftigung sichert. Da das gewonnene Abfallprodukt der Ölpressung als Biodünger, Rohstoff für Biogasanlagen und als Treibstoff Biokerosin zum Antrieb von Flugzeugen genutzt werden kann, ist die **Wirtschaftlichkeit** des Anbaus der Jatropha-Pflanze als sehr hoch einzuschätzen.

Nachteile:

Diesen Vorteilen stehen auch Nachteile gegenüber. Der **monokulturelle Anbau** der Jatropha-Pflanze bringt negative Effekte hinsichtlich der **Biodiversität** mit sich. Zudem kann der Erfolg des Anbaus der Jatropha-Pflanze in fruchtbaren Regionen zu einer steigenden **Flächenkonkurrenz** führen. Dies stellt auch eine potenzielle Gefahr für die kleinbäuerliche Landwirtschaft, die vorwiegend der

Versorgung der einheimischen Bevölkerung dient, dar. Würde diese durch den Anbau der Jatropha-Pflanze von ihren Flächen verdrängt werden, könnten die Kleinbauern ihre Existenz verlieren bzw. die **Versorgung der regionalen Bevölkerung** könnte nicht mehr gewährleistet werden. Weiterhin ist eine Mechanisierung im Jatropha-Anbau durch die unterschiedlichen Reifezeiten schwierig, was allerdings den regionalen Arbeitskräften zugutekommen würde.

Fazit:
In Abwägung aller Vor- und Nachteile bietet der Anbau der Jatropha-Pflanze der Landwirtschaft des Entwicklungslands Indonesien die Chance, produktiver zu werden, sich in den Weltmarkt zu integrieren und damit die zur Weiterentwicklung des Landes notwendigen Devisen zu erwirtschaften.

3.2 *Bei dieser Teilaufgabe wird von der These ausgegangen, dass der Tourismus zur Diversifikation der Wirtschaft des Sultanats Brunei, das seinen wirtschaftlichen Wohlstand weitgehend der Förderung von Öl und Gas zu verdanken hat, beitragen könnte. Ihre Aufgabe ist es, mögliche Maßnahmen zum Ausbau eines hochpreisigen Tourismusangebots darzustellen.*

Zunächst müsste aus den Gewinnen im Erdölgeschäft von privaten Investoren und auch vom Staat eine **auf hochpreisigen Tourismus** ausgerichtete **Infrastruktur** auf- bzw. ausgebaut werden. Hierzu gehören komfortable Anreisemöglichkeiten wie ein moderner Flughafen, bequeme Transportmittel zwischen dem Flughafen und den touristischen Destinationen sowie exklusive Übernachtungsmöglichkeiten mit entsprechender Gastronomie. Weiterhin müsste eine auf die Klientel zugeschnittene **Freizeitinfrastruktur** mit Golfplätzen oder Tennisanlagen, Segeltörns oder Tauchtouren, eventuell auch mit spektakulären künstlichen Erlebnisparks oder -landschaften bereitgestellt werden. Diese Infrastruktur müsste mit **Angeboten** wie Gesundheits- und Wellness-Anwendungen, VIP-Angeboten oder Exklusiv-Shopping verknüpft sein. Unabdingbar ist die Ausbildung oder Rekrutierung von **qualifiziertem touristischen Fachpersonal** zur Erfüllung gehobener Ansprüche. Nachdem dies alles geschaffen wurde, müssten langfristige **Kooperationen mit** entsprechenden **Reiseveranstaltern** zur Etablierung Bruneis als Exklusivurlaubsdestination geschlossen werden. Hierbei helfen sicherlich **Anreize für internationale Hotelketten** wie etwa Steuervorteile und staatliche Zuschüsse für Imageprojekte. Wenn alle diese Voraussetzungen geschaffen sind, sollten über **Werbekampagnen** oder Touristikmessen in wohlhabenden Industrienationen bzw. aufstrebenden Schwellenländern finanzkräftige Touristen gewonnen werden. Eine wichtige Grundvoraussetzung ist, dass seitens des Staates Brunei höchste **Sicherheitsstandards** garantiert werden, um eine weltoffene und dem Tourismus zuträgliche Atmosphäre zu gewährleisten.

Abitur 2017 Geographie Bayern
Aufgabe II: Ressourcen und Klimawandel in Peru

1 Trockenheit und Wassermanagement in Lima

1.1 Die peruanische Hauptstadt Lima liegt in einer der trockensten Gegenden der Welt.
Erläutern Sie Ursachen für diese Trockenheit mithilfe geeigneter Atlaskarten!

1.2 Um die Trinkwasserversorgung der wachsenden Bevölkerung in Lima sicherzustellen, wird erwogen, die Preise für Leitungswasser zu erhöhen und die Versorgung durch Tankwagen auszuweiten.
Diskutieren Sie diese beiden Maßnahmen! 20 BE

2 Klimawandel und Klimapolitik

2.1 Laut Prognosen der UN wird der Klimawandel in Peru zu einem Gletscherrückgang, höheren Meerestemperaturen sowie dem Auftreten von Malaria in Küstenregionen führen.
Zeigen Sie negative ökonomische Auswirkungen auf, die sich daraus ergeben können!

2.2 Beschreiben Sie die Karikatur in Anlage II.1 und arbeiten Sie die wesentlichen Aussagen heraus. Nehmen Sie abschließend dazu kritisch Stellung! 20 BE

3 Illegaler Goldbergbau

Peru ist einer der größten Goldproduzenten weltweit. In den letzten Jahren ist vor allem der illegale Goldbergbau stark angewachsen.
Beurteilen Sie ausgehend von Anlage II.2 den illegalen Goldbergbau aus ökologischer und sozioökonomischer Sicht! 20 BE

60 BE

Anlage II.1 Karikatur zur internationalen Klimapolitik anlässlich der 20. UN-Klimakonferenz in Lima 2014

Anlage II.2 Goldabbau in Peru

M 1 Verwaltungsgliederung und Goldabbau in Peru

M 2 Auszug aus der *Neuen Zürcher Zeitung* vom 08. 07. 2016

Goldschatz mit Konfliktpotenzial

[…] Das Gold der Inkas stammte aus den […] Bergen [von Cajamarca]. Sie sind voll mit Mineralien – immer noch. Peru ist einer der größten Kupfer- und Goldproduzenten der Welt. 60 % der Exporteinnahmen und ein beträchtlicher Teil der Staatseinnahmen stammen aus dem Bergbau. […]

[Ein großer Teil] der peruanischen Goldproduktion stammt aus Cajamarca. […] Auf einer kargen Hochebene […] befindet sich Amerikas größte Goldmine: Yanacocha. Über 60 000 ha erstreckt sich deren Gebiet, das sieben riesige Gruben und gewaltige Berge von Aushub umfasst. Sie sind umgeben von einem System von Kanälen und Leitungen, um das verschmutzte Wasser aufzufangen. […]

Die Mine wird von Minera Yanacocha betrieben, einem von der amerikanischen Newmont Mining Corporation kontrollierten Unternehmen. Mehr als 1 000 t Gold hat Yanacocha seit der Eröffnung der Mine 1993 aus dem Erdreich gefördert. […]

Tatsächlich ist die Region trotz ihres Mineralreichtums aber weiterhin eine der ärmsten Gegenden Perus.

Im peruanischen Amazonasbecken hat der gestiegene Goldpreis in den letzten Jahren zu einer starken Ausdehnung des oft illegalen Goldbergbaus geführt. So stammen Schätzungen zufolge etwa 20 % des abgebauten Goldes aus illegalem Abbau. Während die großen Konzerne mit neuester Technologie und unter strengen Auflagen produzieren, wird das illegal geschürfte Gold auf primitive Weise gewonnen. Kriminalität und massiver Einsatz von Quecksilber sind einige der Auswüchse. Der peruanischen Regierung ist die Situation ein Dorn im Auge. Im Unterschied zu den Minen habe der Abbau im Flachland sehr negative Auswirkungen, sagt Umweltminister Manuel Pulgar-Vidal. Außer Problemen bringe diese Art des Bergbaus dem Land kaum etwas. Jedoch ist der Widerstand gegen den Kleinbergbau geringer als gegen die Projekte der Großkonzerne.

M 3 Aus einer Fotostrecke von *Zeit Online* vom 27. 05. 2016

Zehntausende illegale Goldschürfer haben Teile der peruanischen Amazonasregion Madre de Dios in eine Mondlandschaft verwandelt. Bei Messungen wurden deutlich erhöhte Quecksilberwerte festgestellt. Die Regierung rief nun in Madre de Dios den Notstand aus – einem etwa 85 000 Quadratkilometer großen Gebiet.

Quellenverzeichnis

Marian Kamensky/Cartoon Movement (Anlage II.1)

eigene Zusammenstellung nach: Tjerk Brühwiller. In: Neue Zürcher Zeitung vom 08. 07. 2016 (Z. 1–12) (Anlage II.2, M 2)

AFP/getty images (Anlage II.2, M 3)

Lösungsvorschlag

1.1 *Bei dieser Aufgabe sollen Sie die Ursachen für die Trockenheit der peruanischen Hauptstadt Lima, einer der trockensten Gegenden der Welt, erläutern. Besonders wichtig für die Erklärung der Trockenheit sind die Lage Limas innerhalb der Passatzirkulation bzw. zwischen dem Pazifik und den Anden. Die zur Beantwortung der Frage notwendigen Informationen lassen sich aus den spezifischen Atlaskarten „Südamerika – physisch" „Klima Südamerika" und „El Niño" sowie aus den allgemeinen Karten „Erde – Klima, Niederschläge, Luftdruck und Winde" herauslesen.*

Ganzjährig weist Lima mit einem langjährigen Mittel von unter 250 mm **äußerst geringe Niederschläge** auf. Ursache hierfür ist die Lage im Einflussbereich des **subtropischen Hochdruckgürtels**, aus dem die relativ schwachen Winde sowohl im Sommer als auch im Winter küstenparallel zur Hauptstadtregion wehen und damit Lima kaum Niederschläge bringen. Zudem erhält Lima auch **keine konvektiven Zenitalniederschläge**, da sich die **ITC** selbst im Südsommer nur sehr wenig entlang der peruanischen Küste nach Süden verlagert.
Auch beeinflusst der kalte **Humboldtstrom** mit normalerweise nur bis zu 20 °C Wassertemperatur die Küstenstadt Lima. Ursache für diese kalten Meerwassertemperaturen ist, dass in diesem Bereich die tropische Passatzirkulation durch die überwiegend breitenkreisparallele sogenannte **Walkerzirkulation** überlagert und verstärkt wird. Dieser verstärkte Passat der Walkerzirkulation treibt als ablandiger Wind das warme Oberflächenwasser von der Küste Perus nach Westen. Dadurch kommt es zu einem Auftriebsphänomen (Upwelling) von kaltem Tiefenwasser, dem sogenannten **Humboldtstrom**. In der Folge kondensiert durch den kalten Humboldtstrom der Wasserdampf schon über dem Meer zu Nebel und es regnet daher, wenn überhaupt, schon vor den Küsten Perus.
Weiterhin **schirmen** die östlich von Lima gelegenen **Anden die sommerlichen niederschlagsreichen Luftmassen des Südostpassats ab**, sodass wiederum diese Region an der Küste Perus im Leebereich der Anden nur von sehr trockenen Fallwinden beeinflusst wird.

1.2 *In dieser Teilaufgabe erfahren Sie, dass von der Stadtverwaltung Limas erwogen wird, die Preise für Leitungswasser zu erhöhen und die Versorgung durch Tankwagen auszuweiten, um die Trinkwasserversorgung der wachsenden Bevölkerung Limas sicherzustellen. Ihre Aufgabe ist es, die Vor- und Nachteile dieser beiden Maßnahmen gegeneinander abzuwägen.*

Maßnahme 1: „Erhöhung der Preise für Leitungswasser“
Die Erhöhung der Preise für Leitungswasser könnte zur **sparsameren Verwendung** von Leitungs- bzw. Trinkwasser führen, wodurch wiederum die Stadt Bereitstellungskosten einsparen würde. Diese Maßnahme würde allerdings vor allem die ärmere Bevölkerung Limas treffen; die wohlhabende Bevölkerung könnte sich die Erhöhung der Trinkwasserpreise leisten und würde wahrscheinlich nicht weniger Leitungswasser verwenden. Folglich würde diese Maßnahme die schon bestehenden **Disparitäten** zwischen den wohlhabenden und den ärmeren Bevölkerungsschichten Limas nur noch weiter vergrößern, was wiederum zu **sozialen Unruhen** führen könnte.
Zusätzliche Einnahmen der Stadtverwaltung könnten die Chance eröffnen, das Leitungsnetz in Lima weiter auszubauen. Die hohen Trinkwasserpreise würden aber wohl auch dazu führen, dass die **Wasserleitungen** von einem Teil der armen Bevölkerung **illegal angezapft** werden, was die Gewinne wiederum mindern würde. Eventuell kann diese Maßnahme auch zur Folge haben, dass die Armen

aufgrund der hohen Preise auf verschmutztes Regen- oder Oberflächenwasser zurückgreifen, was dann zu **Gesundheitsproblemen** führen würde.

Maßnahme 2: „Wasserversorgung mit Tankwagen"
Die Wasserversorgung mit Tankwagen würde die **Wasserverteilung kontrollierbarer** machen und daher zu einer gezielten und deshalb effektiveren Verwendung – ohne Verluste durch Leitungsschäden – des wertvollen Trinkwassers führen. Zudem würde der kostspielige **Aus- und Neubau von Wasserleitungen entfallen**. Auch könnten durch die **dezentrale Versorgung** mit Tankwagen die durch die Zuwanderung ständig wachsenden **peripheren Stadtregionen**, die bisher nicht an das Leitungsnetz angeschlossen sind, **besser mit Trinkwasser versorgt** werden. Dadurch wäre für die Gesamtbevölkerung zwar die Grundversorgung mit Trinkwasser gesichert, allerdings würden auch hohe laufende Kosten für die Stadt Lima anfallen.
Für die Teile der Bevölkerung, die über Tanklastwagen versorgt werden würden, wäre diese Art der Wasserversorgung mit einem **höheren zeitlichen und logistischen Aufwand** verbunden. So müssten sich diese Menschen Behälter für den Transport und die Lagerung des Trinkwassers anschaffen und zu bestimmten Zeiten zu den Vergabestellen kommen. Zudem könnten sich sowohl durch den Transport mit schlecht gereinigten Lastwagentanks als auch durch unhygienische private Aufbewahrungsbehälter **gesundheitliche Probleme** ergeben.

Fazit:
Zusammenfassend kann man feststellen, dass beide angedachte Maßnahmen einen Beitrag dazu leisten können, die Trinkwasserversorgung der Bevölkerung zu verbessern. Allerdings scheint es ratsam, sich über weitere Problemlösungen Gedanken zu machen, da beide Maßnahmen gesundheitliche und soziale Probleme nach sich ziehen können.

2.1 *In dieser Aufgabe ist die Gliederung für Ihre Antwort klar vorgegeben. Sie sollen nämlich nur die negativen ökonomischen Auswirkungen dreier möglicherweise auftretenden Folgen des Klimawandels in Peru aufzeigen. Diese klimabedingten Veränderungen sind der Gletscherrückgang, die höheren Meerestemperaturen sowie das Auftreten von Malaria in den Küstenregionen.*

Ökonomische Auswirkungen des Gletscherrückgangs:
Mit dem Gletscherrückgang in den Anden geht eine langfristige Abnahme der Schmelzwasserspende über die Flüsse einher. Dies führt ökonomisch zu **geringeren Erträgen in der Bewässerungslandwirtschaft**, da durch den Rückgang des Gletscherwassers weniger Wasser für einen ertragreichen Anbau zur Verfügung steht. Insbesondere wird dies die sehr trockenen Küstenregionen Perus treffen. Zudem wird das Trink- und Brauchwasser immer knapper. Aber auch die Leistung von Wasserkraftwerken wird zurückgehen. Dies bedeutet **steigende Kosten bei der Energie- sowie Trink- und Brauchwasserversorgung** der Bevölkerung, aber auch für die Wirtschaft Perus.

Ökonomische Auswirkungen höherer Meerestemperaturen:
Im kühlen und sauerstoffreichen Wasser des Humboldtstroms entwickelt sich ein intensives Planktonwachstum, das die Basis für die reichen Fischgründe vor Perus Küste ist. Würde infolge des Klimawandels weniger kaltes sauerstoffreiches Tiefenwasser aufsteigen und mehr warmes Oberflächenwasser vom Westpazifik herangeführt werden, käme es infolge des Sauerstoffmangels zum **Absterben des Planktons**. Die gesamte Nahrungskette würde dann gestört werden und der Fischreichtum vor den Küsten Perus zurückgehen. Aufgrund der damit ausbleibenden Fischschwärme würden die Fangmengen der Fischer geringer, was ökonomisch zu großen **Einnahmeverlusten in der Fischereiwirtschaft** Perus führen würde. Zudem würde sich die Versorgung der Bevölkerung Perus mit Fischen und Meeresfrüchten verschlechtern, was wiederum zu großen Preiserhöhungen führen würde.

Ökonomische Auswirkungen des Auftretens von Malaria:
Durch den Rückgang des Oberflächenwassers und die zunehmende Versumpfung der Wasserläufe könnte es zur Ausbreitung von weiblichen Moskitos kommen, die die Tropenkrankheit Malaria übertragen. Menschen, die Malaria haben, leiden unter hohem Fieber, Schüttelfrost, Magen-Darm-Beschwerden und schrecklichen Krämpfen. Bei Kindern kann diese Krankheit auch rasch zum Tod führen. Das mögliche Auftreten von Malaria könnte durch die steigende Zahl der Erkrankten ökonomisch die **Wirtschaftsleistung** Perus **beeinträchtigen** sowie die **Ausgaben für die medizinische Versorgung erhöhen**.

2.2 *Mit den Aufgabenstellungen „Beschreiben Sie die Karikatur in Anlage II.1" sowie „arbeiten Sie die wesentlichen Aussagen heraus" und dem Auftrag, „abschließend dazu kritisch Stellung zu nehmen", ist diese Aufgabe klar gegliedert, sodass Sie sehr schnell wissen, was konkret zu tun ist.*

Die Karikatur zeigt **zwei verschieden große Personen in einer Dialogsituation**. Nicht nur durch ihre **Größe**, sondern auch durch ihre **Kleidung, Mimik und Gestik** sind diese beiden Männer klar zu unterscheiden. Die kleine Person ist schlicht gekleidet, lässt ihre Arme hängen und schaut erstaunt mit offenem Mund und großen Augen nach oben zum großen Mann. Dieser ist wie ein englischer Lord mit Zylinder und Gehrock bekleidet und hält als Zeichen des Wohlstands in der einen Hand eine dicke Zigarre, in der anderen einen Geldsack. Seine Mimik zeugt von Überheblichkeit und Unverständnis.
Zwei Sprechblasen geben den **Dialog der beiden** Männer wieder. Während der kleine Mann den großen mit den Sätzen anklagt: „Sie sind für den größten Teil der Kosten der Luftverschmutzung im letzten Jahrhundert verantwortlich. Also sollten Sie zukünftig mehr für die Kosten aufkommen", versucht der große Mann die Aussagen des kleinen zu ignorieren. Er sagt: „Was haben Sie gesagt? Ich kann Sie gar nicht gut sehen oder hören!" Vor und hinter dem jeweiligen Mann ragen entsprechend ihrer Größe ein kleiner und ein großer rauchender Schornstein

hervor. Zwischen den beiden Personen steht ein Schild mit der Aufschrift „20. UN-Klimakonferenz in Lima".

Durch das Schild in der Mitte wird der reale Ort der Auseinandersetzung bekannt gegeben, nämlich die **20. UN-Klimakonferenz in Lima**. Die beiden Personen sollen durch ihre Statur, ihre Ausstattung und ihr Auftreten die unterschiedlichen **politischen und wirtschaftlichen Machtverhältnisse der Entwicklungs- bzw. der Industrieländer** bei dieser Konferenz darstellen. Die Entwicklungsländer fordern mit ihrer Aussage in der Sprechblase die Industrieländer zu einem größeren Engagement im Klimaschutz auf. Die Industrieländer hingegen zeigen keine Dialogbereitschaft.
Die unterschiedlichen Größen der rauchenden Schornsteine sollen wiederum sowohl die Menge der jeweils ausgestoßenen **Emissionen** als auch den historischen **Anteil an der weltweiten Luftverschmutzung** der Entwicklungs- bzw. der Industrieländer verdeutlichen.
Insgesamt weist die Karikatur auf die Vielzahl von bisher stattgefundenen internationalen **Klimakonferenzen** hin, die **ohne ausreichende Verpflichtungen für eine erfolgreiche Klimaschutzpolitik**, vor allem seitens der Industrieländer, zu Ende gingen.

Kritisch ist an dieser Karikatur Folgendes anzumerken:
In ihren Grundaussagen scheint die Darstellung des global bedeutsamen Themas und der damit verbundenen Verantwortlichkeiten verschiedener Ländergruppen gelungen.
Durch die mangelnde Berücksichtigung der zunehmenden Emissionen der **Schwellenländer** fehlt der Karikatur die Aktualität. Auch erscheint in diesem Zusammenhang die Größendarstellung der Schornsteine durch die überproportionale Größe des Schornsteins der Industrieländer fraglich. Insgesamt ist die Karikatur in ihrer Darstellung und Symbolik zu **klischeehaft** und sehr **manipulativ**, da sie das komplexe Wirkungsgefüge des weltweiten Klimaschutzes, die Verantwortlichkeit der einzelnen Länder sowie die Verhandlungsinhalte zu stark reduziert darstellt.

3 *Die abschließende Aufgabe stellt an Sie hohe Anforderungen, denn Sie müssen aus den drei Materialien der Anlage II.2 wichtige Informationen zum illegalen Goldbergbau in Peru herausarbeiten. Dabei müssen Sie prüfen, ob diese für Ihre Antwort verwendbar sind. Diese elementaren Aussagen müssen Sie dann im Sinne wissenschaftlichen Arbeitens in Ihre Argumentation einbauen und diese entsprechend der Aufgabenstellung nach ökologischen und sozioökonomischen Aspekten gut strukturieren, sodass eine schlüssige Abfolge zu erkennen ist.*

Der illegale Goldbergbau findet vorwiegend in der Verwaltungseinheit Madre de Dios, die in der peruanischen Amazonasregion liegt, statt. Schätzungen zufolge stammen 20 % des abgebauten Goldes Perus aus dem illegalen Abbau in dieser Region.

Aus **ökologischer Sicht** müssen für die bisher 50 000 ha großen Abbauflächen (2013) des illegalen Bergbaus große Areale des tropischen Regenwaldes abgeholzt werden. Die Zerstörung dieser großen Regenwaldflächen führt zur irreversiblen Schädigung dieses in sich geschlossenen, sensiblen Ökosystems. Wird der Wald gerodet, verliert er hierdurch alle im oberirdischen Ökosystem gespeicherten Mineralstoffe. Weil das Blätterdach den Boden nicht mehr schützt, trifft die Sonnenstrahlung direkt auf die Erdoberfläche. Austrocknung des Bodens ist die Folge. Fallen nun die tropischen Starkregen auf die freiliegende Oberfläche, kommt es zu großflächiger Bodenerosion. Der illegale Goldbergbau **vernichtet** somit das einzigartige Ökosystem **des tropischen Regenwaldes** mit seiner besonderen Flora und Fauna und verwandelt die Region in eine „Mondlandschaft". Aber er **zerstört** mit dem Regenwald auch den **Lebensraum der dort lebenden indigenen Bevölkerung** und deren Wirtschaftsgrundlage.
Da der Abbau der Kupfer- und Goldvorkommen auf primitivste Weise stattfindet, werden die Eingriffe in die Ökologie dieser Region durch den **massiven Einsatz von Quecksilber** noch verschärft. Bei Messungen wurden deutlich erhöhte Quecksilberwerte festgestellt. Die zehntausend illegalen Goldschürfer bzw. die Kleinbergbaubetriebe in dieser Region halten sich nicht an Umweltauflagen im Gegensatz zu den Großkonzernen im Norden, die das verschmutzte Wasser über Kanäle und Leitungen auffangen. Diese Umweltverschmutzung mit Quecksilber und anderen Giftstoffen führt zur langfristigen **Verseuchung von Gewässern und Böden** in den Tiefländern des peruanischen Amazonasgebiets, was **gesundheitliche Schäden** der dort lebenden Menschen zur Folge haben kann.

Aus **sozioökonomischer Sicht** bietet der illegale Goldabbau für die vielen Goldschürfer sowie Kleinbergbauunternehmer durch rasch realisierbare Gewinne bei hohen bzw. steigenden Weltmarktpreisen **temporär sehr gute Verdienstmöglichkeiten**. Die Einnahmen aus dem Verkauf des Goldes führen dadurch schnell zur **Verbesserung des Lebensstandards**, vor allem für die wirtschaftlich benachteiligten indigenen Bevölkerungsgruppen in peripheren Regionen. Würde der Staat den Goldabbau legalisieren und damit auch kontrollieren, würde er zwar Einnahmen aus den Schürflizenzen erhalten. Dass diese dann bei den Indios ankommen, denen nach ihrem Verständnis das Land gehört, ist unwahrscheinlich.
Der illegale Bergbau bringt den Menschen in dieser Region allerdings auch **soziale Probleme** wie prekäre Arbeitsbedingungen und keine arbeitsrechtliche Absicherung. Zudem besteht die Gefahr, dass in den Abbausiedlungen Kriminalität auftritt, da meist jede staatliche Kontrolle fehlt.
Die illegale Entnahme von Bodenschätzen und der Raubbau stellten außerdem eine **finanzielle Schädigung** des Gemeinwesens dar. Würden die Bodenschätze legal unter Einhaltung der Umweltauflagen abgebaut werden, könnte der Staat Steuern einnehmen, die er für Investitionen in die Infrastruktur und die wirtschaftliche Entwicklung dieser Region, aber auch des Landes Peru, bzw. die Beseitigung von Schäden infolge des illegalen Bergbaus verwenden könnte.

Abitur 2017 Geographie Bayern
Aufgabe III: Globalisierung und Entwicklung in Afrika

1 Bevölkerung und Entwicklungsstand

1.1 Ordnen Sie die Datenreihen A, B und C der Anlage III.1 den Ländern Deutschland, Kamerun und Südafrika zu, indem Sie jeweils die Bevölkerungsentwicklung erläutern!

1.2 Die afrikanischen Staaten weisen im Gegensatz zu den europäischen einen kleinen „ökologischen Fußabdruck“ auf.
Stellen Sie ausgehend von Anlage III.2 die Aussagekraft dieses Indikators sowie dessen Grenzen dar! 20 BE

2 Globalisierung und Entwicklung

2.1 Anlage III.3 zeigt den Verlauf und Eckdaten der 2003 zum Transport von Erdöl eröffneten Tschad-Kamerun-Pipeline.
Erläutern Sie ausgehend von der Anlage und geeigneten Atlaskarten mögliche Risiken und negative Auswirkungen für den Tschad, die sich aus der Erdölförderung und der Pipeline ergeben!

2.2 Der nur wenige Meter tiefe Tschadsee hat seit den 1960er-Jahren etwa 95 Prozent seiner Seefläche, die darüber hinaus im Jahresverlauf sehr stark schwankt, verloren.
Legen Sie mithilfe geeigneter Atlaskarten Gründe für diese beiden Phänomene dar! 20 BE

3 Städtische und wirtschaftliche Entwicklungen

3.1 Finanziell unterstützt durch die britische Entwicklungshilfe wurde in Kenias Hauptstadt Nairobi die exklusive „Garden City Mall“, eines der größten Einkaufszentren Afrikas, erbaut.
Erörtern Sie mögliche Auswirkungen, die von einem solchen Projekt für die ökonomische und soziale Entwicklung einer Metropole wie Nairobi ausgehen!

3.2 Auch in Kenia wird flächendeckender Internetzugang für die Bevölkerung und Unternehmen angestrebt.
Zeigen Sie Möglichkeiten auf, inwieweit dadurch ein Beitrag zur ökonomischen und sozialen Entwicklung peripherer Regionen geleistet werden kann, und legen Sie mögliche Hemmnisse dar! 20 BE

60 BE

Anlage III.1 Bevölkerungsstruktur von Deutschland, Kamerun und Südafrika

Staat	Altersgruppe in Jahren	1990 in Prozent der Gesamtbevölkerung	2015 in Prozent der Gesamtbevölkerung
A	< 15	38,9	28,3
	> 64	3,2	5,6
B	< 15	16,1	12,8
	> 64	15	21,8
C	< 15	46,3	42,6
	> 64	3,5	3,2

Anlage III.2 Merkmale des „ökologischen Fußabdrucks"

Allgemeine Definition	Unter dem „ökologischen Fußabdruck" wird die Fläche auf der Erde verstanden, die notwendig ist, um den Lebensstil und Lebensstandard eines Menschen (unter den heutigen Produktionsbedingungen) dauerhaft zu gewährleisten. Das schließt Flächen ein, die zur Produktion von Konsumgütern, Nahrung etc. oder zur Bereitstellung von Energie benötigt werden, darüber hinaus Flächen für die Entsorgung von Müll oder zur Bindung des durch Verbrennung freigesetzten Kohlenstoffdioxids.
Berechnung und Maßeinheit	• Umrechnung aller flächenverbrauchenden menschlichen Aktivitäten in ein Flächenmaß mit der Einheit *Hektar/Person:* Für die Berechnung wird eine vom Menschen nutzbare Landoberfläche von insgesamt 11,9 Mrd. Hektar festgesetzt. Damit stehen jedem Menschen derzeit statistisch gesehen etwa 1,6 Hektar zur Verfügung. • Umrechnung in „Erden" möglich: Würde die gesamte Weltbevölkerung so leben wie die Deutschen, dann wären 2,6 „Erden" nötig.
Methodik	• Die beanspruchten Flächen werden stets dem Verbraucherland angerechnet, so wird beispielsweise die zur Herstellung von Kleidung für den deutschen Markt im Ausland benötigte Fläche zum „ökologischen Fußabdruck" der deutschen Bevölkerung gerechnet. • Neben den Durchschnittsangaben für jedes Land ermöglichen verschiedene Internetseiten, anhand eines vordefinierten Fragebogens den individuellen Fußabdruck eines Menschen entsprechend seiner Lebensweise zu berechnen. • Das Berechnungsverfahren ist seit 1994 nahezu unverändert.

Anlage III.3 Tschad-Kamerun-Pipeline

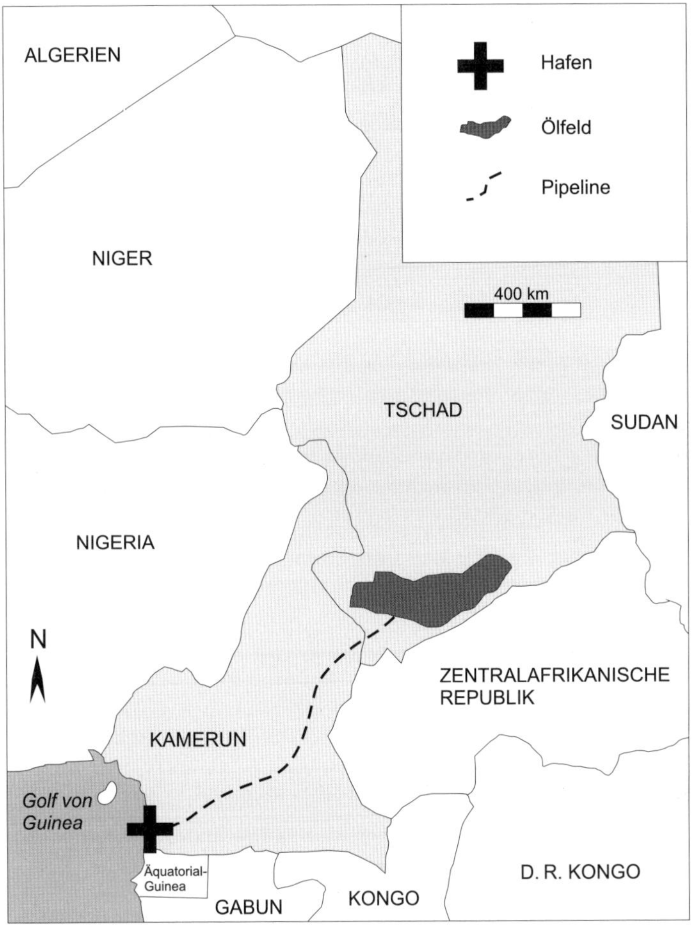

Transportmenge (in Barrel)	2011: 42,5 Mio. 2012: 36,9 Mio.
Gesamteinnahmen (in US-$)	2011: 14,9 Mrd. 2012: 15,2 Mrd.
Betreiberfirmen	Exxon Mobil/Esso Chad (USA), Chevron Texaco (USA) und Petronas (Malaysia)
Länge der Pipeline	über 1 070 km

Quellenverzeichnis

Zusammenstellung nach: CIA The World Factbook, https://www.cia.gov/library/publications/the-world-factbook (Anlage III.1)

Zusammenstellung nach: GLOBAL FOOTPRINT NETWORK (2016); online unter URL: http://www.footprintnetwork.org/de/index.php/GFN/page/footprint_data_and_results/ und LEXIKON DER NACHHALTIGKEIT (2016): Ökologischer Fußabdruck, online unter URL: https://www.nachhaltigkeit.info/artikel/kologischer_fussabdruck_733.htm (Anlage III.2)

Lösungsvorschlag

1.1 *Bei der Bearbeitung dieser Teilaufgabe kann entsprechend den Daten in der Tabelle vorgegangen werden. Empfehlenswert ist die Einzelerläuterung der drei Staaten, also für sich isoliert, da die angegebenen Werte eindeutig interpretierbar sind. Eine Vermischung der Argumentation innerhalb einer Textpassage erscheint aus Gründen einer dann fehlenden systematischen Darstellung weniger ratsam.*

Staat A: Der Datenreihe A ist die **Republik Südafrika** zuzuordnen. Der Anteil der unter 15-Jährigen war 1990 und 2015 mit 38,9 % bzw. 28,3 % jeweils am zweithöchsten. Insbesondere aus dem deutlichen Rückgang dieses Werts in den Vergleichsjahren kann gefolgert werden, dass im Zuge der **sozioökonomischen Weiterentwicklung** Wachstumsimpulse erzeugt worden sind und ein erstes Sozialversicherungssystem geschaffen werden konnte, was allmählich zu einer **sinkenden Fertilitätsrate** geführt hat. Zudem ist der steigende Anteil der über 64-Jährigen wohl auf Fortschritte in der **medizinischen Grundversorgung** und auf verbesserte **hygienische Verhältnisse** zurückzuführen.

Staat B: Staat B zeigt die Bevölkerungsstruktur **Deutschlands**. Der mit etwa 16 % bereits im Jahr 1990 äußerst niedrige Anteil der Altersgruppe unter 15 Jahren kann als Ergebnis einer reduzierten Geburtenrate angesehen werden. Die Gründe hierfür sind wiederum im Vorhandensein eines funktionierenden **Sozialversicherungssystems**, aber auch im vorangegangenen Pillenknick (Einführung von hochwirksamen Kontrazeptiva) und in einem allgemeinen **gesellschaftlichen Wertewandel** (z. B. Verstädterung und Verbreitung städtischer Lebensweisen, Zunahme der Single-Haushalte) zu sehen. Die relativ hohen Anteile der über 64-Jährigen (Steigerung um etwa 7 Prozentpunkte bzw. 45 %) spiegeln die zunehmende **Überalterung** der deutschen Bevölkerung sowie generell den **demographischen Wandel** wider. Grund hierfür ist die steigende Lebenserwartung, die durch eine gute gesundheitliche Versorgung ermöglicht wird.

Staat C: Die **Datenreihe C** stellt die Situation in **Kamerun** dar. Der sehr hohe Anteil der unter 15-Jährigen im Jahr 1990, der nahezu die Hälfte der Gesamtbevölkerung ausmacht, typisiert den demographischen Zustand eines **Landes mit starken Entwicklungsdefiziten**. Da die soziale Absicherung fehlt und noch immer die Notwendigkeit besteht, Kinder als Arbeitskräfte und familiäre „Rentenzahler" einzusetzen, ist eine **hohe Fertilitätsrate** festzustellen. Auch die relativ geringe Veränderung dieses Anteils bis zum Jahr 2015 spricht dafür, dass es wenig sozioökonomische Entwicklungsimpulse gegeben hat. Da eine ausreichende medizinische Versorgung nur schwer zugänglich ist und ein höherwertiger Hygienestandard fehlt, bleibt der Anteil der über 64-Jährigen (3,2 % im Jahr 2015) infolge einer vergleichsweise **geringen Lebenserwartung** äußerst niedrig.

1.2 *Bei dieser Teilaufgabe sollen Sie anhand von Textteilen einer Tabelle darstellen, ob der Indikator „ökologischer Fußabdruck" aussagekräftig ist. Gehen Sie am besten so vor, wie es die Aufgabenstellung verlangt. Beginnen Sie also mit den positiven Merkmalen des Indikators und zeigen Sie danach auf, was dieser nicht leisten kann.*

Zur Aussagekraft des Indikators:
Der Indikator ist zunächst einmal sehr **anschaulich**. Konkret werden flächenverbrauchende Aktivitäten des Menschen in Beziehung zur derzeit nutzbaren globalen Landfläche gesetzt und in die **Einheit Hektar pro Person** umgerechnet. Der Indikator berücksichtigt bei der Flächenberechnung eine Vielzahl von ressourcenverbrauchenden Aktivitäten, so z. B. die Bereitstellung von Energie, Nahrungsmitteln und Konsumgütern, die Entsorgung von Müll und die Freisetzung von Kohlenstoffdioxid. Zudem steht das **Verursacherprinzip** im Vordergrund, d. h., die beanspruchten Flächen werden grundsätzlich dem Verbraucherland angerechnet. Es kann aber nicht nur der ökologische Fußabdruck eines Landes, sondern auch eines einzelnen Menschen festgestellt werden.
Verschiedene Internetseiten geben Anleitungen, wie der individuelle ökologische Fußabdruck berechnet werden kann. Dadurch wird auch die Methodik einer breiten Öffentlichkeit zugänglich und selbst für den Laien transparent.
Schließlich blieb das Verfahren **seit Beginn der 1990er-Jahre unverändert**, wodurch die Werte langfristige internationale Vergleiche ermöglichen.

Grenzen der Aussagekraft des Indikators:
Der Indikator **lässt** Einflussfaktoren, die nicht flächenrelevant umgerechnet werden können, etwa die **Luft- und Wasserverschmutzung, außer Acht**. Zudem ist beispielsweise die Berechnung der weltweit für die menschlichen Aktivitäten zur Verfügung stehenden Bezugsfläche wenig nachvollziehbar; seit 1994 wird als Maß 11,9 Mrd. Hektar verwendet. Somit spiegelt der Indikator einen Augenblickszustand wider und berücksichtigt kein zukünftiges Entwicklungspotenzial, etwa was mögliche Flächen- und Ressourcenerschließungen betrifft.

Schließlich besteht die Gefahr, dass tatsächliche Schäden/**Folgeschäden in den Erzeugerländern** kaum in vollem Umfang erfasst werden können, weil die beanspruchten Flächen dem Verbraucherland zugerechnet werden. So sind etwa die ökologischen Schäden in afrikanischen Savannenregionen infolge von „man-made" Desertifikationsprozessen als schwerwiegend einzustufen – trotz geringem ökologischen Fußabdruck.

2.1 *Gehen Sie bei der Bearbeitung dieser Teilaufgabe systematisch vor, indem Sie die Kartenvorlage und die tabellarischen Angaben interpretieren. Ergänzen Sie Ihre Ausführungen mithilfe geeigneter Atlaskarten, etwa um die betroffenen Klimazonen zu definieren.*

Folgende Risiken und negative Auswirkungen für den Tschad sind mit der Erdölförderung und der Tschad-Kamerun-Pipeline verbunden:

Die Pipeline verfügt über eine Länge von über 1 000 km; der größte Teil verläuft durch Kamerun. Im Fall von politischen oder gar militärischen Konflikten des **Förderlands Tschad** mit seinem **Nachbartransitland Kamerun** bestünde ein hohes Sicherheitsrisiko für den Erdöltransport an die Atlantikküste. Außerdem wäre das System äußerst anfällig gegenüber kriminellen Akten wie etwa Pipelineanzapfungen oder terroristischen Anschlägen.

Durch die Förderung des Erdöls und seinen Transport entstehen grundsätzlich **große Risiken in den ökologisch hochsensiblen Bereichen der betroffenen Savannen- und Regenwaldgebiete**. In diesem Zusammenhang sind beispielsweise Verunreinigungen bei der Erdölförderung sowie Leckagen im Leitungssystem zu nennen.

Die Betreiberfirmen Exxon, Chevron und Petronas sind allesamt große ausländische Energiekonzerne. Durch die Pipeline wird das Rohöl an die Atlantikküste zur Verschiffung geleitet. Somit erfolgt im Tschad selbst keinerlei Rohstoffveredelung, sondern es kommt größtenteils zum **Kapital- und Gewinnabfluss ins Ausland**. Die riskante wirtschaftliche Abhängigkeit von ausländischen Förderfirmen kann gerade angesichts der stark schwankenden Rohstoffpreise auf dem Weltmarkt aber äußerst nachteilig sein.
Schließlich ist zu vermuten, dass der Bau der Förderanlagen im Süden des Tschad die angestammte Bevölkerung dazu zwang, ihr ursprüngliches Siedlungsgebiet zu verlassen.

2.2 *Verwenden Sie zur Bearbeitung dieser Teilaufgabe geeignete Atlaskarten, die Ihnen die räumliche Einordnung des Sees in die entsprechende Klimazone und seine geomorphologische Struktur aufzeigen können. Kategorisieren Sie Ihre Antwort systematisch nach den beiden Phänomenen Seeflächenverlust und Seespiegelschwankungen.*

Gründe für den Rückgang der Fläche des Tschadsees:
Die Gründe für den Rückgang der Seefläche sind in erster Linie in den veränderten physisch-geographischen Bedingungen im Gebiet des Sees selbst zu suchen, aber auch auf globaler Ebene. In beiden Fällen liegen veränderte anthropogene Einflussfaktoren zugrunde.
Das Entwicklungsland Tschad dürfte eine stark **wachsende Bevölkerung** aufweisen, die ständig mehr Trink- und Brauchwasser beansprucht. Um die Bevölkerung ernähren zu können, muss die **Bewässerungslandwirtschaft ausgeweitet** werden. Dadurch werden aus dem See selbst und aus seinen Zuflüssen steigende Mengen an Wasser entnommen. Die von Natur aus ohnehin **hohen Verdunstungswerte** im Gebiet des Tschadsees werden noch dadurch erhöht, dass der globale Klimawandel extremere Klimasituationen mit sich bringt. Schließlich nimmt die Seefläche infolge der äußerst geringen Wassertiefe und des „Flachbeckencharakters" des Gewässers im Vergleich zu tiefen Gewässern bei Wasserverlust überproportional schnell ab.

Gründe für den schwankenden Seespiegel:
Die Zuflüsse des Tschadsees unterliegen im Jahresverlauf den sich verändernden Einflüssen der sich verschiebenden **innertropischen Konvergenzzone**. Somit schwanken jahreszeitlich auch die entsprechenden Zuflussmengen an Wasser und letztlich auch der Wasserspiegel des Sees. Durch den **flachen Beckencharakter** bedingt wirken sich diese Unterschiede im Zufluss sehr stark auf das Wasservolumen des Sees aus.

3.1 *Stellen Sie bei der Bearbeitung dieser Teilaufgabe positive und negative Auswirkungen ökonomischer und sozialer Art dar. Die Bezeichnung „mögliche" deutet darauf hin, dass Sie nicht alle Auswirkungen verbalisieren müssen.*

Folgende Auswirkungen der Garden City Mall auf die ökonomische und soziale Entwicklung Nairobis sind denkbar:

Positive Auswirkungen:
Zunächst einmal werden für den **Bau** und den anschließenden **Betrieb** des Einkaufszentrums **Arbeitsplätze** geschaffen, die grundsätzlich zu einer wirtschaftlichen Aufwertung Nairobis und zu erhöhten **Steuereinnahmen** führen können. Diese Arbeitsplätze siedeln sich vorwiegend im **formellen Sektor** an und entgehen somit nicht – wie in Städten entwicklungsdefizitärer Länder oft üblich – der Steuerpflicht. Zudem kann durch den Bau moderner Versorgungseinrichtungen die Attraktivität der umliegenden Stadtteile und der Hauptstadt insgesamt gesteigert werden.

Negative Auswirkungen:
Der Bau solcher Zentren zieht allerdings häufig **nicht kalkulierbare Zusatzkosten für die infrastrukturelle Ausstattung** (z. B. Zufahrtswege, Versorgungsleitungen) und damit verbundene langfristige Darlehensverpflichtungen nach sich. Die Belieferung solcher Zentren erfolgt in den meisten Fällen mit

Gütern des gehobenen Bedarfs durch internationale Ketten. Lokale Produzenten können deshalb meist nur in geringem Maße Nutznießer sein. Zudem drohen Gewinnabflüsse an die Produzenten im Ausland, die den tatsächlichen ökonomischen Erfolg schmälern.
Schließlich versorgen die Güter des gehobenen Bedarfs ausschließlich die **wirtschaftliche Elite Nairobis**, sodass eine eindeutige Käuferselektierung zustande kommt. Nur ein kleiner Teil der Bevölkerung Kenias profitiert also von diesem Warenangebot. Im Zuge der Modernisierungsmaßnahmen **steigen** die **Grundstücks- und Lebenshaltungspreise**, was für die meisten Einwohner Nairobis von Nachteil ist.

3.2 *Gliedern Sie Ihren Text am besten in die durch die Aufgabenstellung vorgegebene Grundstruktur: Möglichkeiten einer ökonomischen und gesellschaftlichen Entwicklung und zu erwartende Hemmnisse. Die Bezeichnung „inwieweit" im Aufgabentext weist bereits darauf hin, dass es positive Effekte für Wirtschaft und Gesellschaft geben kann, die aber eben auch an Grenzen stoßen.*

Beiträge zur ökonomischen und sozialen Entwicklung peripherer Regionen:
Grundsätzlich ermöglicht der Ausbau eines Kommunikationsnetzes auch in peripheren Regionen eine Anbindung an die globalen Kommunikations-, Informations- und Datenstrukturen, die die Chance auf eine bessere Teilhabe an nationalen und internationalen ökonomischen, politischen und gesellschaftlichen Prozessen bietet. So könnte beispielsweise durch die Nutzung von Online-Lernsowie Aus- und Weiterbildungskursen das **Bildungs- und Ausbildungsniveau erhöht** werden.
In der **Landwirtschaft** wären im Bereich der Produktion ein schnellerer Zugang zu spezifischen Daten (z. B. Wetterdaten), im Bereich der Vermarktung bessere Informationen (z. B. bezüglich aktueller Marktpreise) möglich.
Die Gründung von **Start-up-Unternehmen** gerade in peripheren Gebieten könnte durch den vereinfachten Datenzugang via Internet zudem erleichtert werden. Hierdurch wäre zudem eine stärkere **Diversifizierung** der wirtschaftlichen Strukturen denkbar.

Mögliche Hemmnisse:
Allerdings verursacht ein solcher Ausbau hohe **Investitionskosten** für die Bereitstellung der hochwertigen und teuren Infrastruktur und für deren Erhalt. Es bleibt zu befürchten, dass die notwendigen Investitionen wiederum nur über Kreditverträge abgesichert werden können, die den kenianischen Anbieter über lange Zeit in ein finanzielles Abhängigkeitsverhältnis zu den Geldgebern bringen.
Außerdem darf bezweifelt werden, dass ein größerer Bevölkerungsanteil Kenias teilhaben kann, denn die hohen Anschaffungskosten für den Erwerb der Endgeräte, die relativ hohen **Kosten** eines Internetzugangs für den Endnutzer, die **geringe Kaufkraft** des überwiegenden Teils der Bevölkerung und die noch hohe **Analphabetenquote** dürften diesbezüglich gegen schnelle Anpassungsprozesse sprechen.

Abitur 2017 Geographie Bayern
Aufgabe IV: Raumstrukturen und aktuelle Entwicklungsprozesse in Deutschland

1 Frankfurt am Main

1.1 Anlage IV.1 zeigt zwei Satellitenbilder mit Ausschnitten von Frankfurt am Main und Memphis (Tennessee, USA).
Arbeiten Sie anhand der vorliegenden Satellitenbilder strukturelle Unterschiede zwischen den beiden Städten heraus!

1.2 Seit dem Votum für den Austritt des Vereinigten Königreichs aus der EU ziehen in London ansässige Unternehmen der Finanzbranche Standortverlagerungen in andere EU-Länder in Erwägung.
Legen Sie unter Zuhilfenahme geeigneter Atlaskarten Standortfaktoren dar, mit denen die Stadt Frankfurt am Main um diese Unternehmen werben kann!

1.3 Bewerten Sie ausgehend von Anlage IV.2 die Errichtung von luxuriösen Wohnhochhäusern aus Sicht der Stadt Frankfurt am Main! 30 BE

2 Naturrisiken und Tourismus in der Eifel

2.1 Anlage IV.3 informiert über Folgen eines Vulkanausbruchs, der sich vor ca. 13 000 Jahren an der Stelle des heutigen Laacher Sees (50° 24' N/7° 16' O) ereignete.
Zeigen Sie ausgehend von Anlage IV.3 sowie unter Zuhilfenahme geeigneter Atlaskarten das wirtschaftliche Schadenspotenzial auf, sollte sich dort ein derartiges Ereignis wiederholen!

2.2 Erläutern Sie ausgehend von Anlage IV.4 wesentliche Zielsetzungen, die mit der Errichtung des Natur- und Geoparks Vulkaneifel verbunden sind!

2.3 Der Nürburgring (50° 20' N/6° 57' O) wird nicht nur als Autorennstrecke genutzt, sondern z. B. auch für musikalische Großveranstaltungen.
Zeigen Sie Vorteile des Standorts auf und legen Sie Probleme dar, die sich aus diesen Nutzungen ergeben können! 30 BE

60 BE

Anlage IV.1 Satellitenbilder der Städte Frankfurt am Main (oben) und Memphis, Tennessee, USA (unten)

Zur Bearbeitung der Aufgabe 1.1 ist die farbige Anlage IV.1 zu verwenden!

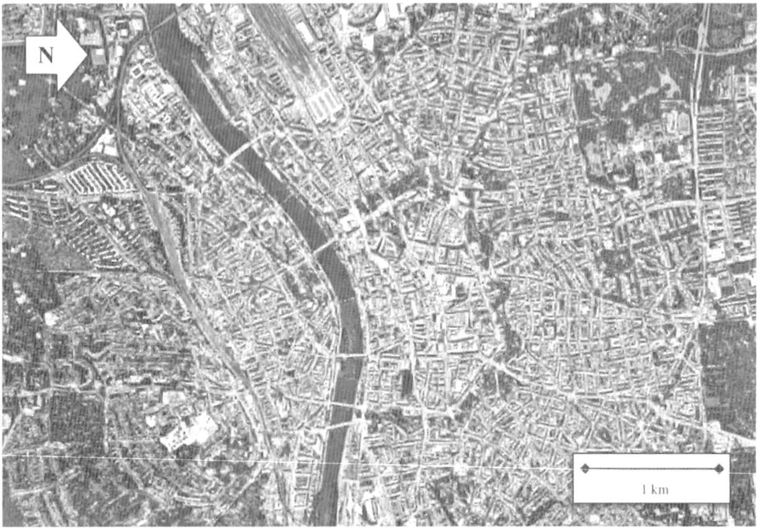

Anlage IV.2 Artikel aus dem Online-Auftritt der *Frankfurter Neuen Presse* vom 20. 04. 2016 (adaptiert)

Die einzige Skyline in Deutschland wandelt sich: In der Frankfurter City wachsen Wohnhochhäuser in kleinen Gruppen in die Höhe. Für den höchsten Wohnturm der Republik, den luxuriösen „Grand Tower" im Europaviertel, haben die ersten Arbeiten begonnen. Mindestens 172 Meter soll er in den Himmel ragen. Im neuen Henninger Turm (140 Meter) in Sachsenhausen ziehen die ersten Mieter Anfang 2017 ein. Frankfurt hat bei den Wohn-Giganten in Deutschland die Nase vorn.

Begünstigende Faktoren in Frankfurt: Die fünftgrößte deutsche Stadt hat bereits eine Skyline, wächst jedes Jahr um mehr als 15 000 Menschen und die Fläche – insbesondere der Innenstadt – ist sehr klein.

Das US-amerikanische Unternehmen Tishman Speyer plant als Projektentwickler im Frankfurter Finanzdistrikt einen Wolkenkratzer, der wie in New York Wohnen, Hotels, Gewerbe und Büros unter einem Dach vereint. Und der „Grand Tower" soll auf 47 Stockwerken Platz für rund 400 Luxus-Wohnungen bieten, mit zwei Terrassen sowie einer Aussichtsplattform für die Bewohner in luftiger Höhe. 19 000 Euro kostet ein Quadratmeter in den obersten fünf Geschossen im Schnitt.

Andreas Steinle, Geschäftsführer der Zukunftsinstitut Workshop GmbH, nennt neben dem weltweiten Run auf Städte auch die anhaltende Niedrigzinsphase als Triebfeder, Wohnungen in Luxustürmen zu kaufen. Benedikt Hotze vom Bund Deutscher Architekten mahnt: Eine Wohnung in Berlin oder Frankfurt sei für viele Reiche aus aller Welt schick. „Sie nutzen die Wohnung aber nur ein paar Mal im Jahr, den Rest der Zeit steht sie leer."

Die Stadt Frankfurt sollte künftig wieder strenger darauf achten, dass die Hochhäuser zur Belebung der Umgebung beitragen, mahnt auch der Leiter des Deutschen Architekturmuseums, Peter Cachola Schmal, in Frankfurt: „Ein geschicktes Hochhaus versucht – wie in Asien – die ersten Geschosse sehr lebendig zu halten. Wenn die Öffentlichkeit die unteren Stockwerke gut annimmt, dann verbessert dies das Hochhaus und das Viertel drum herum." Die Anbindung im Untergeschoss an den öffentlichen Verkehr sei ebenfalls sehr wichtig.

Monotonie in der Gestaltung und den inneren Erschließungsgängen vermeiden, empfiehlt Benedikt Hotze für attraktive Hochhäuser. Und: äußerst flexible Grundrisse sowie Zusammenarbeit mit den Nutzern von Anfang an. „Man darf es nicht allein den Kapitalinvestoren überlassen, da kommt immer Nullachtfünfzehn bei raus."

Anlage IV.3 Auswirkungen eines Ausbruchs des Laacher-See-Vulkans

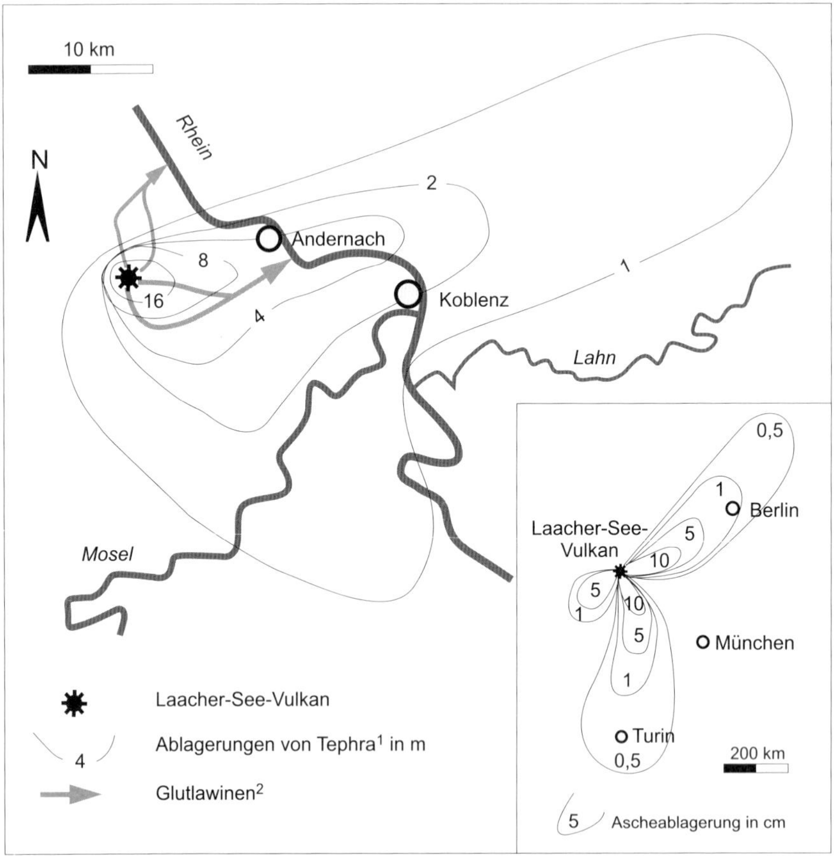

Hinweis: Die Abbildung der Flussläufe erhebt aus kartographischen Gründen keinen Anspruch auf Vollständigkeit.

1 Tephra besteht aus Gesteinsfragmenten, die durch das Zerreißen oder Zerbrechen von Gestein oder Magma bei vulkanischen Eruptionen oder anderen vulkanischen Prozessen entstehen.

2 Glutlawinen können in Begleitung explosiver vulkanischer Eruptionen auftreten und bewegen sich sehr schnell hangabwärts. Sie bestehen aus Feststoffen und Gasen, erreichen Temperaturen von 350–1 000 °C und Geschwindigkeiten von 300–1 000 km/h.

Anlage IV.4 Informationen zum Natur- und Geopark Vulkaneifel

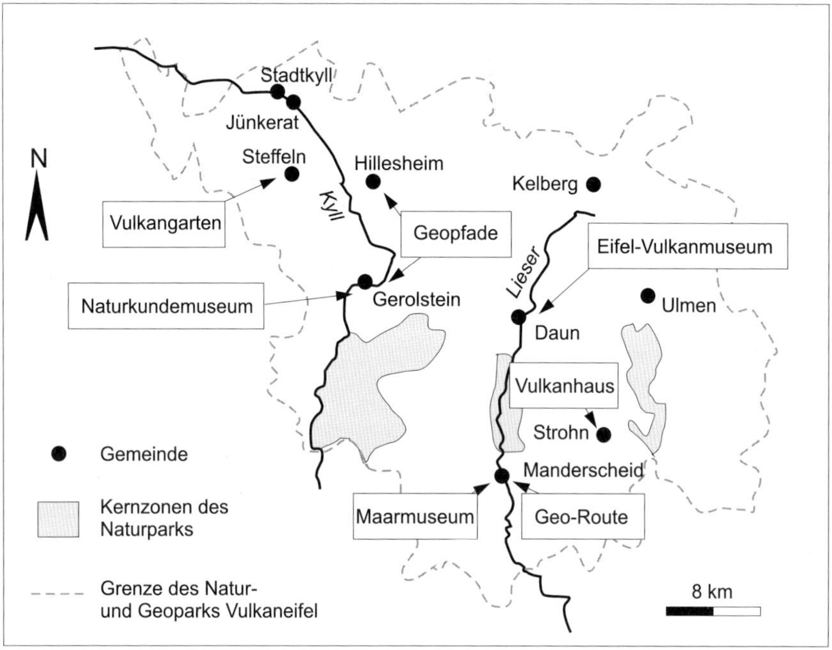

Geschichte	• Einweihung am 31. Mai 2010 als achter Naturpark in Rheinland-Pfalz • Anerkennung als *UNESCO Global Geopark* im November 2015 zusammen mit weiteren fünf Regionen in Deutschland
Träger	• Natur- und Geopark Vulkaneifel GmbH
Geotouristisches Angebot (in Auszügen)	• von geschulten Natur- und Geoparkführern begleitete Exkursionen sowohl entlang als auch abseits der Lehrpfade (auch für Schulklassen und Familien mit Kindern) • Anbindung an die 280 km lange, vom Rhein bis in die Eifel führende Deutsche Vulkanstraße mit zahlreichen Stationen • angebotene Souvenirs: z. B. Kopien von Originalfossilien, Kerzen in Fossilienform, populärwissenschaftliche Bücher
Rahmenbedingungen in den Kernzonen	• Verbot der Anlage von Steinbrüchen, Tagebauen, Gruben und sonstigen Erdaufschlüssen • Verbot des Campens auf anderen als hierfür behördlich zugelassenen Plätzen • Verbot der Erzeugung von Lärm ohne zwingenden Grund

Quellenverzeichnis

© 2017 Google; Kartendaten: © Geobasis-DE/BKG (2009) Google und Bilder © 2017 Google; Kartendaten: © 2017 Google (Anlage IV.1)

Ira Scheible (LHE), „Luxus-Wohnen in luftiger Höhe", 20. 04. 2016, http://www.fnp.de/lokales/frankfurt/Luxus-Wohnen-in-luftiger-Hoehe; art675,1969774 (Anlage IV.2)

Lösungsvorschlag

1.1 *Anlage IV.1 zeigt zwei Satellitenbilder mit Ausschnitten von Frankfurt am Main und Memphis in Tennessee/USA. Anhand der Satellitenbilder sollen Sie strukturelle Unterschiede zwischen den beiden Städten herausarbeiten. Hierfür müssen Sie Ihr im Unterricht erworbenes Wissen über die Merkmale (mittel)europäischer und nordamerikanischer Städte heranziehen, um gezielt an die Analyse der Satellitenbilder herangehen zu können.*

Beschreibung der Satellitenbilder:
Das Satellitenbild von Frankfurt zeigt den Bereich der Altstadt in der Nähe des Mainufers und die innenstadtnahen Stadtviertel mit einem unregelmäßigen Straßengrundriss und einem kleinteiligen Baubestand. Dagegen erscheint der **Stadtgrundriss** von Memphis eher regelmäßig, auch wenn der schachbrettartige Grundriss des Straßensystems nicht so klar zu erkennen ist wie in vielen anderen nordamerikanischen Städten. Die Ursache hierfür ist möglicherweise die Lage von Memphis im ehemals französischen Kolonialgebiet, wo bei den Siedlungsgründungen häufig vom Flussufer ausgehend sogenannte Flusshufen angelegt wurden. Im Satellitenbild kann der **Central Business District** im Zentrum von Memphis nur anhand von Gebäuden mit großer Grundfläche erahnt werden.

Wesentliche Unterschiede:
Wesentliche Unterschiede sind in der **Bebauungsdichte** erkennbar. Im Gegensatz zum hochverdichteten Stadtzentrum mit vorwiegender Blockbebauung in Frankfurt am Main erscheint die Bebauung in Memphis auch im Zentrum deutlich aufgelockerter.
Markante Unterschiede zeigen die Satellitenbilder bei den **Flächenansprüchen der** unterschiedlichen **Verkehrsträger**. In Frankfurt am Main nehmen die Gleisanlagen beiderseits des Flusses großen Raum ein, in Memphis dagegen ist die um das Zentrum herumführende Stadtautobahn deutlich zu sehen.
Am Altstadtrand von Frankfurt werden die Flächen entlang der ehemaligen Stadtbefestigungen heute durch ausgedehnte **Grünflächen** und Parkanlagen genutzt, demgegenüber gibt es in Memphis kein Muster für die eher verstreut liegenden Grünflächen.
Die am westlichen Mississippi-Ufer liegenden Flächen weisen keine Nutzung auf, da diese wahrscheinlich bei Hochwasser stets überflutet sind.

Das Stadtgebiet von Memphis wird im Westen vom fast einen Kilometer breiten Mississippi begrenzt, wohingegen der Main keine Siedlungsgrenze darstellt und das Stadtgebiet von Frankfurt durch zahlreiche **Brücken über den Fluss** verkehrstechnisch erschlossen wird.

1.2 *Frankfurt am Main gilt heute schon als eines der bedeutendsten Finanzzentren weltweit. Nach dem Brexit-Votum haben in London ansässige Unternehmen der Finanzbranche eine Standortverlagerung in andere EU-Länder ins Auge gefasst. In der Teilaufgabe 1.2 sollen Sie die Gunstfaktoren von Frankfurt am Main darlegen. Wenn Sie entsprechende Karten im Atlas (z. B. „Wirtschaftsraum Rhein-Main", „Metropole Frankfurt", „Luftverkehr Deutschland") zu Hilfe nehmen, dürfte Ihnen dies nicht allzu schwerfallen.*

Frankfurt am Main liegt **zentral**, sowohl im wirtschaftlichen Kernraum Europas als auch innerhalb Deutschlands. Herausragende Gunstfaktoren der Stadt sind die **Verkehrsanbindung** im weltweiten Luftverkehr durch den nach Flugverbindungen und Passagieraufkommen größten deutschen Flughafen und die zentralen Verkehrsknoten im innerdeutschen Hochgeschwindigkeitsnetz der Deutschen Bahn sowie im europäischen und deutschen Autobahnnetz.
Frankfurt bietet aufgrund der bereits hier ansässigen Einrichtungen der Finanzbranche wie etwa der Europäischen Zentralbank und der Frankfurter Börse sowie zahlreicher Bankensitze die besten **Agglomerationsvorteile** für Finanzdienstleistungsunternehmen, die ihren Standort verlagern wollen, bzw. für mögliche Neuansiedlungen von bisher nicht in Frankfurt vertretenen Unternehmen.
Aufgrund der hohen Konzentration von Finanzinstituten einerseits und der Ausbildung von zukünftigen hochqualifizierten **Arbeitskräften** an den Frankfurter Hochschulen andererseits haben die Unternehmen beste Chancen, für freie und neue Arbeitsplätze gut ausgebildete Bewerber zu finden. Zumindest im Frankfurter Umland sind heute noch die **Immobilienpreise** und **Lebenshaltungskosten** im Vergleich etwa zu London oder auch München günstiger. Frankfurt am Main bietet Beschäftigten mit hohem Einkommen ein attraktives und vielfältiges **Kulturangebot** und im Umland ein breites Angebot an **Naherholungsmöglichkeiten**.

1.3 *In der dritten Teilaufgabe zum Themenbereich „Frankfurt am Main" sollen Sie die Errichtung von luxuriösen Wohnhochhäusern bewerten, und zwar aus der Sicht der Stadt. Die Grundlage Ihrer Ausführungen ist die Auswertung eines Online-Zeitungsberichts in der Anlage IV.2, aber auch Ihr Wissen aus dem Geographieunterricht der Jahrgangsstufe 12 zu den Lerninhalten „Bevölkerungsentwicklung in Metropolen und Megastädten" sowie dem Stadtumbau in deutschen Städten.*

In den bereits im Bau befindlichen bzw. in den geplanten Wohnhochhäusern entsteht **zusätzlicher Wohnraum** im Zentrum einer Großstadt mit stark steigender Bevölkerung. Allerdings führen die neuen Wohntürme aufgrund der hohen

Boden- und Baupreise im Zentrum nur zu einer Steigerung des Wohnungsangebots **im hochpreisigen Luxussegment**. Hier droht die Gefahr, dass diese Wohnungen nicht dem lokalen Wohnungsmarkt zugutekommen, sondern häufig nur als **Zweitwohnung** für kurzfristige Aufenthalte der Käufer in der Stadt genutzt werden oder von den Investoren vor allem zur **Geldanlage**, und nicht etwa zur Erzielung von Mieteinnahmen, angeschafft werden.
Sollten in den unteren Stockwerken der neuen Wolkenkratzer attraktive Ladenpassagen und Kultureinrichtungen wie Kinos entstehen, die von der Öffentlichkeit gut angenommen werden, könnte dadurch eine **Verödung der Innenstadt** vermieden werden. Allerdings droht angesichts hoher Mietkosten oder bei ausbleibender Laufkundschaft der **Leerstand** der Geschäftsimmobilien. Dies würde wiederum dazu führen, dass die Investoren Finanzierungsprobleme bekämen.
Die zunehmende Stadtverdichtung, auch in der Höhe, kann für die Stadtverwaltung zu zusätzlichen **Steuereinnahmen** führen; etwa durch wohlhabende Zuziehende und ihre Geschäftsaktivitäten oder durch die Gewerbesteuer aus der Vermietung der Immobilien. Im Gegenzug hat die Stadt erhebliche **Kosten für die** Errichtung der erforderlichen **Infrastruktur** zu tragen.
Neue **Arbeitsplätze** können bei lokalen Wirtschafts- und Dienstleistungsunternehmen, etwa in den Bereichen Gebäudemanagement und -instandhaltung, entstehen.
Das schon heute bereits allgegenwärtige **Image** Frankfurts als „Mainhattan“ wird durch den Bau neuer luxuriöser Wohntürme verstärkt und schafft zusätzliche Anreize für ausländische Investoren. Allerdings kommt es auch zu einer Verstärkung der Gentrifizierung, d. h. des **Verdrängungsprozesses einkommensschwacher Bevölkerungsgruppen** aus dem Innenstadtbereich, der nicht mehr rückgängig gemacht werden kann.

2.1 *Die zweite Aufgabengruppe rückt die Eifel und deren touristische Nutzung in den Mittelpunkt. Zu den geologischen Besonderheiten dieser Naturlandschaft zählen die Maare, die Überreste von intensiven vulkanischen Aktivitäten vor ca. 13 000 Jahren sind. Ihre Aufgabe ist es, unter Einbeziehung der Anlage IV.3 das mögliche Schadenspotenzial aufzuzeigen, falls es an der Stelle des heutigen Laacher Sees wieder zu einem Vulkanausbruch kommen sollte. Dieses Ereignis ist allerdings völlig spekulativ. Nutzen Sie auch entsprechende Atlaskarten zur Abschätzung möglicher Zerstörungen im Umkreis der Eifel.*

Durch Magmaströme und Ascheregen kann es zur vollständigen Zerstörung der Natur- und Kulturlandschaft und in der Folge zu einem wirtschaftlichen Niedergang der Region kommen. **Glutlawinen** und **Tephraablagerungen** könnten zu einer Aufstauung oder einer Verlagerung des nahe gelegenen Rheins und kleinerer Flüsse führen.
Der volkswirtschaftliche Schaden wäre immens. Die Folgekosten für die Versorgung der Opfer sowie für den Wiederaufbau der zerstörten Siedlungen wären enorm. Besonders betroffen wäre auch die gesamte **Infrastruktur**. So käme es

möglicherweise etwa im Rheintal zu Unterbrechungen wichtiger, auch europäischer Verkehrsachsen und zur Einstellung des Schiffsverkehrs auf dem Fluss. Ebenso droht die Einstellung des Flugverkehrs in weiten Teilen Europas aufgrund der Behinderungen durch die Ascheeruptionen, darüber hinaus wären hohe Kosten für die Beseitigung der Ascheablagerungen zu erwarten.
Langjährige **Ernteausfälle** durch Ablagerungen des ausgeworfenen Materials in den landwirtschaftlich intensiv genutzten Regionen entlang von Rhein und Mosel, besonders im Bereich des Weinbaus, würden nicht nur die Lebensgrundlage der ansässigen Bevölkerung, sondern auch die Nahrungsmittelversorgung im gesamten Land in Mitleidenschaft ziehen.

2.2 *Die hohe Attraktivität der vom Vulkanismus geprägten Landschaft der Eifel war ausschlaggebend für die Einrichtung des „Natur- und Geoparks Vulkaneifel". Die Aufgabe fordert eine Erläuterung der wesentlichen Zielsetzungen dieser Maßnahme, die Sie aber der Anlage IV.4 in Auszügen entnehmen können. Aus den Atlaskarten zur wirtschaftlichen Nutzung, Wirtschaftskraft und Bevölkerungsdynamik können Sie zusätzliche Informationen über die Region Eifel herausarbeiten.*

Die **Eifel** weist wie viele **Mittelgebirgsregionen** nur eine geringe wirtschaftliche Dynamik auf. Die Bevölkerung und auch die Wirtschaftsstandorte konzentrieren sich in den Flusstälern von Rhein und Mosel. In der Eifel dagegen ist die **Bevölkerungsdichte** geringer, größere Städte fehlen. Die Eifel gilt demnach eher als **peripherer Raum**, der durch Abwanderungstendenzen in die starken Wirtschaftsräume in Nordrhein-Westfalen oder Hessen geprägt ist. Für die Eifel selbst bietet allein die Weiterentwicklung und Intensivierung des **Tourismus** positive Aussichten für die ansässige Bevölkerung und die regionale Wirtschaft.

Der Natur- und Geopark Vulkaneifel besitzt durch seine Anerkennung als „UNESCO Global Geopark" ein herausragendes Markenzeichen und setzt vor allem auf die Förderung eines **nachhaltigen Tourismus**. So gibt es ein vielfältiges Angebot vor allem für Familien und größere Gruppen, z. B. geführte Wanderungen und Exkursionen, zahlreiche Museen und Lehrpfade, die die vulkanischen Sehenswürdigkeiten und die geowissenschaftliche Informations- und Wissensvermittlung zum Ziel haben. Im Rahmen einer **Marketingmaßnahme** wurde die „Deutsche Vulkanstraße" ausgewiesen; diese führt die Besucher von der zentralen Rheinachse unmittelbar zu den touristischen Höhepunkten der Vulkaneifel.
Durch den Tourismus werden zusätzliche **Arbeitsplätze**, vor allem im Beherbergungs- und Gaststättengewerbe, geschaffen und einheimischen Betrieben eröffnen sich Absatzmöglichkeiten für lokal gefertigte Souvenirs, was zu einer **Reduzierung der Abwanderung** beitragen kann.
Der Naturpark leistet einen Beitrag zum **Landschafts- und Umweltschutz**. In den Kernzonen wurden Nutzungseinschränkungen definiert, die auch das Verbot traditioneller wirtschaftlicher Nutzungen wie etwa den Betrieb von Steinbrüchen und den Abbau vulkanischen Materials, z. B. von Bimsstein, einschließen.

2.3 *Die dritte Teilaufgabe zur Eifel ist dem Nürburgring gewidmet. Dieser ist wegen seiner Nutzung als Autorennstrecke und als Veranstaltungsort für große Musikveranstaltungen wie etwa „Rock am Ring" ein besonderer touristischer Anziehungspunkt. Sie sollen die Vorteile dieses Standorts aufzeigen, aber auch die Probleme darlegen, die sich aus den speziellen Nutzungen ergeben können.*

Vorteile des Standorts:
Der Nürburgring liegt in einer Region mit einer **geringen Bevölkerungsdichte**. Deshalb werden nur wenige Anwohner durch die An- und Abfahrt von oft mehreren Zehntausend Besuchern der Großveranstaltungen und durch den Lärm der Motorsportveranstaltungen oder Musikfestivals beeinträchtigt. Das Veranstaltungsgelände bietet eine große **Fläche** und die **nötige Infrastruktur** für alle möglichen Events. Von Vorteil ist auch die Lage in der **Nähe großer Ballungsräume**, insbesondere der Region Rhein-Ruhr, und somit das große Potenzial an Besuchern mit einer geringen Anreisezeit.

Probleme:
Bei Großveranstaltungen wird die Natur im unmittelbaren Umfeld immer beeinträchtigt, durch die hohe Besucherzahl und den **Müll**, den **Lärm** und die **Emissionen**, die entstehen. Hinzu kommt die zeitweilige **Überlastung der Verkehrswege** durch die an- und abreisenden Besucher und die Ausweisung von großen Flächen für **Parkplätze**. Durch die eher geringe Zahl von Großveranstaltungen und deren kurze Dauer gibt es nur **geringe Sickereffekte** für die ortsansässige Wirtschaft.

Abitur 2018 Geographie Bayern
Aufgabe I: Naturraum und Nutzungspotenzial der kalten Zonen

1 Naturraum

1.1 Anlage I.1 zeigt die Klimadaten zweier Stationen der Polarregionen. Erklären Sie grundlegende Unterschiede der dargestellten Daten!

1.2 Neben dem thermohalinen Antrieb gibt es weitere Einflussfaktoren auf ozeanische Strömungen.
Erläutern Sie diese anhand von Anlage I.2 für die Meeresströmungen im nördlichen Pazifik!

1.3 Anlage I.3 zeigt in einer Falschfarbendarstellung einen Küstenabschnitt Alaskas im Juli.
Gliedern Sie das Satellitenbild in seine Raumeinheiten und begründen Sie deren räumliche Verteilung! 30 BE

2 Nutzungspotenzial

2.1 Die Erdölvorkommen im Norden Alaskas galten bis vor Kurzem als nahezu erschöpft und die Trans-Alaska-Pipeline war nicht mehr voll ausgelastet. Im März 2017 erfolgte im Norden Alaskas jedoch der größte Erdölfund auf US-amerikanischem Boden seit 30 Jahren.
Bewerten Sie die geplante Ausbeutung des Erdölfundes aus ökonomischer und ökologischer Sicht!

2.2 Anlage I.4 zeigt die Fluggastzahlen des Ted Stevens Airports in Anchorage. Beschreiben und begründen Sie die wesentlichen Entwicklungen der vorliegenden Daten!

2.3 Innerhalb Alaskas spielen private Kleinflugzeuge im alltäglichen Individualverkehr eine sehr große Rolle.
Stellen Sie, bezogen auf die spezifischen Gegebenheiten Alaskas, Vorteile und Nachteile bei der Nutzung dieses Verkehrsmittels dar! 30 BE

60 BE

Anlage I.1 Klimadaten im Vergleich

Alert, Ellesmere-Insel (auch: Ellesmereland), Kanada

(82° 30' N/62° 20' W) 63 m über NN

	J	F	M	A	M	J	J	A	S	O	N	D	Jahr
T	–31,9	–33,6	–33,1	–25,1	–11,6	–1,0	3,4	1,0	–9,7	–19,5	–27,0	–29,5	–18,1
N	8	5	7	9	10	13	25	24	24	13	9	7	154

Wostok, Forschungsstation in der Antarktis

(78° 28' S/106° 48' O) 3 488 m über NN

	J	F	M	A	M	J	J	A	S	O	N	D	Jahr
T	–32,1	–44,3	–57,9	–64,8	–65,7	–65,2	–66,7	–68,0	–66,1	–57,2	–42,8	–31,9	–55,2
N	0,1	0,1	0,7	0,5	0,4	0,5	0,6	0,7	0,3	0,2	0,1	0,1	4,3

T = durchschnittliche Temperatur in °C; N = Niederschlagssumme in mm

Anlage I.2 Strömungsverhältnisse im nördlichen Pazifik

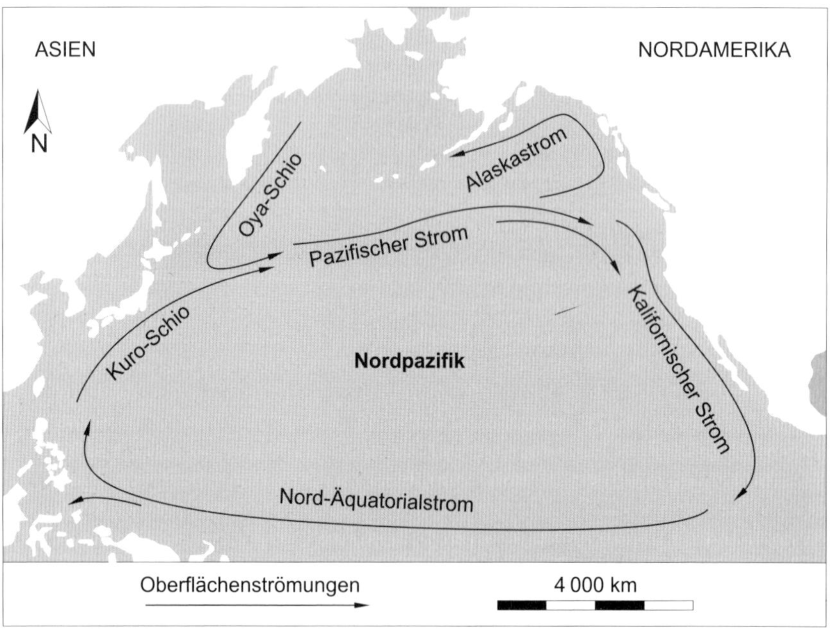

Anlage I.3 Satellitenbildaufnahme eines Küstenabschnittes bei Kap (auch: Point) Barrow, Alaska (Zeitpunkt der Aufnahme: 6. Juli 2007)

Zur Bearbeitung der Aufgabe 1.3 ist die ganzseitige farbige Anlage I.3 am Ende des Buchs zu verwenden.

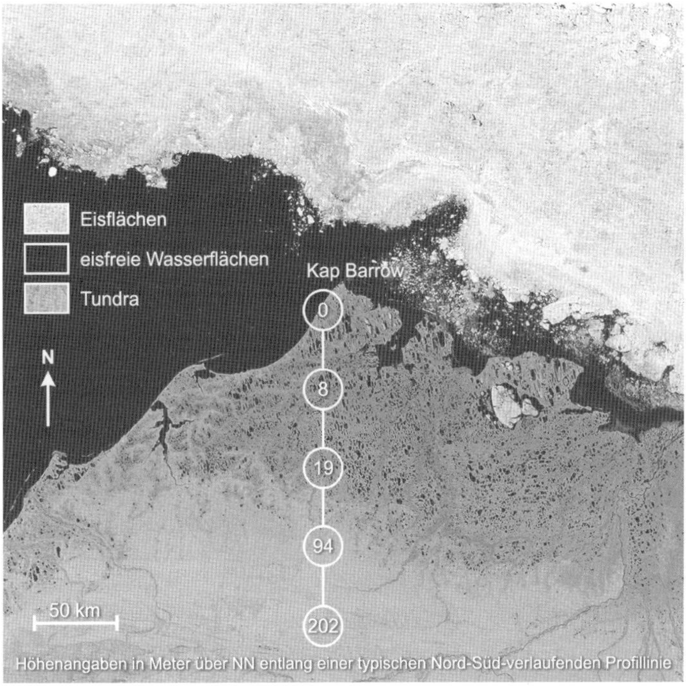

Anlage I.4 Fluggastzahlen des Ted Stevens Airports in Anchorage, Alaska

Monate / Jahr	Jan./Feb./ März*	April/Mai/ Juni*	Juli/Aug./ Sep.*	Okt./Nov./ Dez.*	Jahr*
2009	389	537	739	436	2 101
2010	390	543	761	456	2 150
2011	422	558	784	463	2 227
2012	416	569	762	453	2 200
2013	420	584	809	466	2 279
2014	433	592	816	502	2 343
2015	458	630	870	517	2 475
2016	475	654	880	509	2 518

* Angaben in Tausend; Zahlen gerundet

Quellenverzeichnis

DEUTSCHE WIRTSCHAFTSNACHRICHTEN (2017): USA: Riesiges Ölvorkommen in Alaska entdeckt, online unter URL: https://deutsche-wirtschafts-nachrichten.de/2017/03/09/usa-riesiges-oelvorkommen-in-alaska-entdeckt/

Eigene Darstellung nach BUREAU OF TRANSPORTATION STATISTICS T-100 MARKET DATA (2017): Passengers All Carriers – Anchorage, AK: Ted Stevens Anchorage International (Origin Airport), https://www.transtats.bts.gov/Data_Elements.aspx (für das Prüfungsformat adaptiert) (Anlage I.4)

Eigene Darstellung nach DEUTSCHER WETTERDIENST: Klimatafel von Wostok / Antarktis (Russische Föderation), https://www.dwd.de/DWD/klima/beratung/ak/ak_896060_kt.pdf (Anlage I.1, Station Wostok)

Eigene Darstellung nach MÜHR, B. (2004): Alert, http://www.klimadiagramme.de/Namerika/alert.html (Anlage I.1, Station Alert)

Eigene Darstellung nach TOMCZAK, M. & GODFREY, J.S. (Anlage I.2)

VANKERREBROECK, G. (o. J.): Alaska, online unter URL: http://de-de.topographic-map.com/places/Alaska-2729105/

Verändert nach NASA EARTH OBSERVATORY (2007): Jeff Schmaltz, MODIS Rapid Response Team, Goddard Space Flight Center, https://earthobservatory.nasa.gov/IOTD//view.php?id=7863 (Anlage I.3)

Lösungsvorschlag

1.1 *Ihre Aufgabe ist es, mithilfe der in Anlage I.1 dargestellten Klimadaten die grundlegenden klimatischen Unterschiede zweier Stationen der Polarregionen – nämlich zwischen der Sation Alert auf der Ellesmere-Insel (auch: Ellesmereland) in Kanada und der Forschungsstation Wostok in der Antarktis – zu erklären. Zur Lösung der Aufgabe ist es wichtig, die geographische Lage der beiden Stationen zu berücksichtigen. Die genaue Lage der beiden Stationen können Sie den in der Anlage I.1 zugehörigen topographischen Daten (Lage im Gradnetz, Höhenlage) entnehmen sowie mithilfe einer geeigneten Atlaskarte verorten.*

Beide Stationen haben insgesamt extrem niedrige durchschnittliche Monatstemperaturen, wobei in **Wostok** die **Temperaturminima** mit Temperaturen unter –60 °C in den Monaten **April bis September** und die Temperaturen über –60 °C in den Monaten Oktober bis März liegen. In **Alert** sind die Monate mit den tiefsten Durchschnittstemperaturen hingegen **November** (–27 °C) bis **April** (–25,1 °C), die wärmeren Lufttemperaturen herrschen von März (–11,6 °C) bis Oktober (–19,5 °C). Grund dafür ist die Lage der Stationen auf gegenüberliegenden Hemisphären: **Alert** liegt in der Polarregion der **Nordhalbkugel** (82° 30' N); **Wostok** in der Antarktis und somit in der polaren Zone der **Südhalbkugel** (78° 28' S).

Die extrem niedrigen Lufttemperaturen beider Stationen sind grundsätzlich auf den insgesamt **flachen Sonneneinstrahlungswinkel** zurückzuführen. Die Temperaturminima beider Stationen resultieren zusätzlich aus der jeweiligen Position der Sonne. Im kalendarischen Winter steht die **Sonne** nämlich auf der **Südhalbkugel** im Zenit, was die extrem **niedrigen Temperaturen** in den **Wintermonaten** der Station **Alert** auf der Nordhalbkugel begründet. Die extrem **niedrigen Temperaturen** in den kalendarischen **Sommermonaten** in der Station **Wostok** resultieren daraus, dass sich in diesem Zeitraum der **Zenitalstand** der Sonne auf der **Nordhalbkugel** befindet. Somit verschiebt sich der Jahresgang der Temperaturen der beiden Stationen um sechs Monate.

Die insgesamt deutlich **niedrigeren** monatlichen **Durchschnittstemperaturen** in **Wostok** beruhen auf der mit 3488 m sehr **hohen Lage** der Station über dem **Meeresspiegel** bzw. der relativ **kontinentalen Lage** der Station in der Antarktis. **Alert** dagegen liegt mit 63 m über NN **an der Küste** der Ellesmere-Insel unter dem **Einfluss des Meeres**, was wiederum die vergleichsweise relativ **höheren Temperaturen** erklärt.

Die insgesamt **geringeren Monatsniederschläge** bzw. der mit 4,3 mm geringe **Jahresniederschlag** in **Wostok** resultiert einerseits aus den ganzjährig **extremen Minustemperaturen** dieser Station. Denn bei diesen Temperaturverhältnissen sind die **Verdunstung** und folglich auch die **Luftfeuchtigkeit minimal**, wodurch es sehr selten zu Niederschlägen kommt. Andererseits sind die geringeren Niederschlagswerte von Wostok das Ergebnis seiner **kontinentalen Lage** in der Antarktis, wodurch nur **wenig feuchte Luftmassen** der umgebenden Meere die Station erreichen.

Im Gegensatz dazu weist **Alert** insgesamt **höhere Monatsniederschläge** bzw. mit 154 mm einen höheren **Jahresniederschlag** auf. Ursachen hierfür sind einerseits die **küstennahe Lage** der Station Alert, andererseits die im Juli und August **über 0 °C** liegenden **Temperaturen**, die in diesen Monaten eine höhere Verdunstung und daher mit 24 bzw. 25 mm die höchsten Monatsniederschläge bewirken.

1.2 *Der diese Teilaufgabe einleitende Satz „Neben dem thermohalinen Antrieb gibt es weitere Einflussfaktoren auf ozeanische Strömungen“ ist für die Beantwortung dieser Teilaufgabe von großer Bedeutung. Denn mit diesem Satz wird klar und deutlich der thermohaline Antrieb als mögliche Ursache von ozeanischen Strömungen zur Beantwortung der Frage ausgeschlossen. Dementsprechend müssen Sie andere Einflussfaktoren für die in Anlage I.2 dargestellten Meeresströmungen im nördlichen Pazifik finden und diese erklären.*

Generell ist der **Windschub**, also die Windreibung an der Oberfläche des Meeres, ein entscheidender Einflussfaktor. Durch ihn werden die oberflächlichen Wassermassen des **Nord-Äquatorialstroms** aufgrund der im äquatorialen Bereich vorherrschenden **Passate von Ost nach West** in Richtung des asiatischen Kontinents transportiert. Im Nordpazifik hingegen treiben die **Westwinde** die Wassermassen an der Oberfläche im **Pazifischen Strom von West nach Ost** an die Pazifikküste Nordamerikas.

Ebenso spielt die **Corioliskraft** eine entscheidende Rolle für die Meeresströme. Diese lenkt nämlich auf der **Nordhalbkugel** das Oberflächenwasser des Pazifiks **im Uhrzeigersinn** ab, sodass sich im Nordpazifik ein **rechtsdrehendes Zirkulationssystem**, bestehend aus Pazifischem Strom, Kalifornischem Strom, Nord-Äquatorialstrom und Kuro-Schio, ausbildet.

Ein weiterer Einflussfaktor ist die Lage der Kontinente, deren **Landmassen** für die Meeresströmungen eine ablenkende **Barriere** darstellen. So **teilt** sich vor der **nordamerikanischen Westküste** der **Pazifische Strom** in den **nordwärts** strömenden **Alaskastrom** und den in **Richtung Süden** abzweigenden **Kalifornischen Strom**. Dieser vereinigt sich im Süden Nordamerikas mit dem westwärts verlaufenden pazifischen Nord-Äquatorialstrom, der das Wasser in das Zirkulationssystem zurückführt. Ebenso wird der **Nord-Äquatorialstrom** vor den der **Küste Asiens** vorgelagerten Inselketten **zum Kuro-Schio abgelenkt**. Dieser wiederum strömt östlich an Japan vorbei und trifft vor der Nordwestküste Japans auf den Oyashio-Strom.

An der Nordwestküste Japans kommt es zu einem weiteren Einflussfaktor auf marine Strömungen, nämlich die **Stauwirkung durch maritime Gegenströme**. Denn hier trifft der aus Norden kommende, subarktische **Oya-Schio-Strom** mit dem aus Süden kommenden **Kuro-Schio-Strom** zusammen. Ein Teil des kälteren und weniger salzhaltigen Oya-Schio sinkt dabei unter den Kuro-Schio ab und fließt weiter nach Süden. Der andere Teil des Oya-Schio wird hingegen durch den **stärker ausgeprägten Kuro-Schio** und durch den Einfluss der nordpazifischen Westwinddrift **nach Osten abgelenkt**. Beide zusammen bilden nun den Pazifischen Strom.

1.3 *In dieser Teilaufgabe sollen Sie das Satellitenbild in Anlage I.3, das einen Küstenabschnitt bei Kap Barrow in Alaska zeigt, in seine Raumeinheiten gliedern und deren räumliche Verteilung begründen. Entscheidend für Ihre Analyse des Satellitenbilds ist einerseits die Information aus der Anlage, dass es sich um eine Aufnahme aus dem Juli des Nordsommers (6. Juli 2007) handelt, andererseits die Aussage im Text, dass das Satellitenbild eine Falschfarbendarstellung ist. Durch Falschfarben lässt sich in einem Satellitenbild die für das menschliche Auge unsichtbare Wärmestrahlung in einer gegenüber der realen Natur ungewohnten Farbgebung verdeutlichen. Zudem zeigt Ihnen eine Profillinie im Satellitenbild die unterschiedlichen Höhen über NN von Nord nach Süd. Diese drei Aspekte müssen Sie bei der Antwort zur Begründung der räumlichen Verteilung beachten.*

Im **Norden** ist eindeutig eine **geschlossene Meereisdecke** (Falschfarbe: hellblau) als eine einheitliche Raumeinheit auszugliedern. Diese geschlossene Eisdecke ergibt sich aus den **extrem niedrigen Temperaturen** in diesem bei 71° nördlicher Breite liegenden Küstenabschnitt.

Südlich davon schließen sich die **eisfreien Wasserflächen** (Falschfarbe: schwarz) der Beaufortsee an. Ihre Eisfreiheit lässt sich durch die im Süden **höheren Temperaturen** in dieser Breitenlage begründen. Zudem verstärkt die sommerliche **Erwärmung** der südlich anschließenden **Landmasse** besonders im westlichen Teil des Satellitenbilds das Auftauen des Meereises.

Im nördlichen Teil des **Festlands** bedeckt **Tundra** (Falschfarbe: grün) die Landoberfläche. Zudem befinden sich hier **unzählige kleine Seen**, da im Sommer der **Permafrostboden** oberflächlich **auftaut**, das Wasser aber durch die darunterliegende Eisschicht nicht versickern kann. Verstärkt wird diese Bildung kleiner Seen noch dadurch, dass das Schmelzwasser infolge der **geringen Geländeneigung nicht** oberflächlich **abfließen** kann.

Im südlichen Teil des **Festlands** herrscht ebenso **Tundra** vor, jedoch mit nahezu **geschlossener Vegetationsdecke**. Dies ist auf die **höheren Temperaturen** in den südlicheren Breiten und damit auf die **länger** andauernde sommerliche **Vegetationszeit** zurückzuführen. Man sieht allerdings fast **keine Seen**, was einerseits an dem erst in größerer Tiefe gefrorenem Unterboden liegen kann, wodurch das Wasser weiter in den Untergrund versickern kann. Andererseits ist zu vermuten, dass die hier erkennbare **größere Hangneigung** für einen höheren oberflächlichen Abfluss sorgt.

2.1 *Grundlage für die Beantwortung dieser Teilaufgabe sind zwei Aussagen im Vorspann der Frage: Zum einen wird erwähnt, dass die Erdölvorkommen im Norden Alaskas bis vor Kurzem als nahezu erschöpft galten und die Trans-Alaska-Pipeline nicht mehr voll ausgelastet war. Zum anderen wird ausgesagt, dass Anfang 2017 im Norden Alaskas der größte Erdölfund auf US-amerikanischem Boden seit 30 Jahren erfolgte. Auf der Basis dieser Informationen sollen Sie nun die geplante Ausbeutung des Erdölfundes aus ökonomischer und ökologischer Sicht bewerten, d.h. zu diesem geschilderten Sachverhalt Stellung nehmen, um abschließend zu einer begründeten Einschätzung zu gelangen.*

Wirtschaftlich sind folgende Vorteile anzuführen: Durch die Erschließung dieses großen Erdölfunds im Norden Alaskas kann die **bestehende Infrastruktur** zur Erdölförderung und zum Transport-, v. a. die Trans-Alaska-Pipeline, wieder voll **genutzt** werden. Jedoch entstehen natürlich **hohe Kosten** für den **Anschluss** an diese bestehende Infrastruktur und deren **Instandhaltung** aufgrund der extremen **Klimabedingungen**. Die Erdölförderung im neuen Erdölfeld erhält und schafft selbstverständlich **Arbeitsplätze** in der Erdölwirtschaft, wobei die **hohen Lohnkosten** aufgrund der Arbeitsbedingungen sowie der peripheren Lage zu Buche schlagen. Die Ausbeutung dieses riesigen Erdölvorkommens **reduziert** logischerweise die **Abhängigkeit der USA** von Erdölimporten aus dem Ausland. Die durch das größere Angebot möglicherweise **sinkenden Ölpreise** können sowohl der US-amerikanischen **Wirtschaft** als auch den **Verbrauchern nutzen**. Damit **sinkt** aber der **Anreiz**, die **erneuerbaren Energien** auszubauen.

Aus **ökologischer** Sicht kann das Erdöl bei potenziellen **Unfällen** die **Umwelt** sowohl bei der Ausbeutung der Lagerstätte als auch beim Transport durch Pipelines sowie beim Weitertransport durch Tanker **belasten**. Für den **Bau** von Förder-, Transport- und Industrieanlagen werden wertvolle **Naturräume zerstört**. Aber auch bei der **Förderung** können mit Erdöl und Chemikalien belastete **Abwässer**, Schlämme und Bohrgestein die umgebende **Flora** und **Fauna schädigen**. **Lecks** in den Ölpipelines können Böden und **Gewässer belasten**. **Ölteppiche** aus verunglückten Tankern **verseuchen Küstengebiete**, lassen Vögel und Meerestiere verenden und bringen die örtlichen Fischer teilweise um ihre Existenz.

Trotz der ökologischen Risken erscheint es **sinnvoll**, den Erdölfund auszubeuten, da dort die **Trans-Alaska-Pipeline** schon **besteht** und dadurch keine neue kostspielige und umweltzerstörende Trasse mehr gebaut werden muss. Zudem wird die Ausbeutung dieses größten Erdölfunds auf US-amerikanischem Boden für die **Versorgung** der **Wirtschaft** und **Bevölkerung** der USA mit dem immer knapper werdenden Rohstoff von **Vorteil** sein.

2.2 *In dieser Teilaufgabe sollen Sie anhand der Daten der Anlage I.4 die Entwicklungen der Fluggastzahlen des Ted Stevens Airports in Anchorage beschreiben und diese begründen. Bezüglich der Beschreibung der Entwicklungen müssen Sie zuerst die Zunahme bzw. die Abnahme der Fluggastzahlen für jedes Vierteljahr (z. B. für die Monate Jan./Feb./März) sowie für das ganze Jahr von 2009 bis 2016 berechnen. Anschließend sollten Sie die gewonnenen Daten miteinander vergleichen, um dann daraus die wesentlichen Entwicklungen abzuleiten. Zur Begründung dieser Entwicklungen können Ihnen geeignete Atlaskarten, z. B. zur Wirtschaft Nordamerikas, behilflich sein.*

In der Anlage ist eine **stetige** und deutliche **Zunahme** der **Gesamtzahl** der **Fluggastzahlen** von 2009 bis 2016 (um 417 000) zu erkennen. Eine Ausnahme stellt hierbei nur die Abnahme der Fluggäste von 2011 zum Jahr 2012 dar (um 27 000). Die Zunahme der Fluggastzahlen beruht sicherlich auf dem Anwachsen der Bevölkerung in der Metropolregion Anchorage. Wegen seiner Lage in einem Erdölfördergebiet ist Anchorage ein Zentrum des Bergbaus sowie der petrochemischen Industrie und damit der **bedeutendste Wirtschaftsstandort** in **Alaska**, z. B. für Erdölunternehmen. Weiterhin verfügt die Stadt über den wichtigsten Hafen von Alaska, den Port of Anchorage. Somit sind die steigenden Fluggastzahlen des Ted Stevens Airports in Anchorage das **Ergebnis** der zunehmenden **wirtschaftlichen Verflechtungen** dieser Region. Daneben wird allerdings auch die wachsende Bedeutung Alaskas für den Ferntourismus im Rahmen der Globalisierung eine Rolle spielen.

Beim **Vergleich** der einzelnen **Vierteljahre** sind deutlich ausgeprägte, jährlich wiederkehrende **saisonale Schwankungen** im Jahresverlauf zu erkennen. **Minimale Zuwächse** findet man in den **Wintermonaten** (Jan./Feb./März: 86 000 von 2009 bis 2016; Okt./Nov./Dez.: 73 000 von 2009 bis 2016). Hierfür könnten die **Kälte** und die stark **verkürzten Tageslichtzeiten** im Winter verantwortlich sein. In den **Sommermonaten** hingegen befinden sich die **höchsten Zuwächse** (April/Mai/Juni: 117 000 von 2009 bis 2016; Juli/Aug./Sep.: 141 000 von 2009 bis 2016). Die Sommermonate erlauben aufgrund der **besseren Wetterbedingungen** natürlich weitaus mehr **wirtschaftliche Aktivitäten**, z. B. im Bergbau, Bauwesen oder im Tourismus.

2.3 *Diese Teilaufgabe geht von der These aus, dass innerhalb Alaskas private Kleinflugzeuge im alltäglichen Individualverkehr eine sehr große Rolle spielen. Sie sollen nun bezogen auf die spezifischen Gegebenheiten Alaskas die Vorteile und Nachteile bei der Nutzung dieses Verkehrsmittels darlegen.*

Ein **Vorteil** der Nutzung von privaten Kleinflugzeugen als Verkehrsmittel ist sicherlich die Tatsache, dass im unwegsamen Alaska **entlegene Orte**, bei denen eine Anbindung über den Landweg fehlt, **erreicht werden** können. Mit privaten Kleinflugzeugen lassen sich zudem die **großen Distanzen** im Flächenstaat Kanada leichter und schneller **überwinden** und somit der Personenverkehr und der

Materialtransport, vor allem für die Lieferung für den täglichen Bedarf, bewerkstelligen. Flugzeuge gewährleisten auch eine **Unabhängigkeit** von den **wetterbedingten Beeinträchtigungen** des Straßen- und Schienennetzes, z. B. durch Eisglätte und Schneeverwehungen im Winter oder durch Verschlammung im Frühjahr und Sommer. Ebenso bedarf der Flugverkehr im Vergleich zu Straßen- oder Schienennetzen **geringerer Investitionskosten** für die notwendige **Infrastruktur**. Oftmals werden die Kleinflugzeuge auch für **touristische Ausflüge** oder **Flightseeing-Touren genutzt**.

Demgegenüber ist anzuführen, dass der Flugverkehr oftmals durch die in Alaska häufig auftretenden **extremen Wetterbedingungen**, wie z. B. durch Schneestürme, **eingeschränkt** wird. Zudem erzeugen die Anschaffung und der Betrieb von privaten Kleinflugzeugen **hohe Kosten**. Ein weiterer Nachteil ist sicherlich die **begrenzte Transportkapazität** kleiner Propellermaschinen. Zudem belastet der Flugverkehr mit kleinen Düsenflugzeugen das Klima. Beim Verbrennen von Kerosin entstehen klimaschädliche Abgase. Sie bestehen überwiegend aus Wasserdampf, Kohlenstoffdioxid und Stickoxiden. Die Auswirkungen dieser Stoffe sind in luftiger Höhe rund dreimal größer als am Boden und vergrößern so den Treibhauseffekt.

Abitur 2018 Geographie Bayern
Aufgabe II: Alpenrepublik Österreich

1 Naturraum

1.1 Erläutern Sie die naturgeographischen Folgen, die sich aus dem Rückgang der Gletscher und der anschließenden Eisfreiheit für die Alpen ergeben können!

1.2 Ordnen Sie die Abflussverläufe der Flüsse A und B in Anlage II.1 der Fieberbrunner Ache (Kitzbüheler Alpen) bzw. der Rofenache (Ötztaler Alpen) zu! Beschreiben und begründen Sie die wesentlichen Unterschiede zwischen den Abflusswerten! 22 BE

2 Tourismuskonzepte

2.1 Der Mountainbike-Tourismus gewinnt in Tirol immer mehr an Bedeutung.
Nehmen Sie unter Einbeziehung der Anlage II.2 Stellung zu den ökonomischen und ökologischen Folgen dieser Entwicklung!

2.2 Anlage II.3 gibt einen Einblick in das bis heute gültige Tourismuskonzept des Bergsteigerdorfes Vent im Ötztal.
Stellen Sie davon ausgehend Chancen dieses Konzepts dar! 20 BE

3 Wirtschafts- und Lebensraum

3.1 Erklären Sie die in Anlage II.4 dargestellten Phasen der Bevölkerungsentwicklung der in Niederösterreich gelegenen Gemeinde Rabensburg!

3.2 Durch die Verfünffachung des alpenquerenden Lkw-Güterverkehrs seit 1970 haben sich auch die damit verbundenen Probleme verschärft. Eine Verlagerung des Verkehrs von der Straße auf die Schiene kann diese Probleme verringern.
Legen Sie Maßnahmen dar, die zur Umsetzung dieser Verlagerung beitragen! 18 BE

60 BE

Anlage II.1 Abflussverläufe und ausgewählte Daten zweier Flüsse in Österreich

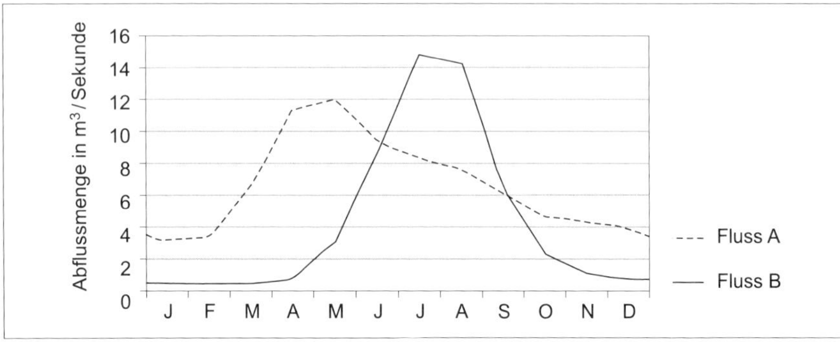

	Fieberbrunner Ache (Kitzbüheler Alpen)	Rofenache (Ötztaler Alpen)
Lage der Pegelstation über NN	660 m	1 895 m
Einzugsgebiet oberhalb der Pegelstation	ca. 168 km^2	ca. 98 km^2

Anlage II.2 Eckdaten dreier Mountainbike-Strecken im Bikepark Innsbruck

Bezeichnung	*Flow Trail*	*Crazy Family Trail*	*Auerhahn Trail*
Länge	7,4 km	2,4 km	2,5 km
Höhendifferenz	650 m	350 m	500 m
Strecke	Mittel- bis Talstation der Muttereralmbahn	Berg- bis Mittelstation der Muttereralmbahn	Berg- bis Mittelstation der Nockspitzbahn
Streckencharakter	180 Kurven, einfache Sprünge, Schanzen und Rampen, entworfen von Weltklasse-Trailbuilder Tom Pro	Waldpassagen, familienfreundlich und einfach, geeignet zum Techniktraining	abwechslungsreich, sportlich anspruchsvoll, Verlauf über Teile der Skipiste

Anlage II.3 Auszug aus dem Internetauftritt des Bergsteigerdorfes Vent im Ötztal

Welch ein Kontrast! Nur wenige Kilometer hinter dem wintertouristisch hochgerüsteten Sölden im Ötztal findet man sich im stillen Venter Tal und dem von 150 Menschen bewohnten Örtchen Vent wieder. Ein Klassiker unter den alpinen Bergsteigerdörfern mit langer Alpingeschichte. Ein Ausgangspunkt zahlreicher klassischer Gletschertouren auf Wildspitze, Similaun, Weißkugel und viele Gipfel mehr. […]

Am 12. Juli 1980 ließ […] Vent mit einer Presseaussendung, unterzeichnet vom Bergführer Luis Pirpamer, aufhorchen: „Vent in den Ötztaler Alpen setzt auf die unberührte Natur […]. Einen einstimmigen Beschluss fasste die Venter Bevölkerung bei der letzten Versammlung des Verkehrsverbandes: Die geplante Erschließung des Hochjochferners als Sommerskigebiet wurde abgelehnt – eine liftmäßige Verbindung zum bestehenden Skigebiet Schnalstaler Gletscher kommt damit nicht zustande.“

Anlage II.4 Bevölkerungsentwicklung und Lage der Gemeinde Rabensburg

		in Prozent
Veränderung 1981–1991	Saldo	–10,4
	natürlicher Bevölkerungssaldo	–7,1
	Wanderungssaldo	–3,3
Veränderung 1992–2001	Saldo	–3,4
	natürlicher Bevölkerungssaldo	–7,2
	Wanderungssaldo	3,8
Veränderung 2002–2011	Saldo	2,2
	natürlicher Bevölkerungssaldo	–5,0
	Wanderungssaldo	7,2

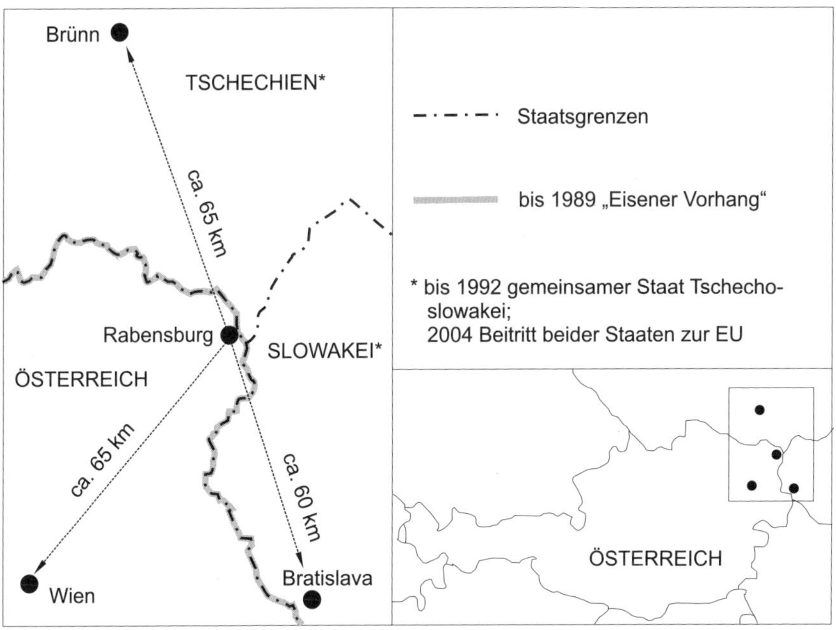

Quellenverzeichnis

BRINKHOFF, T. (2017): Rabensburg, online unter URL: https://www.citypopulation.de/php/austria-niederoesterreich_d.php?cityid=31645

BUND NATURSCHUTZ BAYERN (2017): Zahlen und Fakten: Verkehr in den Alpen (29. 11. 2017), online unter URL: https://www.bundnaturschutz.de/fileadmin/Bilder_und_Dokumente/Themen/Alpen/Zahlen_Fakten_Verkehr_Alpen.pdf

Eigene Darstellung nach Daten von STATISTIK AUSTRIA (2011): Volkszählungsergebnisse, RZ2011, http://www.statistik.at/blickgem/blick1/g31645.pdf (Anlage II.4)

Eigene Zusammenstellung nach BIKEPARK INNSBRUCK (2017): https://www.bikepark-info.com/bikeparks/at/bikepark-innsbruck-mutteralm-park/ (Anlage II.2)

Eigene Zusammenstellung nach https://de.wikipedia.org/wiki/Rofenache 2; https://de.wikipedia.org/wiki/Fieberbrunner_Ache#cite_note-hydr_jb-2, CC-by-sa-3.0 (Anlage II.1)

ÖSTERREICHISCHER ALPENVEREIN (2017): Barbara Reitler und Jan Salcher, Bergsteigerdörfer, http://www.bergsteigerdoerfer.at/56-0-Bergsteigerdorf-Vent-im-Oetztal.html (Anlage II.3)

STATISTIK AUSTRIA (2017): Gemeinde Rabensburg (29. 11. 2017), online unter URL: http://www.statistik.gv.at/blickgem/gemDetail.do?gemnr=31645

Lösungsvorschlag

1.1 *Der Operator „erläutern" erfordert bei dieser Teilaufgabe eine beschreibende und begründende Vorgehensweise. Inhaltlich sollen Sie einerseits auf den Prozess des unmittelbaren Eisrückgangs, andererseits auf die Folgen der anschließenden Eisfreiheit eingehen.*

Der durch globale oder lokale klimatische Prozesse bedingte **Rückzug von Gebirgsgletschern** wandelt zunächst ehemals vorhandene Eismassen durch Schmelzvorgänge in Schmelzwässer um. Hierdurch ergeben sich generell höhere **Abflussmengen**, die durch die jahreszeitlichen Schwankungen des Abflusses im Sommer noch verstärkt werden. Dadurch erhöhen sich die Erosionswirkung der Gebirgsbäche und die **Erosionsschäden**, Letzteres auch infolge der Zunahme von **Murenabgängen**. Bei kleineren Gletscherflächen ist unter Umständen sogar mit deren komplettem Abschmelzen zu rechnen. Die dort bislang vorhandenen Gebirgsbäche würden sogar trockenfallen und die mikroklimatischen Bedingungen verändern.
Sich verkleinernde Gletscherflächen reduzieren außerdem die **Albedo**, wodurch es infolge erhöhter Einstrahlung und Umwandlung in langwellige Wärmestrahlung zu einem beschleunigten Temperaturanstieg und dessen Folgeerscheinungen (z. B. weiteres Abschmelzen) kommen kann.

Das Verschwinden der Gletschermassen, die ursprünglich die Tal- und Felswände stützten, führt zu einer erhöhten **Bergsturz- und Steinschlaggefahr**. Dies ist besonders dort zu erwarten, wo Gletschereis zuvor Felswände angeschnitten hat, so z. B. im Sockelbereich von Tälern.
Generell werden sich die **mikroklimatischen Bedingungen** in den zuvor eisbedeckten Bereichen nach einem Abschmelzen drastisch verändern.
Die zunehmende Eisfreiheit in den Alpen ermöglicht andererseits die Ausbreitung neuer Standorte und Lebensräume für die Alpenflora und -fauna.

1.2 *Die in der Aufgabenstellung geforderte Beschreibung und Begründung der wesentlichen Unterschiede zwischen den Abflusswerten der beiden Fließgewässer mündet folgerichtig in deren korrekte Zuordnung. Beschreiben Sie deshalb vor der Zuordnung das jeweilige Abflussregime eindeutig unter Zuhilfenahme der zusätzlichen Angaben in Anlage II.1.*

Die Daten zum Fließgewässer A kennzeichnen die Fieberbrunner Ache, jene zum Fließgewässer B die Rofenache.

Der höhere Abfluss der Fieberbrunner Ache in den Frühjahrsmonaten resultiert aus den höheren Lufttemperaturen in den grundsätzlich tieferen Höhenlagen oberhalb der Pegelstation (660 m ü. NN) bei vergleichsweise wesentlich größerem **Einzugsgebiet**. Hierdurch fließt der Niederschlag direkt ab, ohne längere Zeit als Schnee gespeichert zu werden. Das im Vergleich zur Rofenache wesentlich früher einsetzende höhere **Abflussverhalten** ist Folge der in tieferen Lagen früher einsetzenden **Schneeschmelze** und einer grundsätzlich geringeren **Schneemächtigkeit**.

Im Vergleich hierzu zeigt die Rofenache ein Abflussverhalten, das seine Höchststände in wenigen Sommermonaten (Juli, August) erreicht. Dieses kann auf eine jahreszeitlich wegen der höheren Lage später einsetzende Schneeschmelze zurückgeführt werden. Die insgesamt betrachtet geringere Gesamtabflussmenge der Rofenache lässt sich durch das kleinere Einzugsgebiet erklären.

2.1 *Diese Teilaufgabe zielt im Wesentlichen auf das Kräftespiel zwischen ökonomischen und ökologischen Aspekten bei der Nutzung der Ressource Landschaft im alpinen/hochalpinen Bereich der Hochgebirge ab. Die Aufgabe wird deshalb zwangsläufig in eine Abwägung der beiden Aspekte Ökonomie und Ökologie münden.*

Aus wirtschaftlicher Sicht bringen die Trails im Bikepark Innsbruck zahlreiche Vorteile für die beteiligten Gemeinden: Zunächst ermöglicht die Nutzung bereits vorhandener **touristischer Infrastruktur**, so etwa der Liftanlagen, der gastronomischen Standorte sowie des Wege- und Straßennetzes, eine höhere wirtschaftliche Rentabilität bei gleichzeitiger Verringerung der **Saisonabhängigkeit**. Letztere würde sich sonst unter dem Einfluss des **globalen Klimawandels** und mit einer alleinigen Konzentration auf den Wintertourismus weiter verschärfen. Die während der Frühjahrs-, Sommer- und Herbstmonate zusätzlich angebotenen Aktivitäten und Dienstleistungen schaffen so über das gesamte Jahr Arbeitsplätze und stabilisieren dadurch die damit zusammenhängenden (Familien-)Einkünfte. Die Zielgruppe Mountainbiker stellt außerdem ein dauerhaftes, zahlenmäßig breites wirtschaftliches Potenzial dar. Die in Anlage II.2 gezeigten Trail-Kategorien zeigen überdies eine große Bandbreite vom familienfreundlichen Trail bis zur werbe- und imageträchtigen, von Experten gestalteten Abfahrt und sprechen somit viele Mitglieder dieser breit gefächerten Zielgruppe an.

Den **ökonomischen Vorteilen** stehen allerdings **ökologische Risiken** und Folgen gegenüber: Die durch den **Skitourismus** ohnehin stark beanspruchten Vegetationsdecken werden nun ganzjährig beeinflusst. **Bodenverdichtungsprozesse** und ein stärkerer **Oberflächenabfluss** mit erhöhter **Erosionswirkung** könnten die Folge sein. Dies betrifft vor allem die steileren Hanglagen in den hochalpinen Geländeteilen. Außerdem kann aufgrund der nun ganzjährig intensiveren touristischen Nutzung die Fauna nachhaltig gestört werden, sodass mit der Abwanderung bestimmter Tierarten zu rechnen ist.

Für den Fall, dass mit der Ausweitung der touristischen Nutzung auch ein stärkeres Umweltbewusstsein verbunden ist, können sich hieraus Möglichkeiten zum dauerhaften Schutz der Gebirgsflora und -fauna ergeben, so z. B. durch Ausweisung von Schutz- und Rückzugsarealen.

2.2 *Da in der Aufgabenstellung weder die Chancen noch die Zielgruppen dieses Tourismuskonzepts genauer definiert werden (z. B. ökologisch oder ökonomisch), müssen die Ausführungen der Anlage II.3 in besonderer Weise berücksichtigt und abgewogen werden. Zu denken ist v. a. an Chancen für die einheimische Bevölkerung sowie an ökologische Chancen.*

Das Venter Konzept zielt ab auf einen hochwertigen und anspruchsvollen **Alpinismus**, der sich von einer möglichen Anbindung an einen eventorientierten **Massentourismus** distanziert. Vielmehr soll das **landschaftliche Potenzial** beibehalten werden, denn es werden weniger umweltbelastende, traditionelle, dennoch aktuelle Formen des Tourismus, vorwiegend in Form alpiner **Berg- und Gletscherwanderungen**, unterstützt. Diese Zielsetzungen bedienen zwar eine kleinere Zielgruppe an sportorientierten Touristen, könnten jedoch den wenigen Einwohnern (150) von Vent infolge der hochwertigen Spezialisierung durchaus auch in ökonomischer Sicht dienlich sein. Darüber hinaus könnte durch die Beteiligung der einheimischen Bevölkerung an Planungsentscheidungen ein **sozialverträglicher Tourismus** unter weitgehender Beibehaltung der traditionellen **Kultur** angestrebt werden. Schließlich werden für die relativ kleine Gemeinde Vent hohe Investitionskosten und eine möglicherweise damit zusammenhängende Gemeindeverschuldung vermieden.

3.1 *Als Grundlage für die Festlegung der Entwicklungsphasen dient die in Anlage II.4 vorgegebene Einteilung. In besonderer Weise müssen Sie bei dieser Teilaufgabe auch die im Kartenmaterial gegebenen politischen Komponenten berücksichtigen.*

In Phase 1 (1981 – 1991) befindet sich die Gemeinde zumindest bis 1989, also bis zum Ende des **Kalten Kriegs**, in unmittelbarer Grenznähe zu den damaligen Ostblockstaaten und deren **geschlossenen Grenzen**. Diese extreme, räumlich periphere Lage bedingt einen hohen Bevölkerungsrückgang infolge negativer natürlicher und räumlicher Bevölkerungsbewegungen, die durch die fehlenden räumlichen Wirtschaftsbeziehungen erklärt werden können.

In Phase 2 (1992 – 2001) vermindert sich der negative Bevölkerungssaldo im Vergleich zur ersten Phase auf etwa ein Drittel und wird durch die in etwa gleichbleibende **natürliche Bevölkerungsentwicklung** gesteuert. Gleichzeitig ergibt sich nun ein auffälliger positiver Wanderungssaldo durch die Grenzöffnung und den Wegfall des ‚**Eisernen Vorhangs**'. Diese Entwicklung ist Folge eines nun erhöhten wirtschaftlichen Optimismus und dem Hoffen auf sich stetig verbessernde Wirtschaftsbeziehungen mit den neuen **Transformationsländern** Tschechien und Slowakei. Da in der Tabelle nicht nach Nationalitäten unterschieden wird, dürfte sich ein Teil des positiven **Wanderungssaldos** vermutlich auch aus Zuzügen aus diesen beiden Ländern ergeben.

In Phase 3 (2002–2011) wird erstmalig eine tatsächliche Zunahme der Bevölkerung sichtbar, vermutlich infolge der Zuwanderung jüngerer Bevölkerungsteile. In dieser Phase konsolidieren sich die Wirtschaftsbeziehungen zu Tschechien und der Slowakei, letztendlich auch durch den **EU-Beitritt** der beiden Staaten im Jahre 2004. Außerdem bietet der Standort Rabensburg eine kostengünstige Wohnstandortalternative für Pendler nach Brünn, Wien und Bratislava.

3.2 *Seit Jahrzehnten ist der Versuch, größere Anteile des transalpinen Güterverkehrs von der Straße auf die Schiene zu verlagern, ein schwieriges Unterfangen, das bislang nicht zufriedenstellend umgesetzt werden konnte. In dieser Teilaufgabe wird die Darlegung potenzieller Maßnahmen zur Umsetzung dieser Verlagerung gefordert.*

Als restriktive Maßnahmen aufseiten des Lkw-Güterverkehrs lassen sich z. B. eine Verteuerung der **Mautgebühren** auf alpenquerenden Strecken und/oder eine Ausweitung von zeitlichen Lkw-**Fahrverboten** realisieren. Effizientere Anreize für den stärkeren Übergang auf den Schienentransport sind durch den Ausbau der **alpenquerenden Verkehrsinfrastruktur**, z. B. durch den Bau von **Basistunneln** und den zugehörigen Verladebahnhöfen, zu erzielen. Auch Verbesserungen in der Bedienung des **kombinierten Güterverkehrs** (z. B. Container auf Lkw-Hängern und Niederflurtransportwaggons der Bahn) könnten dieses Konzept stützen. Zudem könnte der Schienenverkehr zusätzlich mit **staatlichen Subventionen** gefördert werden, was allerdings sehr leicht in eine Wettbewerbsverzerrung im Gütertransport münden könnte. Bei der Realisierung von Güterverkehrsnetzen der Bahn im alpinen Raum wäre schließlich eine Förderung der **transnationalen Kooperation** in technischer und wirtschaftlicher Hinsicht nötig.

Abitur 2018 Geographie Bayern
Aufgabe III: Strukturen und Entwicklungen in Asien und Europa

1 Kleinstaaten und Inseln

1.1 Anlage III.1 zeigt ausgewählte Strukturdaten dreier Kleinstaaten in Asien bzw. Europa.
Ordnen Sie diese Daten Katar, Malta und Singapur zu! Erläutern Sie jeweils zwei Indikatorwerte!

1.2 Legen Sie mithilfe geeigneter Atlaskarten dar, welchen Naturgefahren die indonesischen Inseln ausgesetzt sind! 20 BE

2 Bangladesch

2.1 Bangladesch ist durch starke Abwanderung geprägt.
Begründen Sie diesen Prozess, indem Sie mithilfe geeigneter Atlaskarten hierfür verantwortliche demographische und sozioökonomische push-Faktoren darstellen!

2.2 Anlage III.2 zeigt die Geburten- und Sterberaten in Bangladesch. Erläutern Sie deren Entwicklung in den markierten Zeitabschnitten A, B und C auf der Grundlage des „Modells des Demographischen Übergangs“! 18 BE

3 Projekt „Handelsinitiative Neue Seidenstraße“

Das von der Volksrepublik China initiierte Projekt „Handelsinitiative Neue Seidenstraße“ verfolgt das Ziel, den Aufbau eines auf China ausgerichteten globalen Infrastruktur-Netzes voranzubringen.
Erörtern Sie ausgehend von den Materialien M 1 bis M 3 der Anlage III.3 Vor- und Nachteile, die sich jeweils für China und für seine Handelspartner in den Industrie- und den Entwicklungsländern aus der Verwirklichung dieses Projekts ergeben! 22 BE

60 BE

Anlage III.1 Ausgewählte Strukturdaten von Katar, Malta und Singapur

	Staat A	Staat B	Staat C	Deutschland (zum Vergleich)
Bruttoinlandsprodukt pro Kopf in US-$ (2016)	39 900	125 100	87 800	48 400
Primärenergieverbrauch pro Kopf in kg RÖE* (2014)	1 811	18 563	5 122	3 818 (2015)
Erneuerung der natürlichen Wasserressourcen pro Kopf und Jahr in m^3 (2016)	121	26	107	1 909

* kg RÖE (Kilogramm Rohöleinheiten): Maßeinheit der Energie, die der Energiemenge entspricht, die aus einem Kilogramm Rohöl gewonnen werden kann

Anlage III.2 Bevölkerungsentwicklung in Bangladesch von 1955 bis 2030

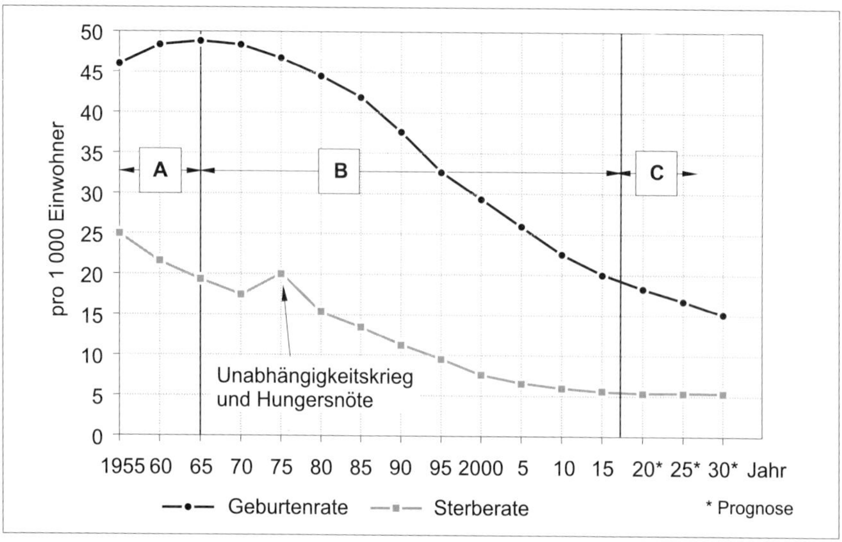

Anlage III.3 Informationen zum Projekt „Handelsinitiative Neue Seidenstraße“

M 1 Bestandteile des Projekts

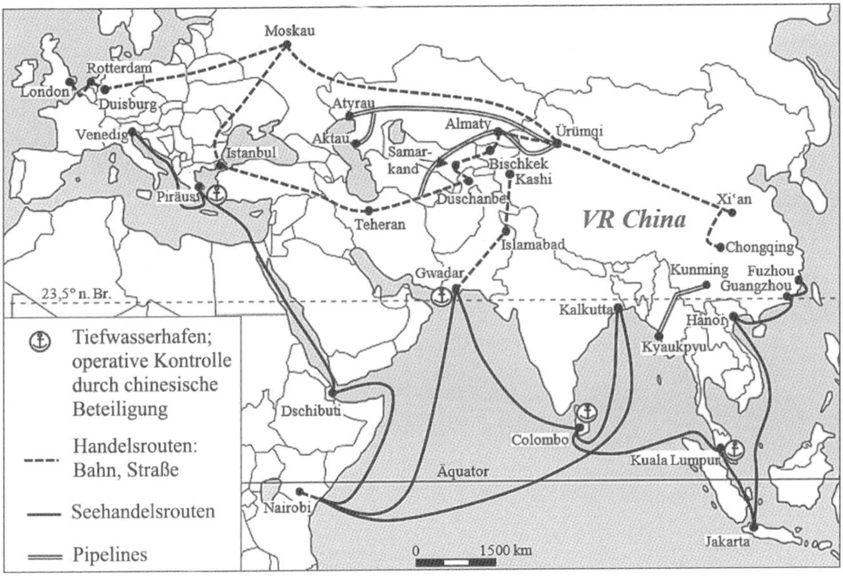

M 2 Aus einer Anzeigensonderveröffentlichung im Online-Auftritt der Frankfurter Allgemeinen Zeitung aus dem Jahr 2017 (adaptiert)

Während sich vor drei Jahren lediglich drei Züge pro Woche auf die Fahrt aus dem zentralchinesischen Chongqing in Richtung Duisburg machten, verkehren inzwischen etwa 20 Züge pro Woche zwischen dem Duisburger Hafen (Duisport AG) und verschiedenen Zielen in China. Sie transportieren unter anderem Laptops sowie Computerzubehör und benötigen für die tausende Kilometer lange Strecke nur 14 bis 17 Tage. Das ist etwa die Hälfte der Zeit, die ein Container auf dem Seeweg benötigen würde. Die guten Verbindungen ins Reich der Mitte sind für den Duisburger Hafen ein entscheidender Wachstumstreiber – auch für die Zukunft. Ende vergangenen Jahres hat die Duisport AG eine Kooperationsvereinbarung mit dem Staatsunternehmen China Merchants Group geschlossen. Sie sieht eine Beteiligung des deutschen Unternehmens am Ausbau der Knotenpunkte entlang der Routen von Europa nach China vor. Dabei beschränken sich die Chancen für deutsche Unternehmen nicht auf die Branchen Logistik und Bauindustrie. Auch in anderen Bereichen sind deutsche(s) Technologie und Know-how bereits heute in Asien gefragt. So errichten chinesische Unternehmen aktuell Windkraftanlagen in Pakistan. Die Turbinen dafür kommen jedoch aus Deutschland.

Die Bundesrepublik Deutschland ist Gründungsmitglied der Asiatischen Infrastruktur-Investitionsbank AIIB, einem der wichtigsten Financiers der Projekte im Rahmen der „Handelsinitiative Neue Seidenstraße“, was bei der Beteiligung an Ausschreibungen für die Großprojekte sicher kein Nachteil ist. Mit Joachim von Amsberg bekleidet sogar ein Deutscher die Position des Vizepräsidenten für Politik und Strategie. Dabei stellt sich für deutsche Unternehmen zusätzlich die Herausforderung, rechtzeitig von Vergabeverfahren in den verschiedenen asiatischen Ländern zu erfahren, um sich daran beteiligen zu können. Es ist in Asien deutlich schwieriger als in Europa, mit den richtigen Ansprechpartnern für die einzelnen Projekte in Kontakt zu kommen. Umso wichtiger ist eine gute Vernetzung in den einzelnen Staaten. Zahlreiche Firmen sind in Asien bereits gut vertreten, andere setzen auf Partner mit einem starken Netzwerk vor Ort.

M 3 „Infrastruktur gegen Rohstoffe“ – ein chinesisches Modell für Handelsbeziehungen mit Entwicklungsländern

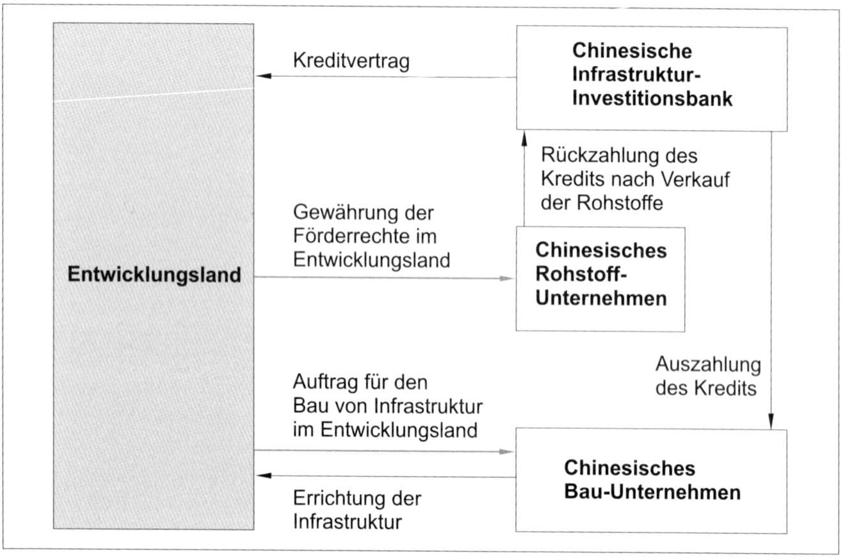

Quellenverzeichnis

BUNDESZENTRALE FÜR POLITISCHE BILDUNG (o. J.), online unter URL: http://www.bpb.de/wissen/VGPF7A,0,0,Wasserverfuegbarkeit.html

CIA (2017), online unter URL: https://www.cia.gov/library/publications/the-world-factbook/

Daten nach WELTBANK/STATISTISCHES BUNDESAMT (Destatis), © World Development Indicators, https://www.destatis.de/DE/ZahlenFakten/Laender Regionen/Internationales/Thema/Tabellen/Basistabelle_PrimaerEnergie Verbrauch.html (Anlage III.1)

Eigene Darstellung nach BIRKENFELD, H. (2017): OBOR21: Jahrhundertprojekt mit Signalwirkung. In: Praxis Geographie, 47 (9), S. 17 (Anlage III.3 M 1)

Eigene Darstellung nach SHABANI, ANETT (2008): Chinas Engagement in Afrika – Chancen und Risiken für Entwicklung. © GTZ (Anlage III.3 M 3)

FACTFISH (2017), online unter URL: http://www.factfish.com/de/statsitik-land/bangladesch/

F.A.Z. MEDIA SOLUTIONS MANUFAKTUR: Asien und Europa rücken zusammen, http://www.faz.net/asv/die-neue-seidenstrasse/hsbc-asv-artikel-3-asien-und-europa-ruecken-zusammen-15219903.html (Anlage III.3 M 2)

RÖSCH, M. (2017): Die „Neue Seidenstrasse", https://www.fuw.ch/article/die-neue-seidenstrasse/ (Anlage III.3 M 1)

WILHELMI, V. (2012): China in Afrika: Geschäfte mit Ruanda. In: Praxis Geographie, 42 (3), S. 27–31

Lösungsvorschlag

1.1 *Diese Teilaufgabe ist in ihrer Art selbsterklärend. Konzentrieren Sie Ihre jeweils begründete Zuordnung auf die beiden eindeutigsten Indikatoren und erläutern Sie diese.*

Die Daten zu A können dem **Inselstaat Malta** zugeordnet werden. Sein vergleichsweise niedriger Wert im Bereich des Bruttoinlandsprodukts pro Kopf kann auf das weitgehende **Fehlen spezifischer Exportprodukte** zurückgeführt werden. Der relativ **niedrige Primärenergieverbrauch pro Kopf** ist durch den **geringen Industriebesatz** des Mittelmeerstaates begründet, der seine Haupteinkünfte aus dem Tourismus bezieht. Alternativ könnte bezüglich der Zuordnung der Indikator Erneuerung der natürlichen Wasserressourcen pro Kopf gewählt werden: Der vergleichsweise niedrige Wert wird durch den semiariden Klimacharakter des mediterranen Winterregenklimas begründet.

Die Daten zu B kennzeichnen **Katar**. Das auffallend **hohe Bruttoinlandsprodukt pro Kopf** erklärt sich aus den enormen Erlösen der **Erdölförderung** und der **petrochemischen Industrie**, aber auch aus der gewaltigen **Bautätigkeit** u. a. vor dem Hintergrund der anstehenden Fußballweltmeisterschaft. Der hohe Pro-Kopf-Wert resultiert außerdem aus der geringen Einwohnerzahl. **Der sehr hohe Primärenergieverbrauch pro Kopf** spiegelt den äußerst hohen allgemeinen Lebensstandard des Staates bei niedrigen Energiekosten wider.
Alternativ kann der äußerst geringe Erneuerungsgrad der natürlichen Wasserressourcen pro Kopf durch das vollaride Wüstenklima begründet werden.

Die Daten zu C können **Singapur** zugeordnet werden. Das vergleichsweise **hohe Bruttoinlandsprodukt pro Kopf** erklärt sich aus dem Vorhandensein **wertschöpfungsintensiver Industrie- und Dienstleistungsbranchen**. Denn Singapur ist ein weltweit bedeutender **Hafen- und Güterumschlagsstandort**. Infolge seines vollhumiden Klimas im Bereich der immerfeuchten Tropen wäre ein hoher Wert bei der Erneuerung der natürlichen Wasserressourcen zu erwarten, der allerdings durch die hohe Bevölkerungsdichte relativ gering ausfällt.

1.2 *Bei der Bearbeitung dieser Teilaufgabe sind in erster Linie thematische Atlaskarten zu verwenden, die die klimatischen und tektonischen Gegebenheiten erklären können.*

Die Inseln Indonesiens liegen in einem Bereich hochaktiver **tektonischer Plattenbewegungen**. Infolge des Vorhandenseins mehrerer **Subduktionszonen** treten starke seismische Beben mit **tiefliegenden Erdbebenherden** und **explosivem Vulkanismus** auf. Die zahlreichen tektonischen Verwerfungen außerhalb der eigentlichen Inseln können **Seebeben** und **Tsunamis** erzeugen.
Die Lage der indonesischen Inselwelt im Bereich der **inneren Tropen** bedingt starke **Zenitalniederschläge** bei hoher **Reliefenergie**. Dies führt zu einer hohen **Erosionsanfälligkeit** infolge des starken **Oberflächenabflusses**. Zudem kann es

hierdurch zu enormen **Überschwemmungen** und **Bergrutschen** kommen. Vor dem Hintergrund der globalen Klimaerwärmung sind die küstennahen Bereiche Indonesiens durch den **Meeresspiegelanstieg** außerdem stark überschwemmungsgefährdet.

2.1 *Konzentrieren Sie sich bei der Bearbeitung dieser Teilaufgabe ausschließlich auf die demographischen und sozioökonomischen Push-Faktoren, also auf jene inländischen Missstände, die Bevölkerungsteile aus einem bestimmten Gebiet hinausdrängen.*

Das für Bangladesch grundsätzlich starke **natürliche Bevölkerungswachstum** und die Dominanz **jüngerer Bevölkerungsteile** führt zu einem sich **verstärkenden Konkurrenzdruck** um Arbeitsplätze. Die sehr **hohe Bevölkerungsdichte** erzeugt zusammen mit den nur sehr begrenzt vorhandenen Agrarflächen, den daraus resultierenden Risiken in Bezug auf die **Nahrungsmittelproduktion** und der enormen **Überschwemmungsgefahr** in weiten Teilen des Landes einen **hohen Bevölkerungsdruck**. Der vorwiegend **agrarisch geprägten Gesellschaftsstruktur** fehlen, abgesehen vom informellen Sektor in den Städten, Impulse im Bereich der industriellen Entwicklung sowie des klassischen tertiären und des Bildungssektors. Schließlich sorgen die **unsichere politische Situation** sowie **ethnische und religiöse Konflikte** für ein Klima der gesamtgesellschaftlichen **Instabilität**, das viele Menschen dazu bewegt, neue Lebenschancen in anderen, weniger belasteten Regionen Asiens zu suchen.

2.2 *Strukturieren Sie Ihren Antworttext zu dieser Teilaufgabe entsprechend der Vorgabe in drei Zeitabschnitte und erläutern Sie diese. Verwenden Sie für Ihre Erläuterung die Fachbegriffe zum Modell des demographischen Übergangs.*

Phase A in Bangladesch (bis etwa 1965) entspricht der **vor- oder frühtransformativen Phase** im Modell des demographischen Übergangs. Diese Phase ist allgemein gekennzeichnet durch eine sehr **hohe Geburten-** und eine noch relativ **hohe Sterberate**. Letztere ist bereits infolge verbesserter **medizinischer Versorgung** und **Hygieneverhältnisse** im Sinken begriffen, wohingegen die Geburtenrate in dieser Phase noch steigt. Dies kann durch **persistentes Verhalten** und die **fehlenden Sozialabsicherungen** erklärt werden: Noch wird eine hohe Kinderzahl als primäre Altersversorgung betrachtet.

In **Phase B** (1965 bis etwa 2017) erfolgt in Bangladesch der eigentliche demographische Übergang (**transformative Phase**) hin zu **niedrigeren Geburten- und Sterberaten**. Zu Beginn dieser Phase klaffen die beiden Kurven noch weit auseinander. Der weite Abstand zwischen beiden Graphen bei stets höherer Geburtenrate belegt einen **sehr hohen Bevölkerungszuwachs**, der sich im Lauf der Jahrzehnte bis heute hin zu etwa 15 Promille bewegt. Erklärbar wird der Rückgang der beiden Graphen ökonomisch durch den Aufbau der **Textilwirtschaft**, eine damit zusammenhängende **steigende Kaufkraft** und einen **steigenden Lebensstandard**. Darüber hinaus kommt es wohl auch zu einer weiteren Verbesserung der medizinischen und hygienischen Versorgung. Bei einem hohen absoluten Niveau der Bevölkerungszahl bedeutet die nun zwar geringere Amplitude nach wie vor einen recht hohen Bevölkerungszuwachs.

Die prognostizierte **Phase 3** (etwa zwischen 2017 bis 2030) stellt die erhoffte **spättransformative Entwicklung** der Bevölkerung Bangladeschs dar. Die Sterberate erreicht ein **natürliches Basisniveau** und die Geburtenrate nähert sich sinkend langsam an. Begleitet und begründet werden könnte die sinkende Geburtenrate durch die allmähliche Installation erster **Sozialabsicherungen** (z. B. den Aufbau eines **Rentenversicherungssystems**), durch **niedrigere Säuglings- und Kindersterblichkeitsraten** im Zuge der medizinischen Verbesserungen, durch die allgemein **positive wirtschaftliche Entwicklung** infolge erster Reinvestitionen in verbesserte Industrieanlagen und durch gesellschaftliche Veränderungen, so z. B. eine allmähliche **Stärkung der gesellschaftlichen Situation von Frauen**.

3 *Für diese sehr umfangreiche und komplexe Teilaufgabe (vgl. Operator „erörtern") müssen Sie gleich drei Materialien gezielt auswerten. Streben Sie eine gut strukturierte und schlüssige Argumentation an und achten Sie auf die Mehrgliedrigkeit der Aufgabenstellung (Vor- und Nachteile jeweils für China selbst und seine Handelspartner, untergliedert nach Industrie- und Entwicklungsländern).*

Die Vorteile der „Handelsinitiative Neue Seidenstraße" liegen für China zunächst einmal in der **Sicherung von Rohstoffimporten**. Diese erfolgt durch die Anlage von **Tiefwasserhäfen** unter teilweise chinesischer operativer Beteiligung an wichtigen geostrategischen Wirtschaftsstandorten, so z. B. bei Kuala Lumpur und der Straße von Malakka, auf Sri Lanka, am Ausgang des Persischen Golfs und in der Ägäis. Zudem sollen hierfür ein zum Teil bereits bestehendes bzw. noch zu ergänzendes **Netz an Pipelines, Bahn- und Straßenverbindungen** sowie bereits vorhandene **Seehandelsrouten** genutzt werden (siehe Anlage III.3, M 1).
Durch die optimierte und flexible Nutzung unterschiedlicher Transportwege können die Transportzeiten verkürzt und damit auch die Transportkosten gesenkt werden. Die Errichtung von Infrastrukturanlagen unter chinesischer Beteiligung im In- und Ausland würde außerdem zur Schaffung und Erhaltung chinesischer Arbeitsplätze und zur **Wertschöpfung** beitragen. Auch würden sich durch die **Erschließung neuer Märkte** die **Absatzmöglichkeiten** für chinesische Produkte **verbessern** (siehe auch III.3, M 2).

Als nachteilig für China könnte sich die Beeinträchtigung der weltweiten Handelsströme in **politisch instabilen Teilregionen** herausstellen. Außerdem ist davon auszugehen, dass die Realisierung des Projekts sehr **hohe Anfangsinvestitionen** erfordert, deren langfristige Rendite derzeit nicht garantiert werden kann und somit wirtschaftlich stark risikobehaftet sein wird.

Für **Chinas Handelspartner** innerhalb der Gruppe der **Industrieländer** könnten sich durch vertiefte Handelsbeziehungen, insbesondere die Schaffung von **Joint**

Ventures, wirtschaftliche Erlöse ergeben (siehe auch III.3, M 2). Außerdem profitieren die am Aufbau der Infrastruktur beteiligten Unternehmen natürlich auch von der erhöhten Marktpräsenz und dem hohen zukünftigen Markterschließungspotenzial. Dem gegenüber steht ein hoher finanzieller und **administrativer Aufwand** für die Teilnahme an den Ausschreibeverfahren (siehe III.3, M 2). Zudem stellen die möglicherweise stärkeren **Mitspracherechte** chinesischer Unternehmen als Folge ihrer Investitionen in den Industrieländern nicht immer kalkulierbare Einflussnahmen dar.

Für **Chinas Handelspartner** innerhalb der Gruppe der **Entwicklungsländer** ergeben sich zunächst einmal Chancen, stärker an den globalen Handelsströmen teilzunehmen. Die Errichtung von Infrastruktur mit chinesischer Expertise ohne große eigene finanzielle Beteiligung und der hieraus langfristig zu ziehende Nutzen könnte eine wirtschaftliche Entwicklung initiieren bzw. weiter fördern. Der in der Anlage III.3, M 3 dargestellte Mechanismus „Rohstoffförderrechte gegen Sachleistungen und Infrastruktur" erscheint auf den ersten Blick praktikabel. Allerdings muss festgehalten werden, dass auch hierdurch langfristige **Abhängigkeitsverhältnisse** von einem einzigen ausländischen Investor, nämlich China, drohen. Dies führt möglicherweise langfristig zu einem **Ausverkauf der Rohstoffe** ohne die Garantie, diese selbst weiterverarbeiten zu können.

Abitur 2018 Geographie Bayern
Aufgabe IV: Strukturen und aktuelle Entwicklungen in Thüringen

1 Infrastruktur

1.1 Im Dezember 2017 wurde die neue ICE-Strecke zwischen München und Berlin in Betrieb genommen.
Erläutern Sie ausgehend von Anlage IV.1 mögliche wirtschaftliche Auswirkungen der Umgestaltung des ICE-Netzes für Thüringen!

1.2 Vergleichen und begründen Sie mithilfe geeigneter Atlaskarten die naturräumliche Eignung Thüringens und Schleswig-Holsteins als Standorte für die Erzeugung von vier selbstgewählten Formen erneuerbarer Energie! 22 BE

2 Tourismus und Flächenumnutzung in Eisenach

2.1 Charakterisieren Sie die in der Anlage IV.2 erkennbaren Trends in der Tourismusbranche!

2.2 Der ehemals sowjetische Militärstandort Eisenach-Kindel wurde nach seiner Aufgabe verschiedenen Folgenutzungen zugeführt.
Diskutieren Sie ausgehend von Anlage IV.3 die Vor- und Nachteile der Umnutzung aus ökologischer und ökonomischer Sicht! 22 BE

3 Bevölkerungsentwicklung

In Anlage IV.4 ist die Bevölkerungsstruktur des ländlich geprägten Landkreises Eichsfeld in Nordwestthüringen für die Jahre 2014 und 2035 dargestellt.
Arbeiten Sie ausgehend von der Anlage grundlegende Probleme heraus, die aufgrund der prognostizierten Entwicklung im Landkreis auftreten können, und legen Sie jeweils konkrete Maßnahmen zur Bewältigung dieser Probleme dar! 16 BE

60 BE

Anlage IV.1 Ausschnitt aus dem ICE-Streckennetz Deutschlands

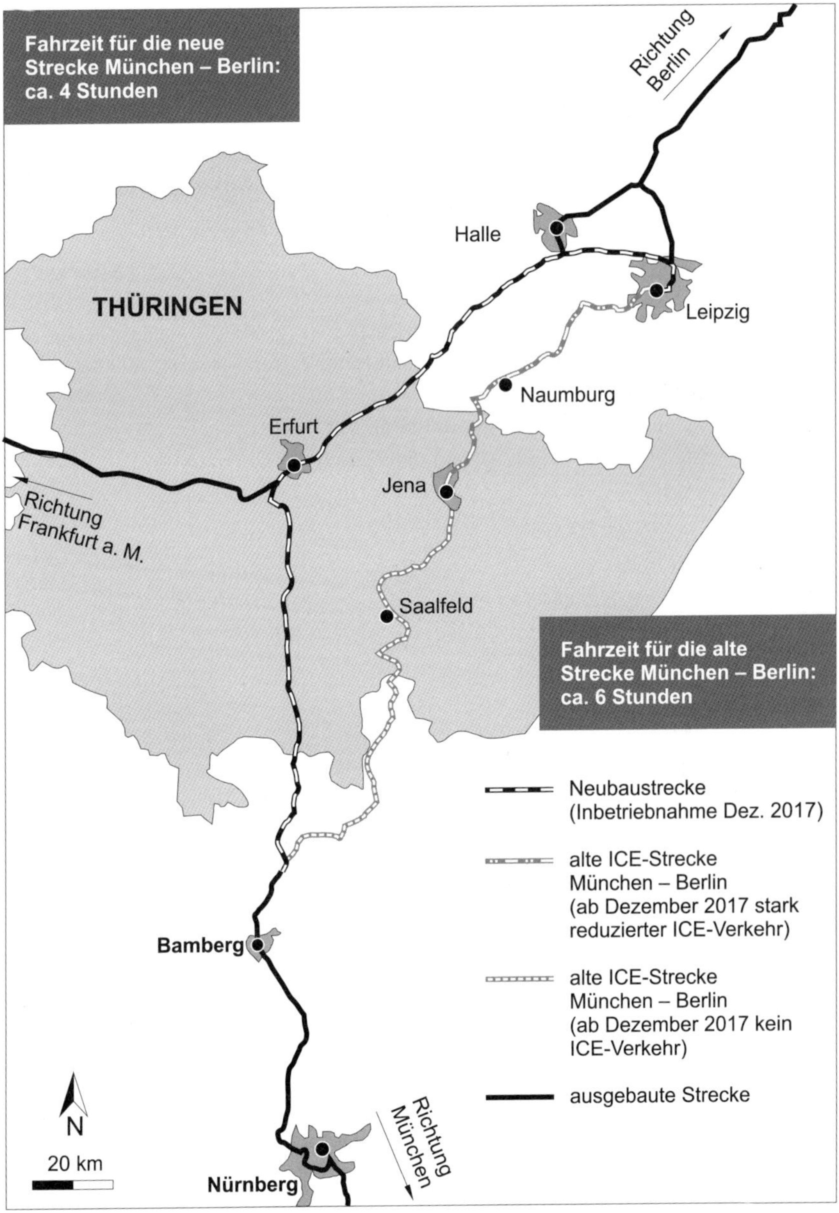

Anlage IV.2 Angebot für eine Reise aus dem Internetauftritt der Tourist-Information der Stadt Eisenach (Auszug)

LUTHER-ERLEBNISTAGE

Erleben Sie die Zeit der Reformation hautnah. Entdecken Sie Eisenach auf den Spuren des Reformators und besuchen Sie seine Wirkungsstätten. Bei einem mittelalterlichen Schmaus in den Lutherstuben werden Sie ins 16. Jahrhundert entführt.

Folgende Leistungen erwarten Sie:

2x Übernachtung inklusive Frühstück vom Buffet
1x Lutherschmaus – bei Musik und Gaukelei schmausen wie im Mittelalter
1x Candle-Light-Dinner (3-Gang-Menü) im eigenen Hotel
1x Stadtrundgang mit Besuch des Lutherhauses
1x Wartburgführung mit Besichtigung der legendären Lutherstube

Buchungstermine: ganzjährig nach Verfügbarkeit / Verlängerungsnächte auf Anfrage

Wählen Sie Ihr Hotel:

[...]

3 Tage ab 189,- € / Person

online buchen

Anlage IV.3 Umnutzung des Truppenübungsplatzes Eisenach-Kindel (Freigabe für zivile Zwecke 1992, Vermarktung ab 1997)

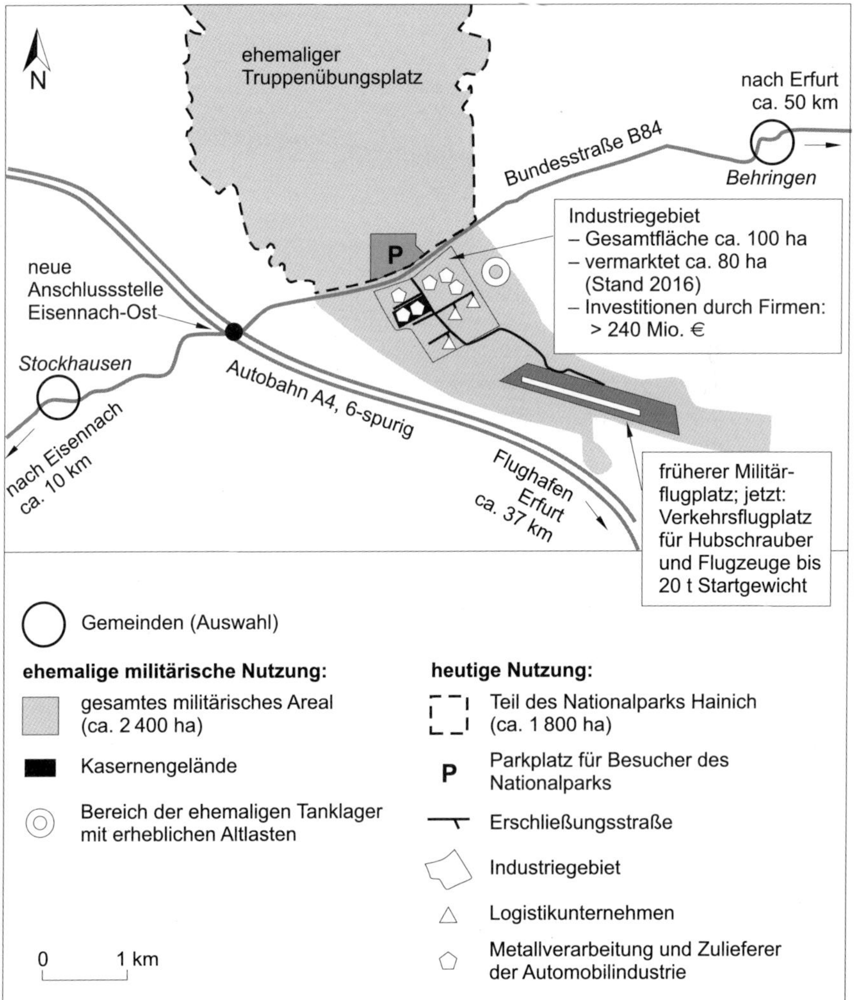

Anlage IV.4 Altersaufbau der Bevölkerung im Landkreis Eichsfeld in den Jahren 2014 und 2035 (prognostisch)

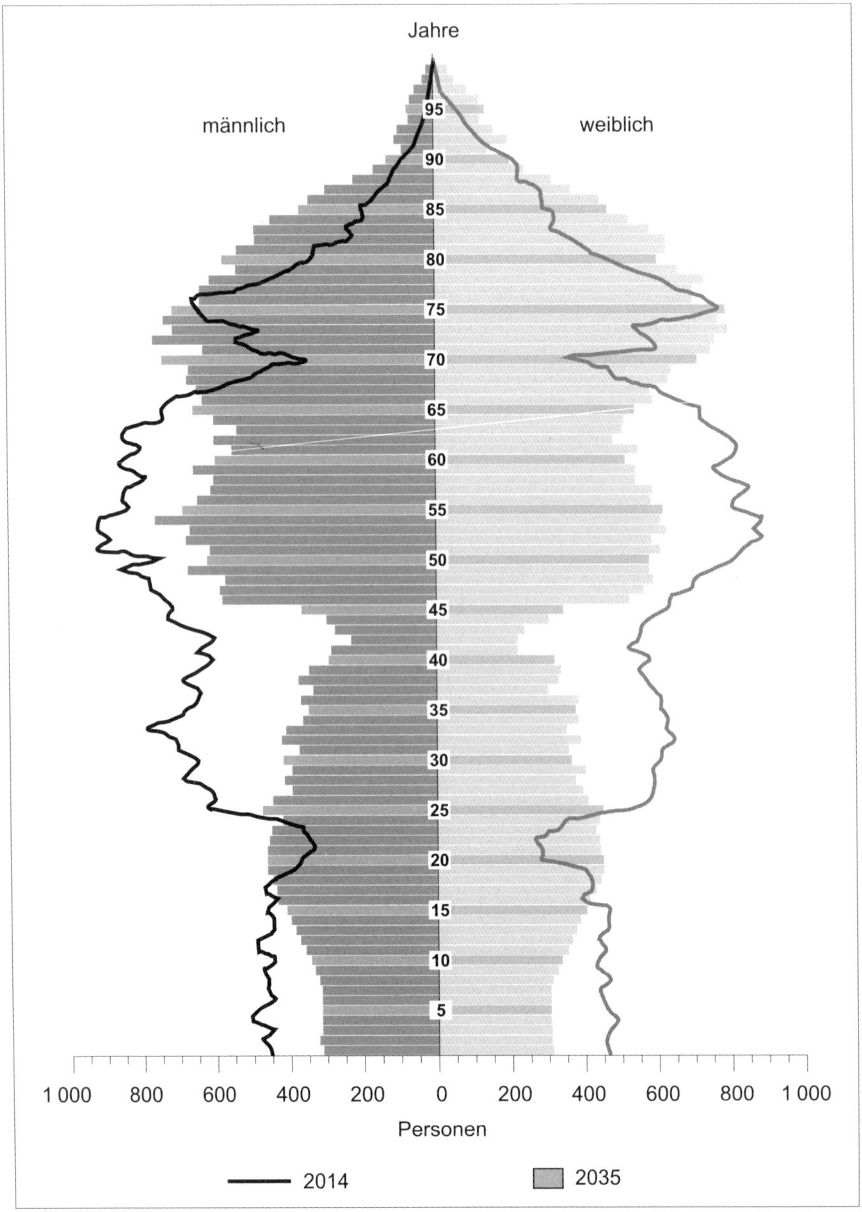

Quellenverzeichnis

DEUTSCHE BAHN (2017): ICE-Netz 2018, online unter URL: https://www.bahn.de/p/view/mdb/bahnintern/fahrplan_und_buchung/reise-auskunftsmedien/fahrplanmedien-download/mdb_263334_ice_liniennetz_v2_2018.pdf

DEUTSCHE BAHN (2016): ICE-Netz 2017, online unter URL: https://www.bahn.de/p/view/mdb/bahnintern/fahrplan_und_buchung/reise-auskunftsmedien/fahrplanmedien-download/2017/mdb_241654_ice_liniennetz_2017_v2.pdf

Eigene Darstellung nach EISENACH-WARTBURTREGION TOURISTIK (2017): Luther-Erlebnistage, http://www.eisenach.info/de/uebernachtungen/pauschalangebote/luther-erlebnistage.html (Anlage IV.2)

JENTSCH, B. (2016): Neue ICE-Strecke: Im August 2017 startet der Probebetrieb. Thüringer Allgemeine (09. 12. 16), online unter URL:http://www.thueringer-allgemeine.de/web/zgt/wirtschaft/detail/-/specific/Neue-ICE-Strecke-Im-August-2017-startet-der-Probebetrieb-2141795269

LANDESENTWICKLUNGSGESELLSCHAFT THÜRINGEN (2016): Konversionsprojekt Eisenach-Kindel: Konversion des Truppenübungsplatzes Eisenach-Kindel zu einem modernen Industriestandort

NIMZ, U.; SCHULZ, J. u. GIERKE, S. (2017): Jenas Angst vor der Bummelbahn. SZ (13. 07. 17), online unter URL: http://www.sueddeutsche.de/politik/democracy-lab-in-jena-jenas-angst-vor-der-bummelbahn-1.3585878

© THÜRINGER LANDESAMT FÜR STATISTIK, Erfurt (2015): Entwicklung der Bevölkerung Thüringens 2015 bis 2035 nach Kreisen, S. 85, https://statistik.thueringen.de/webshop/pdf/2015/01113_2015_01.pdf (Anlage IV.4)

WEGWEISER KOMMUNE (o. J.): Demographischer Wandel, online unter URL: http://www.wegweiserkommune.de/statistik/eisenhuettenstadt+demographischer-wandel+2006-2013+tabelle

WEGWEISER KOMMUNE (o. J.): Demographischer Wandel, online unter URL: http://www.wegweiser-kommune.de/statistik/falkensee+demographischer-wandel+2006-2013+tabelle

WEGWEISER KOMMUNE (o. J.): Demographischer Wandel, online unter URL: http://www.wegweiser-kommune.de/statistik/weimar+demographischer-wandel+2006-2013+tabelle

Lösungsvorschlag

1.1 *Anlage IV.1 gibt einen Überblick über den Verlauf der bis 2017 bestehenden ICE-Verbindung Nürnberg – Berlin über Saalfeld, Jena und Naumburg und der im Dezember 2017 in Betrieb genommenen Neubaustrecke Bamberg – Erfurt – Leipzig, durch die sich die Fahrzeit zwischen München und Berlin von sechs Stunden auf nunmehr vier Stunden reduziert hat. Ziel der Aufgabenstellung ist die Erläuterung möglicher wirtschaftlicher Auswirkungen für die heute nicht mehr oder nur noch mit wenigen Verbindungen an das ICE-Netz angebundenen Regionen in Thüringen und die Folgen vor allem für den Wirtschaftsraum Erfurt durch die Fertigstellung der Neubaustrecke. Denken Sie daran, sowohl mögliche positive als auch negative Folgen zu nennen!*

Die Inbetriebnahme der Neubaustrecke bedeutet vor allem einen Attraktivitätsgewinn für Teile von **Thüringen**, insbesondere für den Großraum Erfurt, durch die deutlich **schnellere Anbindung** an bedeutende Wirtschaftsräume wie Berlin, Frankfurt am Main oder München. Die Stadt **Erfurt**, die als Landeshauptstadt von Thüringen und Universitätsstadt bereits eine hohe Funktionalität besitzt, wird durch die Verknüpfung von zwei Hochgeschwindigkeitsstrecken der Bahn in Nord-Süd- und West-Ost-Richtung zu einem **zentralen Verkehrsknoten in Mitteldeutschland**. Damit ergibt sich eine herausragende Stellung der Region Erfurt als wichtiger Unternehmensstandort besonders für den tertiären Wirtschaftssektor. Fraglich ist jedoch, ob sich durch die neuen ICE-Verbindungen, die von Erfurt aus ihre nächsten Haltepunkte in Bamberg bzw. in Leipzig haben, der **Pendlereinzugsbereich** von Erfurt erweitert wird, da hier die Fahrtzeiten und -kosten nach wie vor sehr lang bzw. teuer sind.

Die Kappung der deutlich langsameren, durch das Saaletal führenden ICE-Verbindung Nürnberg-Leipzig könnte möglicherweise zu einem **Bedeutungsverlust** der Regionen und Städte entlang der alten ICE-Strecke durch Thüringen führen. Somit besteht prinzipiell auch die Gefahr der Verstärkung von **regionalen Disparitäten** zwischen der gut vernetzten Landeshauptstadt Erfurt und dem ländlichen Raum, insbesondere dem Südosten Thüringens. Allerdings scheint diese Gefahr nicht übermäßig groß zu sein, denn nach wie vor besteht zwischen Jena und Leipzig ein (wenn auch stark reduzierter) ICE-Verkehr und auch die Anbindung von Jena und Saalfeld an den Wirtschaftsraum Nürnberg bleibt in Form des Regionalverkehrs bestehen.

1.2 *Die zweite Aufgabe zum Thema Energieversorgung ist eine klassische Abituraufgabe für das vierte Semester: Mithilfe geeigneter Atlaskarten soll die räumliche Eignung von Thüringen und Schleswig-Holstein für die Erzeugung von vier selbst gewählten Formen erneuerbarer Energie verglichen und begründet werden. Geeignete Karten in den zugelassenen Atlanten finden sich etwa zum Thema Wasserkraft in der Rubrik „Deutschland – Elektrizitätserzeugung" und zu den*

Themen Solarenergie, Geothermie und Windkraft unter der Überschrift „Regenerative Energie". Möglich ist auch ein Eingehen auf die Energiegewinnung in Biogasanlagen, die v. a. in landwirtschaftlichen Gunsträumen von Bedeutung ist.

Für die Nutzung von **Windkraftanlagen** ist **Schleswig-Holstein** sehr gut geeignet aufgrund ständiger (West-)Winde und hoher Windgeschwindigkeiten im Küstenbereich, hier auch besonders im Offshore-Bereich. In **Thüringen** besteht ebenfalls ein hohes Windkraftpotenzial in den exponierten Luv- und Hochlagen der Mittelgebirge wie etwa im Thüringer Wald.

Für die Gewinnung von **Hydroenergie** ist eine deutlich bessere Eignung Thüringens festzustellen. So sind aufgrund der hohen Reliefenergie an den Abflüssen der Mittelgebirge zahlreiche **Laufwasserkraftwerke** in Betrieb; hier befinden sich auch **Speicherkraftwerke**, etwa die Speicherkraftwerke Goldisthal und Hohenwarte am Nordrand des Thüringer Waldes. Demgegenüber lassen die sehr geringen Höhenunterschiede des Norddeutschen Tieflandes in Schleswig-Holstein keine Möglichkeit zur Gewinnung hydroelektrischer Energie zu.

Für die Erzeugung von **Solarenergie** bieten sich in Thüringen geringfügig günstigere Voraussetzungen aufgrund geringerer durchschnittlicher Bewölkung durch Föhneffekte (Föhn als lokaler Wind tritt häufig in Leelagen auf) bei Westwinden und einer leicht höheren Globalstrahlung infolge der südlicheren Lage im Binnenland.

Ob und inwieweit Thüringen und Schleswig-Holstein gewinnbringende Standorte für die Nutzung **geothermischer Energie** besitzen könnten, kann aus den zur Verfügung stehenden Atlaskarten nicht gefolgert werden, auch wenn für den Norden Deutschlands „Becken mit Thermalwasservorkommen" verzeichnet sind.

2.1 *Die zweite Aufgabengruppe rückt den Tourismus und die Umnutzung von Flächen, das sogenannten Flächenrecycling, in der Region Eisenach in den Mittelpunkt. Die Stadt Eisenach gehört mit ihren Sehenswürdigkeiten zu den bedeutendsten touristischen Zielen in Thüringen. Durch die Auswertung der Anlage IV.2, einem Internetauftritt der Tourist-Information der Stadt Eisenach, sollen Sie die erkennbaren Trends in der Fremdenverkehrsbranche aufzeigen.*

Das Reiseangebot in der Anlage IV.2 ist beispielhaft für die Vermarktung von **Reisen im Internet**. Neben dem traditionellen Verkauf von Individual- und Pauschalreisen über ein Reisebüro ist heute das Internet für alle Anbieter touristischer Angebote zu einem wichtigen „Verkaufsraum" geworden.

Die kurze Dauer der exemplarisch angebotenen Reise (drei Tage mit zwei Übernachtungen) folgt der steigenden Nachfrage nach **Kurzreisen**, die etwa auch an einem verlängerten Wochenende möglich sind. Kurzurlaube sind auch innerhalb Deutschlands sehr beliebt, da hier die Anreise sowohl privat als auch mit öffentlichen Verkehrsmitteln leicht zu bewerkstelligen ist. Gerade für einheimische Touristen ohne Fremdsprachenkenntnisse ist Deutschland ein bevorzugtes Reiseziel.

Die Tourist-Information der Stadt Eisennach preist im Internet die Kombination von **Städte- und Bildungstourismus** an, zudem werden der Trend zum **Eventtourismus** aufgegriffen und neben der Stadtbesichtigung besondere Angebote der Erlebnisgastronomie beworben. In diesem Fall reiht sich das Angebot in die zahlreichen Aktivitäten zu den Feierlichkeiten „500 Jahre Reformation“ ein, womit etwa die Zielgruppe besonders geschichtsinteressierter Touristen angesprochen wird.

Die Anlage IV.2 ist ebenfalls charakteristisch für das **gemeinsame Tourismusmanagement** von Kommunen mit lokalen, privaten Anbietern der Tourismusbranche, z. B. Gastronomie- und Übernachtungsbetrieben, bei der Vermarktung touristischer Attraktionen.

2.2 *In den neuen Bundesländern finden sich noch viele Areale, die ehemals durch die Nationale Volksarmee der DDR oder die Truppen der ehemaligen Sowjetunion militärisch genutzt wurden. Ein Beispiel hierfür ist der ehemalige Truppenübungsplatz Eisenach-Kindel. Sie sollen nun die Vor- und Nachteile der aus Anlage IV.3 erkennbaren Umnutzung des ehemaligen Militärstandortes aus ökologischer und ökonomischer Sicht diskutieren. Die beigefügte Anlage ist Ihre einzige Arbeitsgrundlage, da Karten in den Atlanten keine Hilfestellung geben können. Werten Sie diese Anlage deshalb intensiv aus.*

Die Flächen des Truppenübungsplatzes Eisenach-Kindel wurden 1992, also wenige Jahre nach der Wiedervereinigung, von den Behörden für eine zivile Nutzung freigegeben. 1997 begann die Vermarktung und damit das **Flächenrecycling** der gesamten Anlage.

Aus **ökologischer Sicht** sind einige Vorteile der Umnutzung zu nennen. So wird der nördliche Teil des Truppenübungsplatzes in einen naturnahen Zustand zurückgeführt und in den bestehenden **Nationalpark** Hainich eingebunden. Für die Anlage eines größeren Besucherparkplatzes lassen sich frühere Abstellplätze für Militärfahrzeuge sinnvoll nutzen.

Kritisch hinterfragt werden muss, ob eine **Renaturierung** ehemaliger militärischer Flächen, die sicherlich mit Überresten wie etwa Munitionsrückständen und chemischen Substanzen im Boden stark belastet sind, überhaupt möglich ist. Dies stellt natürlich auch eine Kostenfrage dar für die gewerbliche Nutzung der südlichen Bereiche des ehemaligen Militärstandortes, hier befindet sich der Bereich der ehemaligen Tanklager mit erheblichen **Altlasten**, die zunächst entsorgt werden müssen.

Das neue große Industriegebiet besitzt eine hohe **Verkehrsgunst** durch die unmittelbare Nähe zu einer neuen Anschlussstelle der West-Ost-Autobahn A 4 Kassel-Dresden. Die Nähe zur Stadt Eisenach ist sowohl für Gewerbebetriebe als auch für Beschäftigte attraktiv. Neu angesiedelte Unternehmen können hier neben den heute schon benötigten Gewerbeflächen auf zusätzliche Freiflächen für mögliche spätere Betriebserweiterungen zurückgreifen. Das neue Gewerbegebiet ist sowohl für Betriebe der Logistikbranche wegen der sehr guten Verkehrserschließung als auch für Automobilzulieferer des Opel-Werks in Eisenach von Interesse. Die neu angesiedelten Betriebe können zu einer Stärkung der regionalen Wirtschaft führen, auch dann, wenn sie etwa ihren bisherigen Standort im Stadtgebiet von Eisenach aufgegeben haben. Neue Gewerbegebiete versprechen hohe Investitionen und die Schaffung zusätzlicher Arbeitsplätze, wodurch die Steuereinnahmen in der Region wachsen können.

Angesichts des nahe gelegenen Verkehrsflughafens Erfurt darf bezweifelt werden, ob der frühere Militärflugplatz in seiner neuen Funktion als **Verkehrsflugplatz** eine hohe wirtschaftliche Bedeutung erzielen wird. Hier stellt sich eher die Frage, ob dessen weitere Nutzung für Hubschrauber und kleine Flugzeuge ökologisch sinnvoll und wirtschaftlich vertretbar ist.

3 *Die dritte Aufgabe zur Bevölkerungsstruktur und Bevölkerungsentwicklung in einem eher ländlich geprägten Landkreis in Thüringen ist mehrteilig und erfordert auch aufgrund der verschiedenartigen Arbeitsschritte eine wohlüberlegte strukturierte Beantwortung. So sollten Sie zuerst die prognostizierte Bevölkerungsentwicklung in dem Zeitabschnitt 2014–2035 aus der Anlage IV.4 herausarbeiten. In einem zweiten Schritt benennen und stellen Sie die sich daraus ergebenden möglichen Probleme dar, um letztlich in einem dritten Schritt jeweils konkrete Maßnahmen zur Bewältigung der aufgezeigten Probleme darzulegen. Es ist sinnvoll, diese drei Schritte für jeweils ein der Anlage IV.4 entnehmbares Phänomen der Bevölkerungsentwicklung gesondert durchführen.*
Die Antwort erfordert keine besonderen Kenntnisse über den Landkreis Eichsfeld, außer dass dieser, worauf in der Frage ausdrücklich hingewiesen wird, „ländlich geprägt" ist.

Der Vergleich der **Altersstrukturen** für 2014 und der Prognose für 2035 zeigt für fast alle Altersklassen < 65 Jahre eine deutliche **Abnahme der Bevölkerung** im Landkreis Eichsfeld, woraus sicherlich auch eine Abnahme der Gesamtbevölkerung folgen wird. Dies wird vermutlich zu einer geringeren Inanspruchnahme der sozialen Infrastruktur sowie der öffentlichen und privaten Dienstleistungen führen. Damit einher gehen möglicherweise auch geringere Steuereinnahmen der Kommunen und des Landkreises. Abhilfe bieten Synergieeffekte durch die Zusammenarbeit kleinerer Gemeinden und die Bildung größerer Verwaltungsgemeinschaften sowie durch die Zusammenlegung von öffentlichen Einrichtungen wie etwa Schulen und Kirchengemeinden.

Deutlich zu erkennen ist die merkliche **Zunahme des Anteils der Bevölkerung über 65 Jahre**. Dies macht eine Anpassung des Lebensumfelds an ältere Menschen notwendig. Hierzu gehören die Schaffung eines großen seniorengerechten Angebots medizinischer und ambulanter bzw. stationärer Pflegeeinrichtungen sowie ein bedarfsgerechtes Angebot des ÖPNV, Einkaufsmöglichkeiten für den täglichen Bedarf und ein weitgehend barrierefreies Wohnumfeld.

Der Vergleich der Altersstrukturen zeigt für die Phase bis 2035 die für **ländliche Räume** typische signifikante **Abnahme der Bevölkerung im arbeitsfähigen Alter** zwischen 25 und 65 Jahren. Ob damit tatsächlich ein Arbeitskräftemangel verbunden ist, ist jedoch spekulativ. Tatsächlich kann aber aufgrund fehlender hochwertiger Bildungs- und Weiterbildungseinrichtungen die Attraktivität des Landkreises als Standort für neue, ansiedlungswillige Unternehmen leiden. Hier wären mögliche Maßnahmen die Ausweisung von gut erschlossenen Grundstücken in Gewerbegebieten und geringe Gewerbesteuern, die die Standortgunst erhöhen. In einem zweiten Schritt könnte durch ein höherwertiges Arbeitsplatzangebot und kostengünstige Boden- und Mietpreise die Zuwanderung qualifizierter Arbeitskräfte einsetzen, da ein ländliches Wohnumfeld vor allem für junge Familien mit Kindern eine gewisse Attraktivität besitzt.

Die mit der Abnahme der erwerbsfähigen Bevölkerung korrespondierende **Abnahme der Kinder und Jugendlichen** bis 18 Jahre gefährdet den Fortbestand von Kinderbetreuungseinrichtungen sowie eines differenzierten Schulangebots. Hier muss das Ziel sein, jugendlichen Berufseinsteigern attraktive Arbeitsplätze bereitzustellen. Auch sind für einheimische Familien mit Kindern jugend- und familiengerechte Kultureinrichtungen und Freizeitmöglichkeiten zu schaffen und durch die Ausweisung von preiswerten Baugrundstücken für junge Familien ist deren Verbleib im ländlichen Raum zu gewährleisten.

Abitur 2019 Geographie Bayern
Aufgabe I: Naturraum und Inwertsetzung der Sahel-Staaten

1 Naturgeographische Voraussetzungen

1.1 Begründen Sie anhand der Anlage I.1 und geeigneter Atlaskarten die an den Raumbeispielen A bis D jeweils vorherrschende Salzkonzentration!

1.2 Anlage I.2 zeigt den Jahresgang von Temperatur, Niederschlag und bodennaher Einstrahlung in Dunqula (Dongola) (19°10'N/30°28'O) im Sudan.
Ordnen Sie den drei Klimaelementen die Kurven A, B und C zu und erklären Sie deren Jahresverläufe in Grundzügen! 22 BE

2 Landnutzung

2.1 Stellen Sie naturräumliche Ungunstfaktoren für die Landwirtschaft im Sahel dar und zeigen Sie jeweils auf, wie sich der traditionelle Ackerbau und die traditionelle Viehwirtschaft daran angepasst haben!

2.2 Erläutern Sie unter Einbezug der Anlage I.3 wesentliche Vorteile der sogenannten „regenerativen Wiederaufforstung" in Burkina Faso! 18 BE

3 Entwicklung

3.1 Der von den Vereinten Nationen entwickelte Human Development Index (HDI) beschreibt zwischen null und eins den Entwicklungsstand eines Staates. Erklären Sie, inwieweit sich dieser Wert eignet, die Lebensbedingungen in einem Land zu charakterisieren, und stellen Sie die Grenzen für dessen Aussagekraft dar!

3.2 Die senegalesische Hafenstadt Dakar ist zunehmend Ziel von Kreuzfahrtschiffen. Dabei liegen diese maximal einen Tag im dortigen Hafen, und die Touristen haben die Möglichkeit zum Landgang.
Erörtern Sie, ob diese Art von Tourismus zur wirtschaftlichen Entwicklung in der Republik Senegal beitragen kann! 20 BE

60 BE

Anlage I.1 Durchschnittliche Salzkonzentration an der Meeresoberfläche

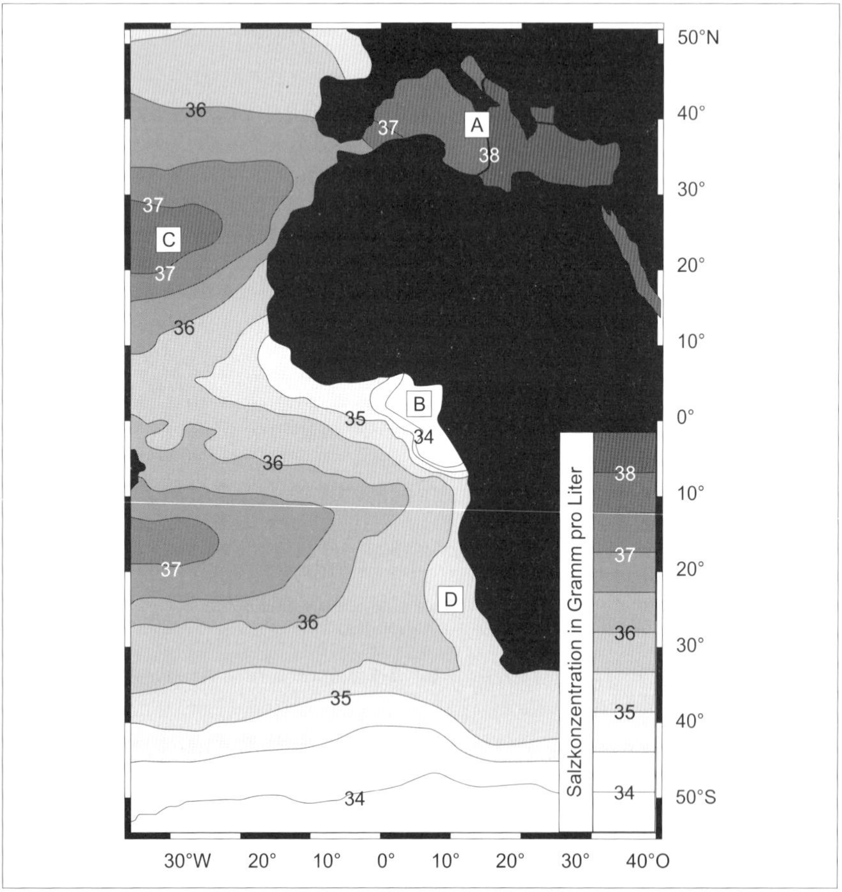

Hinweise:

a) *Bei der vorliegenden Abbildung handelt es sich um eine vereinfachte Kartendarstellung.*

b) *Der Durchschnitt der Salzkonzentration der Weltmeere beträgt 35 Gramm pro Liter.*

Anlage I.2 Modellhafte Darstellung des Jahresgangs von Temperatur, Niederschlag und bodennaher Einstrahlung in Dunqula

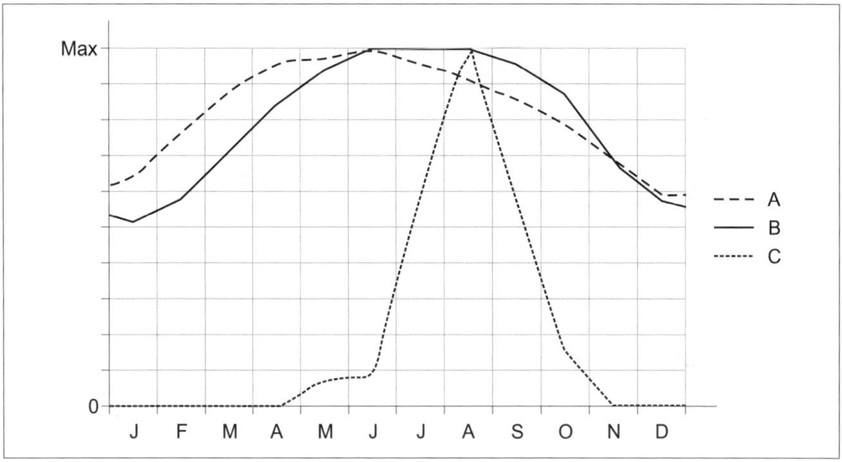

Anmerkung:

„Max“: jeweiliger Höchstwert von Temperatur, Niederschlag und bodennaher Einstrahlung im Jahresverlauf

„0“: 0° Celsius, kein Niederschlag, keine bodennahe Einstrahlung

Anlage I.3 Artikel aus der Frankfurter Allgemeinen Zeitung (FAZ) vom 06. 12. 2017 (adaptiert)

Aufforstung in Burkina Faso

Jahr für Jahr verliert Burkina Faso nach Angaben des Umweltministeriums mehr als 110 000 Hektar Waldfläche – vier Prozent des gesamten Baumbestands. Die Wiederaufforstung war bisher selten von Erfolg gekrönt, wie überall in Afrika. Seit 2006 praktiziert der Schweizer Verein *Newtree* in Burkina Faso einen anderen Ansatz, mit dem der Naturwaldbestand vergrößert werden soll: eine natürliche Wiederbewaldung, auch regenerative Wiederaufforstung genannt.

Die Grundidee: Eine Bauernfamilie oder Frauengruppe erklärt sich bereit, die für sie neuen Methoden in der Landwirtschaft auszuprobieren. Eine etwa drei Hektar große Parzelle wird mit einem Metallzaun eingefriedet. „Die Parzellen waren stark degradiert und teilweise erodiert. Man konnte sich kaum vorstellen, dass dort je wieder Bäume wachsen würden“, sagt Franziska Kaguembèga-Müller, eine Schweizer Biologin, die den Berner Verein gegründet hat und bis 2015 in Ouagadougou lebte. In Westafrika sind die Savannenböden von einem schier endlosen Geflecht von Baumwurzeln durchzogen. „Außerdem befinden sich im Erdreich große Mengen an Samen“, sagt Kaguembèga-Müller. Durch Zäune vor Viehverbiss und schädigendem menschlichen Zugriff geschützt, regeneriert sich das Ökosystem: Neue Bäume und Büsche können ungestört sprießen und die Parzellen werden mit den Jahren wieder fruchtbarer. Im eingefriedeten Jungwald wird deutlich, dass sich die Bodenqualität durch Humusbildung deutlich verbessert.

In den eingezäunten Parzellen wird auf maximal einem Viertel der Fläche Agro-Forstwirtschaft praktiziert, in einem Nebeneinander von Bäumen und Nutzpflanzen. Das Gras, das während der Regenzeit sprießt, wird als Heu geerntet und gelagert, statt Tiere weiden zu lassen.

Das Projektgebiet umfasst 300 Parzellen mit knapp 1 000 Hektar umzäunter Fläche, auf denen viele neue Bäume wachsen – im Durchschnitt pro Hektar 700 Bäume von 160 verschiedenen Arten.

Quellenverzeichnis

Eigene Darstellung nach CATDS Salinity Expert Center (o. J.): Salinity Distribution at the Ocean Surface, http://www.salinityremotesensing.ifremer.fr/_/rsrc/1467884561066/sea-surface-salinity/salinity-distribution-at-the-ocean-surface/annual_clim.jpg?height= 1641&width=3015 (Anlage I.1)

Eigene Darstellung nach Daten des Deutschen Wetterdienstes (Anlage I.2)

NASA: Surface Meteorology and Solar Energy, https://eosweb.larc.nasa.gov/sse/global/text/global_radiation

Ocean Data View (2002): MEDATLAS Hydrographic and Bio-Chemical Data of the Mediterranean and Black Sea, https://odv.awi.de/fileadmin/user_upload/odv/data/MedatlasII/MedatlasII_allTS_Salinity_5m.gif

THOMAS VESER: Bäume pflanzen an der Grenze zur Hölle. FAZ vom 06.12.2017, http://www.faz.net/aktuel0020l/gesellschaft/menschen/newtree-treibt-wieder-aufforstung-in-burkina-faso-voran-15324295.html?printPagedArticle=true #pageIndex_0, © Alle Rechte vorbehalten. Frankfurter Allgemeine Zeitung GmbH, Frankfurt. Zur Verfügung gestellt vom Frankfurter Allgemeine Archiv (Anlage I.3)

World Meteorological Organization (2018): World Weather Information Service – Official Forecasts – Dongola, http://worldweather.wmo.int/en/city.html?cityId =1536

Lösungsvorschlag

1.1 *Bei dieser Teilaufgabe sollen Sie auf der Grundlage von Anlage I.1, die in einer vereinfachten Karte die Salzkonzentration an der Meeresoberfläche zeigt, die jeweils vorherrschende Salzkonzentration an den mit A bis D gekennzeichneten Raumbeispielen schlüssig erklären. Um die unterschiedlichen Werte in ihrer Relation einordnen zu können, erhalten Sie die Information, dass die durchschnittliche Salzkonzentration der Weltmeere 35 Gramm pro Liter beträgt. Geeignete thematische Atlaskarten zu Klima und Niederschlägen auf der Erde sowie zur Wasserzirkulation der Meere können bei der Begründung hilfreich sein.*

Raumbeispiel A liegt im **Mittelmeer**. Hier herrscht mit 38 Gramm pro Liter die höchste Salzkonzentration aller Raumbeispiele. Die Gründe hierfür sind die dort herrschende **hohe sommerliche Verdunstung**, aber vor allem der **geringe Wasseraustausch** mit dem salzärmeren Atlantik (36 Gramm pro Liter), der nur über die sehr schmale Meerenge von Gibraltar erfolgen kann. Zudem kommt es nur zu einem **geringen Süßwassereintrag** durch Flüsse. Außer dem Nil in Ägypten führen die meisten Flüsse dem Mittelmeer nur in seinem nördlichen Bereich Süßwasser zu.

Raumbeispiel B liegt im Golf von Guinea und weist mit 34 Gramm pro Liter die geringste Salzkonzentration auf. Dort, im äquatornahen Bereich, versorgen **ausgiebige Zenitalregenfälle** das Meer mit großen Niederschlagsmengen, wodurch die Salzkonzentration verringert wird. Zudem gelangen durch die **Flussmündungen großer äquatorialer Ströme** (vor allem Niger und Kongo) große Süßwassermengen in den Golf von Guinea.

Raumbeispiel C liegt im **Mittelatlantik**. Die dort mit 37 Gramm pro Liter vorherrschende hohe Salzkonzentration ist das Ergebnis **geringer Niederschläge** und **hoher Verdunstungsraten** im Bereich der Hochdruckzellen des nördlichen Wendekreises. Hier sinken die Luftmassen des tropischen Luftkreislaufs nach unten ab, wodurch sie sich stark erwärmen. Die erwärmte Luft kann viel Wasserdampf aufnehmen, wodurch es zu hohen Verdunstungsraten über dem Atlantik kommt. Außerdem resultieren aus den absinkenden, warmen Luftmassen die für die Region typischen geringen Niederschlagsmengen.

Raumbeispiel D befindet sich im Bereich des **Benguelastroms**, der zugleich die Hauptursache für die mit 35 Gramm pro Liter durchschnittliche bis verhältnismäßig niedrige Salzkonzentration ist. Das liegt daran, dass es sich beim Benguelastrom um eine aus den antarktischen Gewässern gespeiste, kalte und damit **salzarme Meeresströmung** handelt. Aufgrund des kalten Meerwassers ist auch die **Verdunstungsleistung geringer**, was eine weitere Erklärung für den relativ niedrigen Salzgehalt ist.

1.2 *Die in der Aufgabenstellung geforderte Zuordnung des jeweiligen Kurvenverlaufs von Temperatur, Niederschlag und bodennaher Einstrahlung in Dunqula (19°10'N/30°28'O) im Sudan kann nur auf der Grundlage Ihres Wissens über die klimatischen Gegebenheiten in dieser Wüstenregion nahe dem nördlichen Wendekreis erfolgen. Versuchen Sie, vor der Zuordnung zuerst die drei Kurvenverläufe zu beschreiben, und erklären Sie dann jeweils, woran Sie die Zuordnung festmachen.*

Die Werte von **Kurve C** liegen von Mitte November bis Mitte April bei null. Danach steigt die Kurve steil an, bis sie Mitte August ihr Maximum erreicht und anschließend wieder rasch auf den Nullwert fällt. Da die Temperatur in Dunqula nie auf 0° C sinkt, kann es sich bei dieser Kurve nur um den **Niederschlagsverlauf** handeln. Das Niederschlagsmaximum im August ist das Resultat der Zenitalniederschläge, die am nördlichen Wendekreis einmal im Jahr fallen. Dieser **Zenitalregen** fällt jedoch erst mehrere Wochen, nachdem die Sonne im Juni im Zenit steht. Der Grund dafür ist, dass sich die bodennahen Luftschichten erst längere Zeit erwärmen müssen, bis sie schließlich aufsteigen, infolgedessen abkühlen und es so zur Kondensation des Wasserdampfs und den damit einhergehenden Niederschlägen kommt. Anschließend lässt der Zenitalregen rasch nach und endet letztendlich im November, da sich dann der Zenitstand der Sonne und die ihm folgende ITC wieder nach Süden verlagert haben. Im Nordwinter verhindern bis in den April hinein trockene, randtropische Hochdruckzellen sowie trockene Passatwinde aus dem Nordosten Niederschläge in Dunqula.

Die **Kurve A** hat ihren höchsten Wert im Juni. Bis dahin steigt sie stetig an und fällt dann wieder langsam ab, um im Dezember und Januar ihren Tiefstwert zu erreichen. Der Maximalwert im Juni resultiert daraus, dass zu dieser Zeit die Sonne über dem nördlichen Wendekreis im Zenit steht und dadurch in Dunqula die höchsten Einstrahlungswerte des Jahres herrschen. Es handelt sich bei Kurve A demnach um die **bodennahe Einstrahlung**. Der Anstieg bzw. das Absinken der Einstrahlungswerte ist das Ergebnis der jahreszeitlichen Verlagerung des Zenitstands der Sonne, da sich durch den sich verändernden Einfallswinkel der Sonne auch die Intensität der Einstrahlung in der Region von Dunqula verändert.

Kurve B ähnelt in ihrem Verlauf Kurve A, mit dem Unterschied, dass die Entwicklung in einer zeitlichen Verzögerung etwa einen Monat später stattfindet und der Höchstwert der Kurve über die Monate Juni, Juli und August hinweg länger bestehen bleibt. Bei Kurve B handelt es sich um den Jahresverlauf der **Temperatur**. Auch der Verlauf dieser Kurve ist auf die unterschiedliche Intensität der Sonneneinstrahlung zurückzuführen, die sich aus der Verlagerung des Zenitstands der Sonne zwischen den Wendekreisen ergibt. Der – im Vergleich zur Einstrahlung – verzögerte Verlauf der Temperaturkurve resultiert aus der verhältnismäßig langsamen Erwärmung des Bodens und der damit einhergehenden verzögerten Wärmeabgabe an die darüber liegenden Luftschichten. Die langanhaltenden hohen Temperaturen ergeben sich durch die Wärmespeicherfähigkeit des Bodens.

2.1 *Ihre Aufgabe ist es, die naturräumlichen Ungunstfaktoren für die Landwirtschaft im Sahel darzustellen. Gehen Sie dazu unbedingt auf die klimatischen Gegebenheiten, die Vegetation und die Böden ein, die in der Sahelzone vorzufinden sind, und nutzen Sie auch geeignete Atlaskarten zur Desertifikation in der Sahelzone. In der zweiten Teilaufgabe zeigen Sie anschließend auf, wie sich der traditionelle Ackerbau und die traditionelle Viehwirtschaft an den Naturraum angepasst haben.*

Die landwirtschaftliche Nutzung der Sahelzone wird durch viele naturräumliche Ungunstfaktoren eingeschränkt. Aufgrund ihrer Lage in den wechselfeuchten Tropen findet ein **Wechsel** zwischen **Trocken- und Regenzeit** statt, jedoch überwiegt in der Sahelzone die Trockenzeit mit etwa **8 bis 10 ariden Monaten**. Das Auftreten der Regenzeiten liegt in der Nordwärtswanderung der Innertropischen Konvergenz (ITC) begründet. Da die „Wanderung" der Regenfronten allerdings durch die unregelmäßige Verlagerung der ITC großen Schwankungen unterliegt, kommt es in der Sahelzone zu einer starken **jährlichen Niederschlagsvariabilität**, die bis zu 50 % betragen kann. Somit ist die Sahelregion durch die hohe Variabilität der ohnehin schon geringen Niederschläge (200–600 mm/Jahr) ein sehr labiles und enorm **dürreanfälliges Ökosystem**.
Die **Vegetation** ist äußerst **spärlich**, da sie sich an die acht- bis zehnmonatige Trockenzeit anpasst. Charakteristischer Pflanzenwuchs sind in den nördlichen **Dorn- und Strauchsavannen** dürftige Gräser, Sträucher und Dornbüsche. Die südliche Trockensavanne ist gekennzeichnet durch eine verhältnismäßig hohe Vielfalt an Gräsern und Bäumen.
Die vorherrschenden sandigen **Böden** sind meist **wenig ertragreich**, denn sie sind **nährstoffarm** und besitzen eine **geringe Wasserspeicherkapazität**, wodurch der **Grundwasserhorizont sehr tief** liegt. Die Böden sind darüber hinaus aufgrund der geringen Vegetationsbedeckung anfällig für **Wind- und Wassererosion**.

An diese natürlichen Ungunstfaktoren haben sich die **traditionellen Landnutzungssysteme** gut **angepasst**. Im niederschlagsreicheren südlichen Teil der Sahelzone wird seit jeher **Trockenfeldbau** betrieben. Die Bauern roden und verbrennen zuerst Sträucher und Gras. Die Asche dient dem kargen Boden dann als Dünger. Durch den **Anbau** von Pflanzen **in der Regenzeit** und **Ruhephasen** für den Boden während den langen Trockenzeiten nutzen sie die geringen Niederschläge optimal. Darüber hinaus bewirtschaften die Bauern im Sahel mit dem System der **Feldwechselwirtschaft** höchstens ein Fünftel ihrer landwirtschaftlichen Nutzflächen, wobei sie immer wieder **mehrjährige Brachephasen** einschieben. Ist der Boden nach drei bis sechs Jahren erschöpft, geben sie das jeweilige Feld für längere Zeit auf und roden neues Grasland. Obendrein passt sich die Landwirtschaft durch den Anbau **trockenresistenter Nutzpflanzen mit geringem Wasserbedarf**, wie von Hirse oder Erdnüssen, an die klimatischen Bedingungen an. Aber auch heimische Knollenfrüchte wie Maniok, Yams und Batate, die Dürreperioden ertragen können und geringe Ansprüche an den Boden haben, werden in Subsistenzwirtschaft angebaut.

Im nördlichen Teil der Sahelzone betreiben die Nomaden traditionell **extensive Weidewirtschaft**. Mit dieser Wirtschaftsweise passen sie sich ideal an das **spärliche Futter-** und das **geringe Wasserangebot** im Sahel an, welche sich durch die geringen Niederschläge und die karge Vegetation ergeben. Infolge der hohen Variabilität der Niederschläge ist das Graswachstum von Jahr zu Jahr bzw. von Region zu Region höchst unterschiedlich, was eine hohe **saisonale Mobilität** der Viehherden erfordert und für die Nomaden mit **weiten Wanderwegen** verbunden ist. Werden im nördlichen Sahel überwiegend Tierarten wie Kamele, Schafe und Ziegen gehalten, die sich gut an die Trockenheit und die geringe Futterqualität anpassen können, so ist im feuchteren Süden auch Rinderhaltung möglich.

2.2 *Die Grundlage für die Bearbeitung dieser Teilaufgabe bildet der Text „Aufforstung in Burkina Faso" (Anlage I.3). In diesem wird sowohl die Funktionsweise der regenerativen Wiederaufforstung beschrieben als auch auf positive Auswirkungen derselben eingegangen. Lesen Sie den Text daher zunächst aufmerksam durch und markieren Sie wesentliche Passagen, in denen Vorteile der regenerativen Wiederaufforstung genannt werden. Darauf aufbauend können Sie diese zusammenhängend erläutern.*

Da Burkina Faso Jahr für Jahr mehrere Tausend Hektar Waldfläche verliert und die Wiederaufforstung bisher selten von Erfolg gekrönt war, praktiziert der Schweizer Verein *Newtree* in dem Land seit 2006 eine spezielle Methode: die **regenerative Wiederaufforstung**. Bei dieser Maßnahme wird der Naturwaldbestand durch natürliche Wiederbewaldung vergrößert. Da Zäune die Wiederbewaldungsflächen vor Viehverbiss und schädigendem menschlichen Zugriff schützen, regeneriert sich das Ökosystem sehr schnell und neue Bäume und Büsche können ungestört sprießen. Und das ist nur einer von **vielen Vorteilen**, die die Methode mit sich bringt. Da die Savannenböden Westafrikas von einem enormen **Geflecht aus Baumwurzeln** durchzogen sind und sich **im Erdreich** große Mengen an **Samen** befinden, kann durch dieses Aufforstungsverfahren eine **naturnahe Savannenvegetation** mit **hoher Biodiversität** wiederhergestellt werden. Zusätzlich werden im Vergleich zu anderen Aufforstungsprogrammen **Kosten gespart**, da die heimischen Baumarten aus bereits bestehenden Wurzeln und Samen nachwachsen. Die **Bodenqualität** wird durch die Zersetzung von Pflanzenresten bzw. durch die stattfindende **Humusbildung** deutlich verbessert. Der Boden wird dadurch **fruchtbarer** und die **Bodendegradation verringert**. Der Pflanzenbewuchs sowie der humose Boden sind des Weiteren ein guter **Schutz** vor **Bodenerosion**. Bei der regenerativen Wiederaufforstung wird auf maximal einem Viertel der Flächen Agro-Forstwirtschaft mit einem Nebeneinander von Bäumen und Nutzpflanzen praktiziert. Dadurch wird nicht nur ein wichtiger **Beitrag** zur **Selbstversorgung** der lokalen Bevölkerung geleistet, sondern für diese – durch den Verkauf von forstwirtschaftlichen Produkten und Nutzpflanzen – auch eine **zusätzliche Einnahmequelle** geschaffen. Das **Gras**, das während der Regenzeit am Boden der wiederbewaldeten Flächen wächst, kann geerntet und als Heu gelagert werden. So wird das **Futterangebot** der von den Bauern gehaltenen **Tiere** in der Trockenzeit gesichert. Ein zusätzlicher Vorteil der Methode ist, dass die **lokale Bevölkerung** aktiv in das Projekt **einbezogen** wird und direkt davon profitiert.

3.1 *Es bietet sich an, am Anfang der Lösung zunächst kurz auf die Parameter zu verweisen, die bei der Berechnung des HDIs berücksichtigt werden. Darauf aufbauend können Sie gut erklären, inwieweit sich der Index dazu eignet, die Lebensbedingungen in einem Land zu charakterisieren. Im zweiten Teil der Aufgabe stellen Sie schließlich dar, welche Grenzen die Aussagekraft des Indexes hat. Gehen Sie dazu insbesondere auf die durch den HDI nicht nachvollziehbaren regionalen bzw. sozialen Unterschiede innerhalb eines Landes ein.*

Um Länder nach dem „Grad der menschlichen Entwicklung“ einzuordnen, erstellen die UN seit 1990 jährlich den „**Human Development Index**“ (HDI). Dieser wird aus folgenden Parametern berechnet: Das durchschnittliche **Bruttonationaleinkommen** pro Kopf in US-Dollar wird als ökonomischer Schlüsselindikator für die Wirtschaftskraft eines Landes herangezogen und gibt Aufschluss über den Lebensstandard der Bevölkerung. Der demographische Indikator **Lebenserwartung bei Geburt** erlaubt Rückschlüsse auf die medizinische Versorgung, hygienische Verhältnisse und die Nahrungsversorgung in dem jeweiligen Land. Durch das Einbeziehen der durchschnittlichen und der voraussichtlichen **Schulbildungsdauer** fließt auch der Bildungsgrad der Bevölkerung und somit ein soziokultureller Faktor in die Berechnung mit ein. Der HDI wird also anhand verschiedener Indikatoren bestimmt, wodurch sichergestellt wird, dass die wichtigsten Entwicklungsfaktoren in die Berechnung eingehen. Da der **HDI** ein klarer Zahlenwert ist, lässt sich der Entwicklungsstand eines Lands eindeutig im internationalen Ranking der Staaten einordnen und damit **einfach** mit anderen Ländern **vergleichen**. Durch die regelmäßige Aktualisierung lassen sich darüber hinaus sehr schnell positive oder negative **Veränderungen**, aber auch langfristige Trends **ablesen**.

Die Aussagekraft des HDIs hat allerdings auch ihre **Grenzen**. Bei vielen Daten handelt es sich lediglich um Durchschnittswerte. Dadurch werden **regionale Disparitäten** innerhalb eines Landes und z. B. damit einhergehende **Kaufkraftunterschiede** zwischen einzelnen Regionen **nicht berücksichtigt**. Ebenso ist die teilweise extrem **ungleiche Einkommensverteilung** aus einem reinen Zahlenwert nicht herauszulesen. So verrät das durchschnittliche Bruttonationaleinkommen pro Kopf nichts über die krassen Unterschiede zwischen dem Einkommen einer sehr wohlhabenden Oberschicht und dem der breiten Masse der Bevölkerung. Die Aussagekraft des HDIs wird in einigen Ländern zudem durch den stark ausgeprägten **informellen Sektor** und die oft vorherrschende **Subsistenzwirtschaft** verfälscht, da diese nicht in die Berechnungen eingehen. Auch eine Unterscheidung nach Geschlecht oder der individuellen Lebenssituation wird nicht vorgenommen, sodass **keine differenzierteren Aussagen** über einzelne Bevölkerungsgruppen getroffen werden können.

3.2 *Für die Beantwortung dieser Teilaufgabe ist es ganz entscheidend, dass die Kreuzfahrtschiffe maximal einen Tag im Hafen von Dakar liegen. Sie sollen nun erörtern, inwieweit diese Art von Tourismus zur wirtschaftlichen Entwicklung der Republik Senegal beitragen kann. Formulieren Sie dazu Argumente aus, die zeigen, welche wirtschaftlichen Vorteile sich aus dem Kreuzfahrttourismus ergeben, gehen Sie aber auch auf negative Aspekte ein, die mit dieser sehr speziellen Art des Tourismus einhergehen. Zudem sollten Sie mithilfe von Daten aus geeigneten Atlaskarten den Entwicklungsstand des Senegals in Ihre Argumentation miteinbeziehen.*

Der Senegal ist ein ressourcenarmer Staat, der außer Erdnüssen und Fisch kaum mineralische oder agrarische Ausfuhrgüter produziert. Aufgrund der starken Importabhängigkeit weist das Land eine **negative Handelsbilanz** auf. **Deviseneinnahmen** durch den **Tourismus** sind für den Senegal daher von sehr **großer Bedeutung**. Der **Kreuzfahrttourismus** stellt für das Land eine solche **Devisenquelle** dar. Die Gebühren, die die Kreuzfahrtschiffe zahlen, um im Hafen ankern zu dürfen, und die Ausgaben der Touristen an Land wirken sich positiv auf die Bilanz des Staatshaushalts aus und tragen zu einer Steigerung des BIPs bei. Insgesamt sind die **Deviseneinnahmen** durch den Kreuzfahrttourismus allerdings eher **gering einzuschätzen**, da der überwiegende Teil der Ausgaben der Touristen für Transport, Übernachtung und Verpflegung in den Taschen der Reiseveranstalter und Kreuzfahrtreedereien landet. Bei den **kurzen Landgängen** geben die Touristen in der Gastronomie, auf den Märkten, aber auch durch die Inanspruchnahme von Dienstleistungen nur noch einen **Bruchteil** ihres Urlaubsgeldes aus.

Ein Vorteil des Kreuzfahrttourismus im Senegal ist die Schaffung **neuer Arbeitsplätze**, die zumindest einem Teil der Bevölkerung zu einem mehr oder weniger **geregelten Einkommen** verhelfen. Jedoch sind die Arbeitsplatz- und Einkommenseffekte weitaus geringer als bei anderen Formen des Tourismus, etwa dem Individualtourismus. Da die Kreuzfahrtschiffe durch große Lagerkapazitäten die zur Versorgung der Passagiere benötigten Lebensmittel weitgehend mit sich führen und die Kreuzfahrer an Bord übernachten, hat diese Form des Tourismus insgesamt nur einen verhältnismäßig **geringen Einfluss** auf den **lokalen Arbeitsmarkt und die Infrastruktur**.

Der tägliche Kreuzfahrttourismus **beschränkt** sich auf den Raum **Dakar**, was dazu führt, dass sich die bereits vorhandenen **wirtschaftsräumlichen Disparitäten** zwischen der Hauptstadt Dakar und den peripheren Räumen des Senegals verstärken. Da jedoch die meist zugewanderten Beschäftigten im Tourismus häufig einen Teil ihres Einkommens an die Verwandten im Hinterland transferieren, besteht die Hoffnung, dass zumindest ein Teil der Einnahmen auch in die ländlichen Räume des Landes durchsickert.

Abschließend ist zu sagen, dass der reine **Kreuzfahrttourismus** lediglich einen **kleinen Beitrag** zur wirtschaftlichen Entwicklung des Senegals leisten kann, gerade da er sich ausschließlich auf den **Raum** der Hauptstadt **Dakar beschränkt**. Andererseits könnte der Kreuzfahrttourismus aber ein Motor für eine **Ausweitung des Tourismus** auf die Küsten des Senegals sein, wenn Kreuzfahrttouristen, aber vor allem die internationalen Tourismuskonzerne Gefallen an Land und Leuten finden und ihr Reiseangebot für den Senegal ausweiten. Denn der Ferntourismus ist weltweit ein wachsender Wirtschaftszweig und könnte in Zukunft ein Impuls für eine **positive gesamtwirtschaftliche Entwicklung** des Senegals sein.

Abitur 2019 Geographie Bayern
Aufgabe II: Ressourcen und Nutzungsvielfalt im orientalischen Raum

1 Ressource Wasser

1.1 Der Ilisu-Staudamm (37°34'N/41°54'O) soll den Fluss Tigris auf türkischem Staatsgebiet zu einem 313 km^2 großen See aufstauen mit dem Ziel, die Bewässerungslandwirtschaft zu fördern.
Erläutern Sie weitere mögliche Gründe für den Bau des Staudamms und zeigen Sie ausgehend von Anlage II.1 drei mögliche Konfliktfelder auf, die durch das Aufstauen des Flusses entstehen können!

1.2 Im orientalischen Raum haben viele Seen mit drastischen Wasserverlusten aufgrund der Bewässerungslandwirtschaft zu kämpfen.
Legen Sie zwei geeignete Maßnahmen dar, um ein weiteres Austrocknen der Seen zu vermeiden, und zeigen Sie mögliche Schwierigkeiten bei deren Umsetzung auf! 20 BE

2 Aktuelle Projekte

2.1 Anlage II.2 zeigt den Südlichen Gaskorridor, durch den ab dem Jahr 2020 Erdgas aus Aserbaidschan nach Europa transportiert werden soll.
Stellen Sie die jeweiligen Zielsetzungen dar, die für Aserbaidschan, für die Transitländer und für die Abnehmerländer des Erdgases mit dem Projekt verbunden sind!

2.2 Für die Fußball-Weltmeisterschaft 2022 werden in Katar acht klimatisierbare Stadien saniert und vergrößert bzw. neu gebaut.
Beurteilen Sie die Ausrichtung dieses sportlichen Großereignisses in Katar aus ökonomischer und ökologischer Sicht! 20 BE

3 Zukunftsprojekt Istanbul-Kanal

Die Türkei plant mit dem Istanbul-Kanal einen neuen Schifffahrtsweg zwischen dem Schwarzen Meer und dem Marmarameer.
Erläutern Sie ausgehend von Anlage II.3 mögliche positive und negative Auswirkungen, die dieser Kanal mit sich bringt! 20 BE

60 BE

Anlage II.1 Siedlungsgebiet um Hasankeyf

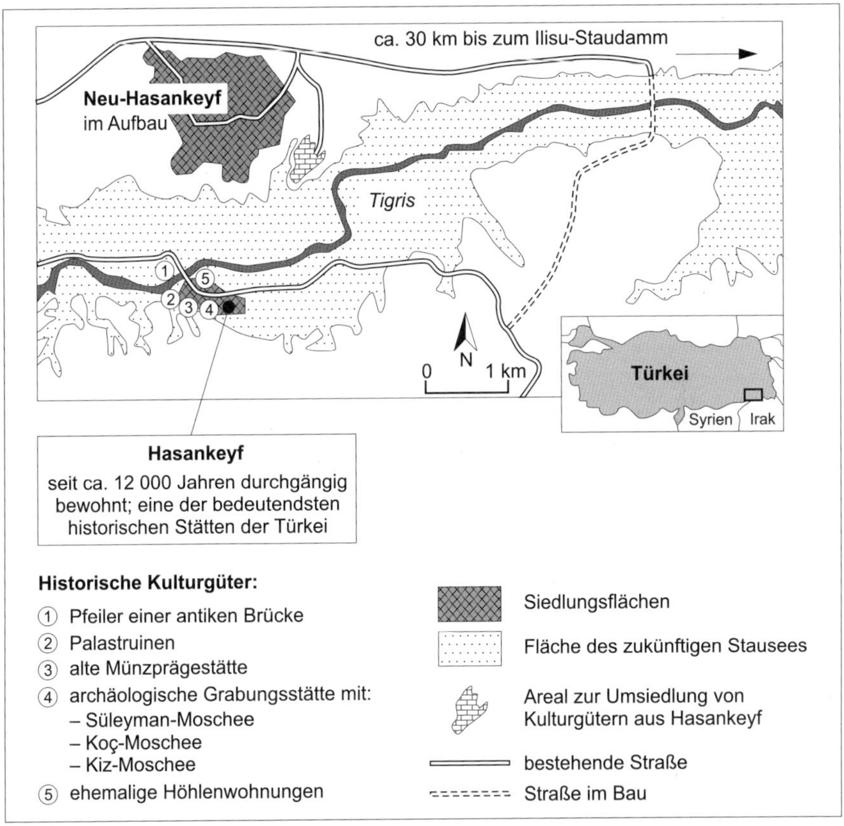

Anlage II.2 Südlicher Gaskorridor mit geplanten Abnahmemengen pro Jahr (m^3/J)

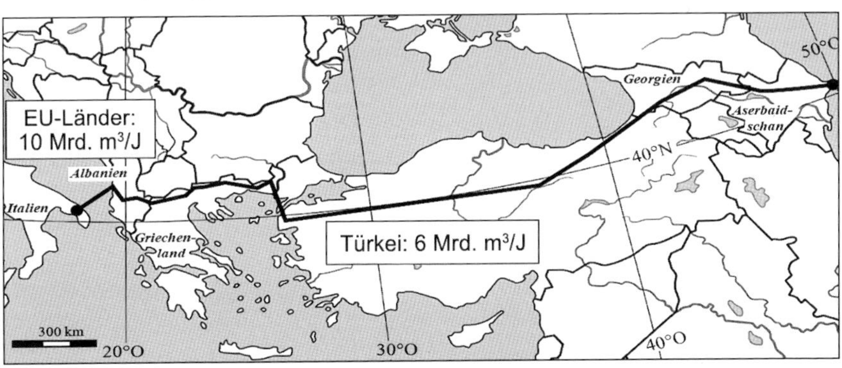

Anlage II.3 Materialien zum Istanbul-Kanal

M 1 Geplanter Verlauf des Istanbul-Kanals

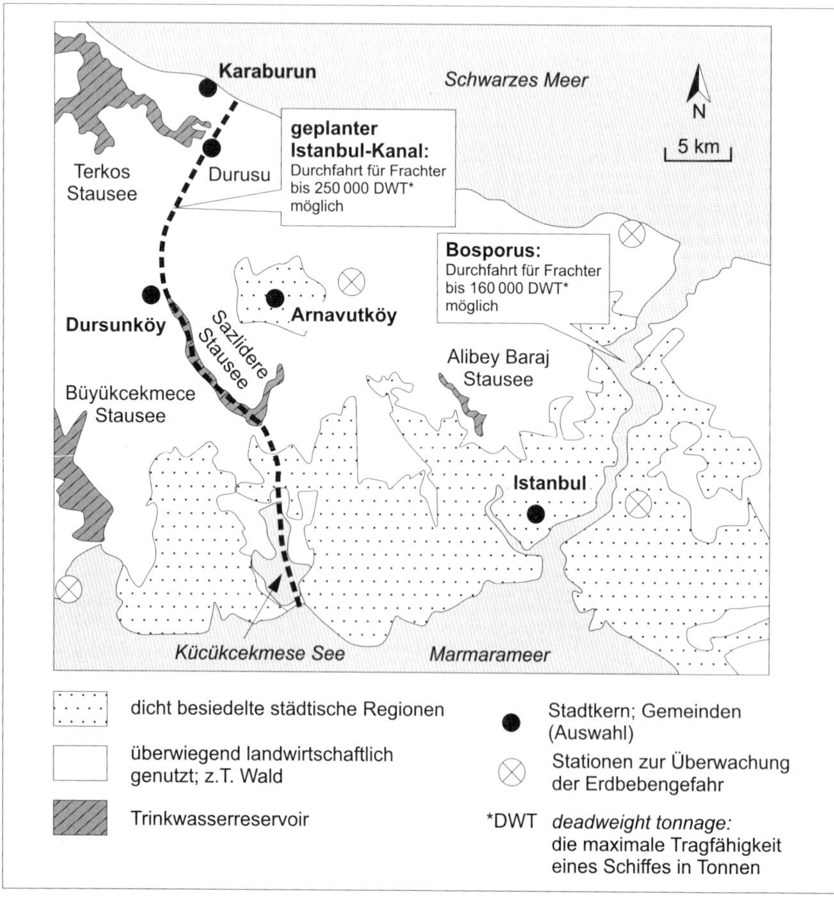

Hinweis: In Material M 1 weicht die verwendete Schreibweise der Ortsbezeichnungen von der in M 3 verwendeten türkischen Originalschreibweise leicht ab.

M 2 Aus dem Online-Auftritt des *manager magazins* vom 16. 06. 2018 (adaptiert und ergänzt)

Der Bosporus ist eine der geschäftigsten Seestraßen der Welt. Ca. 45 000 Schiffe pro Jahr transportieren u. a. 140 Mio. Tonnen Erdöl und 4 Mio. Tonnen Flüssiggas aus der Schwarzmeerregion. Dabei kreuzen täglich 15 000 Fährüberfahrten mit 1,5 Mio. Passagieren die Wasserstraße, auf der es immer wieder zu Schiffsunglücken kommt. Mit einer Kapazität von 160 Schiffen pro Tag würde der neue Istanbul-Kanal die Wartezeiten für Schiffe reduzieren, die oft tagelang vor der Stadt ausharren müssen.

Umweltschützer warnen allerdings, dass nach dem Bau des Kanals, der ohne Schleusen auskommen wird, die verstärkte Zufuhr von weniger salzhaltigem Wasser aus dem Schwarzen Meer das fragile Ökosystem im Marmarameer schädigen werde. Zudem gebe es kaum noch Grünflächen in der Bosporus-Metropole, deren Einwohnerzahl seit 1945 von etwa 1,5 auf 15 Millionen explodiert ist.

Ökonomen fragen zudem, ob der milliardenteure Kanal die immensen Baukosten jemals wieder einbringen kann, zumal Schiffe aufgrund internationaler Verträge den Bosporus kostenlos benutzen können.

Nicht alle sehen aber das Projekt so kritisch. Entlang der geplanten Kanalstrecke mehren sich Kaufangebote für Land, und Immobilienprojekte mit Blick aufs Wasser schießen aus dem Boden.

M 3 Wasserversorgung Istanbuls

Wasserreservoir	**maximale Speicherfähigkeit (Mio. m^3)**	**Jahr der Eröffnung**
Trinkwasserreservoirs gesamt davon:	868 683	
Terkos Stausee	162 241	1883
Büyükçekmece Stausee	148 943	1989
Sazlıdere Stausee	88 730	1998
Alibey Barajı Stausee	66 800	1983

Quellenverzeichnis

ALEXANDRA BUDKE, MAIK WIENECKE (2008): Wasserkonflikte an Euphrat und Tigris. In: Praxis Geographie, 38 (3), S. 37–43. (Anlage II.1)

CEE Bankwatch Network, CC BY-SA 4.0 (Anlage II.2)

Eigene Darstellung nach DAILY SABAH (2018): Foundation for Kanal Istanbul to be laid this year, transportation minister says, https://www.dailysabah.com/business/2018/02/26/foundation-for-kanal-istanbul-to-be-laid-this-year-transportation-minister-says (Anlage II.3, M 1)

DEUTSCHER BUNDESTAG (2018): Drucksache 18/9113 – Auswirkungen und Risiken des Südlichen Gaskorridors.

Eigene Zusammenstellung nach Daten von ISTANBUL WATER AND SEVERAGE ADMINISTRATION (o. J.), https://www.iski.istanbul/web/en-US/kurumsal/iski-hakkinda/water-resources (Anlage II.3, M 3)

afp/mh, Erdogan will „Panama-Kanal“ neben dem Bosporus, MANAGER MAGAZIN vom 16.06.2018, http://www.manager-magazin.de/politik/weltwirtschaft/tuerkei-recep-tayyip-erdogan-plant-panama-kanal-am-bosporus-a-1213336.html (Anlage II.3, M 2)

Lösungsvorschlag

1.1 *Zur Lösung der Aufgabe ist es wichtig, zuerst die geographische Lage des Ilisu-Staudamms zu bestimmen. Dabei helfen Ihnen die Informationen in der Aufgabenstellung („auf türkischem Staatsgebiet“, am „Fluss Tigris“, „37°34'N/ 41°54'O“). Aus geeigneten Atlaskarten zur Türkei lassen sich weitere Informationen herauslesen, z. B. die Lage im agrarisch geprägten türkischen Ostanatolien am Fuß des regenreichen Taurusgebirges und die Nähe zu den Grenzen zu Syrien und zum Irak. Diese Karten sowie weitere Atlaskarten zu anderen Staudammprojekten (zu finden im Sachwortregister unter „Staudamm“) können Ihnen helfen, mögliche Gründe für den Bau des Staudamms zu finden und zu erläutern. Beachten Sie allerdings bei der Beantwortung der Fragestellung, dass das Ziel, die Bewässerungslandwirtschaft zu fördern, schon in der Aufgabenstellung aufgeführt wird und damit für Ihre Lösung ausgeschlossen ist. Für die Beantwortung der zweiten Frage ist die Anlage II.1 von zentraler Bedeutung. Beziehen Sie die Informationen aus der Karte unbedingt in Ihre Lösung mit ein.*

Neben dem Ausbau der Bewässerungslandwirtschaft ist ein wichtiger Grund für den Bau des Staudamms sicherlich die Gewinnung von **Hydroenergie**. Diese Art der Energiegewinnung hat viele Vorteile: Das Flusswasser stellt eine nahezu **unbegrenzte Ressource** dar, die Tag und Nacht zur Energiegewinnung zur Verfügung steht. Große Fließgewässer weisen im Gegensatz zu Wind oder Sonneneinstrahlung außerdem **nur geringe Schwankungen** auf, wodurch eine konstante und verhältnismäßig sichere Energieversorgung gewährleistet wird. Lediglich während Dürreperioden oder durch die Niederschlagsvariabilität kann sich das Volumen des Fließgewässers verändern. Durch den Einsatz von Wasserkraft schont die Türkei zudem die für sie begrenzt verfügbaren Ressourcen Erdöl und Erdgas. Außerdem wird das Land die **Importe** dieser kostspieligen fossilen Energieträger **reduzieren** und dadurch die **Abhängigkeit** von Erdöl- und Erdgaslieferanten aus dem Ausland **verringern** können.
Auch eröffnet die **Ansiedlung** verschiedener **Industriezweige** in der Region des Ilisu-Staudamms die Chance für ein wirtschaftliches Wachstum und damit für die **Schaffung von Arbeitsplätzen** auch außerhalb der Landwirtschaft. Der mit dem Staudammbau bzw. den Umsiedlungsmaßnahmen einhergehende Ausbau bzw. die Neuerrichtung von Siedlungen, Straßen und Brücken **verbessert** die **Infrastruktur** und damit auch die Lebensbedingungen der Bevölkerung in dieser Region. Der Ilisu-Staudamm ist somit eine gezielte Investition in das bisher ökonomisch rückständige und periphere Ostanatolien. Der Bau des Staudamms führt diese Region an den reicheren Westen der Türkei heran und trägt dadurch zur **Verringerung der regionalen Disparitäten** bei.
Zudem lässt sich mithilfe des Staudamms der **Abfluss des Tigris regulieren**. Das kann zum Beispiel im Rahmen des **Hochwasserschutzes** Anwendung finden, da die „Unterlieger“ durch das Zurückhalten großer Wassermassen gezielt vor Überschwemmungen bewahrt werden können. Aber auch **Dürren** können durch die Regulierung des Abflusses verhindert bzw. **abgeschwächt** werden.

Durch das Aufstauen des Wassers in einem Stausee kann es jedoch regional, aber auch zwischenstaatlich zu **Konflikten** kommen. Große Probleme könnte die **Umsiedlung der Bevölkerung** aus dem Bereich des gefluteten Stausees in neue Dörfer bzw. umliegende Städte bereiten. Die betroffenen Menschen müssen gezwungenermaßen ihre gewohnte Umgebung bzw. Heimat, wie etwa das Dorf Hasankeyf, verlassen. Obwohl der Staat den Umsiedlern neue Wohnungen zur Verfügung stellen wird, könnte bei der Bevölkerung Widerstand gegen diese Maßnahme aufkommen. Ein weiteres regionales Konfliktpotenzial könnte die **Überflutung** von vor allem **fruchtbarem Ackerland** entlang des Flusses Tigris oberhalb des Stausees sein. Es steht zu befürchten, dass durch die begrenzte ackerbauliche Nutzfläche in diesem Trockenraum für die ansässigen Bauern kein gleichwertiger Ersatz zur Verfügung steht.

Ebenso könnte es zu **Konflikten mit Denkmalschützern** kommen, denn auf dem überfluteten Areal des zukünftigen Stausees befinden sich mehrere kunsthistorische Stätten mit bedeutenden **historischen Kulturgütern**, z. B. Pfeiler einer antiken Brücke, Palastruinen oder ehemalige Höhlenwohnungen. Da aufgrund der Bauweise und des Zustands vieler dieser Monumente der Transport und Wiederaufbau an einem anderen Ort fast unmöglich ist, würden diese vermutlich **unwiederbringlich verloren gehen**.

Da der Staudamm den Fluss Tigris kurz vor der Grenze zu Syrien und zum Irak aufstaut, könnte es zu zwischenstaatlichen **Konflikten mit den Nachbarstaaten**, v. a. mit dem Irak, kommen, denn durch die Bewässerungslandwirtschaft in der Türkei wird die **verfügbare Wassermenge** im Tigris **reduziert**. Zudem hat die türkische Regierung durch den Staudamm die Möglichkeit, den Wasserzufluss für die Unteranlieger des Tigris bewusst zu verringern oder sie von der Zufuhr gar komplett abzuschneiden. Damit hätte die Türkei ein großes **Machtinstrument** in der Hand, mit dem sie ihre politischen Interessen gegenüber den beiden Staaten gezielt durchsetzen könnte. Dies hätte katastrophale Auswirkungen für die Bevölkerung im Irak und in Syrien, denn in den betroffenen Ländern müsste dann mit einer **Verschlechterung** des Zugangs zu **sauberem Wasser** gerechnet werden.

1.2 *Die Aufgabe verlangt von Ihnen, zwei geeignete Maßnahmen darzulegen, mit denen im orientalischen Raum ein weiteres Austrocknen von Seen vermieden werden kann. In der Aufgabenstellung wird darauf hingewiesen, dass die Wasserverluste im intensiven Bewässerungsfeldbau begründet liegen. In Ihrer Lösung sollten Sie deshalb Maßnahmen aufzeigen, die sich konkret auf die Bewässerung landwirtschaftlicher Nutzflächen beziehen.*

Eine geeignete Maßnahme wäre, die Bewässerungslandwirtschaft verstärkt auf **Bewässerungsmethoden** umzustellen, die den landwirtschaftlichen Flächen **sparsamer** Wasser zuführen. Eine dieser wassersparenden Bewässerungsformen ist die **Tröpfchenbewässerung**. Hierbei gelangt das Wasser in einem auf oder unter der Erde verlegten Schlauch- oder Rohrleitungssystem direkt zur Pflanze, wo dann eine genau abgestimmte Wassermenge durch kleine Auslässe tröpfchenweise abgegeben wird. Jedoch ist diese Methode wegen der **aufwendigen Installation** der Anlagen und aufgrund des großen Materialaufwands **mit hohen Kosten** verbunden. Zudem fehlt vielen der im Orient noch traditionell wirtschaftenden Bauern bezüglich dieser Bewässerungsart das notwendige **Know-how**.

Eine weitere Maßnahme wäre, das notwendige Wasser für die Bewässerungslandwirtschaft über **Wasserüberleitungen** aus regenreicheren Gebieten den niederschlagsarmen Regionen zuzuführen. Dies ist wiederum durch den **hohen technischen Aufwand** sowie die sehr langen zu überbrückenden Strecken mit **erheblichen Kosten** verbunden. Zu erwarten sind auch **Widerstände** der bisherigen Wassernutzer **in den Herkunftsgebieten** des Wassers, da eine **zu starke Wasserentnahme** die Ökosysteme in den wasserabgebenden Regionen gefährden könnte.

Sinnvoll wäre es auch, durch **Sanierung** maroder **Leitungssysteme** die auftretenden Wasserverluste in der Bewässerungslandwirtschaft zu vermeiden. Jedoch bereitet die Findung von Lecks in den weit verzweigten Bewässerungssystemen, besonders bei einer unterirdischen Verlegung, große **logistische sowie technische Schwierigkeiten**.

2.1 *Diese Teilaufgabe fordert von Ihnen eine Auseinandersetzung mit dem Südlichen Gaskorridor, durch den ab dem Jahr 2020 Erdgas aus Aserbaidschan nach Europa transportiert werden soll. Eine Hilfe stellt dabei die Anlage II.2 dar, in der einerseits der Verlauf des Südlichen Gaskorridors eingezeichnet ist, andererseits die Abnahmemengen pro Jahr in der Türkei sowie in der Gesamtheit aller EU-Länder zu erkennen sind. Ihre Aufgabe ist es nun, für alle in das Projekt involvierten Parteien (Aserbaidschan, Transitländer und Abnehmerländer des Erdgases) Vorteile zu formulieren, die sie sich durch die Umsetzung des Projekts versprechen.*

Durch den Bau des Südlichen Gaskorridors bis nach Italien erschließt und sichert sich **Aserbaidschan** mit den europäischen Ländern einen **neuen großen Absatzmarkt** für seine Erdgasvorkommen, die bisher vorwiegend ins russische Pipelinenetz eingespeist wurden. Durch die **Deviseneinnahmen** aus dem Erdgasexport nach Europa erhofft sich Aserbaidschan neue Investitionsmöglichkeiten zur **Forcierung** seines **wirtschaftlichen Wachstums**. Zudem eröffnet der Südliche Gaskorridor Aserbaidschan **größere politische Handlungsspielräume**, da die Schaffung eigener Transportkapazitäten für den Export von Erdgas das Land vom russischen Pipelinenetz **unabhängig** macht.

Für die **Transitländer**, durch die die Erdgaspipeline verläuft, eröffnet sich generell die Chance, **Einnahmen durch Transitgebühren** zu generieren. Zudem verbessert sich bei einigen Transitländern, wie z. B. Bulgarien, die **Versorgungssicherheit** mit Gas, da der Anschluss an den Südlichen Gaskorridor die eigene Energieversorgung diversifiziert, d. h. die Abhängigkeit von russischem Erdgas mindert. Albanien hingegen bekommt durch die Gaspipeline überhaupt **Anschluss an** die Energiequelle **Erdgas**. Insgesamt **erhöht** sich für alle Transitländer durch ihre Einbindung in diese bedeutende internationale Kooperation der **geostrategische Einfluss**, denn der Südliche Gaskorridor wird langfristig für die Energieversorgung Europas von extrem hoher Bedeutung sein.

Für die **Abnehmerländer** in Europa ist die vorrangige Zielsetzung, durch das zusätzliche Gasangebot dauerhaft eine **sichere Energieversorgung** gewährleisten zu können. Dies ist besonders wichtig, weil die Länder Europas zunehmend von Gasimporten abhängig sind. Zudem wird Erdgas bei der langfristigen Umstellung auf eine CO_2-arme Wirtschaft eine wichtige Rolle spielen. Gas wird im Zuge der Energiewende zusammen mit erneuerbaren Energien benötigt werden, um eine rasche Reduzierung der CO_2-Emissionen umsetzen zu können. Schließlich eröffnet die neue Erdgaspipeline die Möglichkeit einer **Diversifizierung der Erdgasimporte**, d. h., sie reduziert Europas Abhängigkeit von russischem Erdgas.

2.2 *Bei dieser Teilaufgabe sollen Sie auf der Grundlage Ihres Wissens ohne persönliche Wertung aus ökonomischer und ökologischer Sicht ein abwägendes Urteil zur Ausrichtung der Fußball-Weltmeisterschaft 2022 in Katar abgeben.*

Für den **Stadionneubau** bzw. die Sanierung und Vergrößerung bestehender Stadien, die einerseits die hohen Ansprüche des Weltfußballverbands an die Sportanlagen erfüllen, andererseits aufgrund des heißen Klimas in diesem Wüstenstaat mit speziellen Kühlungssystemen ausgestattet werden sollen, muss Katar **erhebliche Investitionen** tätigen. Zwar kann das Land diese wirtschaftlich stemmen, es bleibt jedoch die Frage: Was wird nach der WM aus den vielen Wettkampfstätten und Trainingsplätzen? Zum einen ist Katar ein Land, in dem Fußball keine allzu große Rolle spielt und wahrscheinlich auch nach der WM nicht spielen wird. Zum anderen wäre die Notwendigkeit so vieler großer Fußballstadien auf so engem Raum auch für eine ausgesprochene Fußballnation nicht gegeben. Es besteht somit die **Gefahr**, dass diese – für sportliche Alltagsereignisse überdimensionierten – **Stadien** in der Folgezeit **unzureichend ausgelastet** sind, nach der WM zum Teil sich selbst überlassen werden und verfallen. Es existiert jedoch der Plan, Stadien abzubauen und an andere Länder zu verschenken. Ein Stadion soll nach dem Fußball-Spektakel zu einem Hotel umgebaut werden und ein anderes, das in der Nähe des Hafens nur aus Containern besteht, wird nach der WM wieder abgetragen. Auch eröffnet sich für Katar die Chance, dass die geschaffene Infrastruktur **zukünftige Großereignisse** anzieht.
Neben dem Bau der Sportanlagen muss Katar zusätzlich enorme Summen in den Auf- bzw. Ausbau der auf die WM ausgerichteten **Infrastruktur investieren**. So sollen die einzelnen Sportanlagen, um gut und schnell erreichbar zu sein, an ein **Stadtbahnsystem** angeschlossen werden. Außerdem soll eine Metro und ein Schienennetz, das auch entlegene Punkte auf der Halbinsel miteinander verbindet, gebaut werden. Diese erheblichen Investitionen sind für Katar jedoch aus den

Einnahmen durch den Export von Erdöl und -gas zu bewerkstelligen. Aufgrund seines extremen Wirtschaftswachstums weist das Land eine **starke Finanzkraft** auf. Die Weltmeisterschaft stellt für Katar die Chance dar, nun auch **mediale Aufmerksamkeit** zu erhalten und seinen Bekanntheitsgrad zu steigern. So sollen auch neue Wachstumsimpulse im tertiären Sektor z. B. im Tourismus, Handel und Immobiliengeschäft geschaffen werden. Für Katar ist die WM demnach eine **Chance zur Diversifizierung** seiner Wirtschaft.

Aus **ökologischer Sicht** ist der extrem **hohe Wasserbedarf** während der Weltmeisterschaft, z. B. in den Hotelanlagen oder für die Bewässerung der Rasenflächen in den Stadien, negativ zu bewerten. Dies erscheint besonders problematisch, da Katar ein Wüstenstaat ist. Auch der **Energiebedarf**, beispielsweise für die Kühlung der Stadien und die Meerwasserentsalzung, wird während der WM **stark ansteigen**. Katar hat allerdings die Möglichkeit, einen Teil der notwendigen Energie durch Photovoltaik- und Windkraftanlagen zu erzeugen. Auch die **Luftverschmutzung** wird in Katar im Vergleich zu anderen Austragungsorten **relativ gering** sein, da es während der Turnierphase aufgrund der unmittelbaren **Nachbarschaft der Stadien und Hotels** sowie der gut ausgebauten öffentlichen Nahverkehrssysteme kaum Verkehrsbelastungen geben wird. Überdies sind wegen der kurzen Wege zwischen den Spielstätten für die Mannschaften, aber besonders für die Fans, keine großen Flugstrecken zurückzulegen.

3 *In der abschließenden Aufgabe sollen Sie ausgehend von Anlage II.3 mögliche Auswirkungen erläutern, die der von der Türkei geplante neue schiffbare Istanbul-Kanal mit sich bringt. Ihre Aussagen müssen nicht nur inhaltlich korrekt und entsprechend der Aufgabenstellung in positive und negative Auswirkungen strukturiert sein, sondern sich auch schlüssig und argumentativ auf die Auswertung des Materials der Anlage II.3 stützen. Beginnen Sie daher mit der gründlichen Auswertung der Materialien, bevor Sie Ihre Lösung ausformulieren.*

Mit dem geplanten Bau des Istanbul-Kanals will die Türkei neben dem Bosporus eine zweite Wasserstraße zwischen dem Schwarzen Meer und dem Marmarameer errichten. Das Projekt ist für das Land mit vielen **positiven Auswirkungen** verbunden. Ein Ziel des Zukunftsprojekts Istanbul-Kanal ist es, den **Bosporus** hinsichtlich des Schiffsverkehrs zu **entlasten**, was sowohl zu einer geringeren Gefahr von Schiffsunfällen auf dieser Wasserstraße führt als auch zu einer reduzierten Abgasbelastung für die ohnehin bereits dicht besiedelte städtische Region entlang des Bosporus. Durch den Bau des Istanbul-Kanals wird für die Schifffahrt die Kapazität zwischen Marmarameer und Schwarzem Meer deutlich erweitert. Zudem ergeben sich für Schiffe dadurch **geringere Wartezeiten**. Aktuell müssen Schiffe nämlich häufig tagelang vor der Stadt warten, bis sie den Bosporus passieren können. Der Istanbul-Kanal bietet ferner den Vorteil, dass auch Schiffe mit einer **größeren Tragfähigkeit** in das Schwarze Meer gelangen können. Beträgt die maximale Größe für Schiffe auf dem Bosporus 160 000 DWT, so erlaubt der neue Kanal Schiffen mit einer maximalen Tragfähigkeit von 250 000 DWT die

Durchfahrt. Dies wiederum erleichtert den Handel für die bzw. mit den Schwarzmeeranrainerstaaten. Weiterhin eröffnet sich aufgrund der kostenpflichtigen Nutzung des geplanten Kanals eine **lukrative Einnahmequelle** für den türkischen Staat. Und auch der **geostrategische Vorteil**, der sich durch den Bau des Istanbul-Kanals für die Türkei ergibt, ist nicht von der Hand zu weisen, stärkt der Kanal doch deren Bedeutung als wichtiges Transitland für Massengütertransporte. Zusätzlich erwartet sich die Türkei durch die Umsetzung dieses enormen Infrastrukturprojekts einen gewissen **Imagegewinn**. Auch ist entlang des Kanals ein Anstieg der Immobilienpreise zu erwarten, was wiederum bei den Landbesitzern zu Spekulationsgewinnen führen dürfte.

Der Kanalbau hat allerdings auch **negative Auswirkungen** auf die Region. So wird es durch den Bau zum **Verlust von** wertvollen landwirtschaftlichen **Flächen**, ökologischen Ausgleichsflächen und Erholungsgebieten in der dicht besiedelten Metropolregion von Istanbul sowie in deren Umland kommen. Da der geplante Kanal keine Schleusen haben wird, ist zudem mit einem größeren Wasseraustausch zwischen Schwarzem Meer und Marmarameer zu rechnen. Da das Wasser des Schwarzen Meers weniger salzhaltig ist, könnte so das **fragile Ökosystem** im Marmarameer geschädigt werden.
Der geplante Istanbul-Kanal verläuft durch den Sazlidere Stausee, aus dem rund 10 % des gesamten Trinkwassers Istanbuls gewonnen werden. Ist der Kanal erst einmal gebaut, kann der See **nicht mehr als Trinkwasserreservoir genutzt** werden, was die Wasserversorgung Istanbuls stark beeinträchtigen wird. Überdies trennt der Kanal die beiderseits der Wasserstraße gelegenen städtischen Regionen. Das zieht nicht nur kostspielige Brücken- oder Tunnelbauprojekte nach sich, sondern erschwert insgesamt die Stadterweiterung Istanbuls. Die in der Karte (M 1) ausgewiesenen Stationen zur Überwachung der Erdbebengefahr weisen darauf hin, dass das Gebiet um Istanbul in einer seismisch aktiven Zone liegt. Für den Kanal bedeutet das wiederum eine gewisse **Gefährdung durch mögliche Erdbeben**. Letztendlich ist es fraglich, ob sich die außergewöhnlich hohen Investitionskosten für den Bau des Istanbul-Kanals überhaupt jemals amortisieren werden, wenn der neue Kanal in direkter Konkurrenz zum Bosporus steht, der nach wie vor kostenfrei durchfahren werden kann.

Abitur 2019 Geographie Bayern
Aufgabe III: Nigeria

1 Naturraum Nigerias

1.1 Die Umwelt des Nigerdeltas ist durch die Erdölförderung hochgradig belastet. Um die dadurch entstandenen Schäden zu beseitigen, hat ein internationaler Ölkonzern 2016 Maßnahmen in Höhe von etwa einer Milliarde US-Dollar angekündigt.
Erläutern Sie anhand von Anlage III.1 vier negative Folgen, die sich aus der Erdölwirtschaft für die lokale Umwelt ergeben, und stellen Sie zwei Faktoren dar, welche die Realisierung dieser Maßnahmen erschweren!

1.2 Anlage III.2 zeigt eine für Zentralnigeria typische Vegetationszone. Benennen Sie diese und legen Sie dar, wie die Vegetation an die dortigen klimatischen Bedingungen angepasst ist! 20 BE

2 Megastadt Lagos

2.1 Prognosen zufolge wird die Megastadt Lagos von derzeit etwa 18 Millionen Einwohnern bis zum Jahr 2050 auf knapp 33 Millionen anwachsen. Erläutern Sie mögliche Probleme, die sich daraus für die Stadt in den Bereichen Wohnen, Verkehr und Arbeit ergeben!

2.2 Das Satellitenbild in Anlage III.3 zeigt das Bauprojekt Eko Atlantic City, das als Stadterweiterung von Lagos geplant ist.
Diskutieren Sie unter Einbezug des Satellitenbildes die Chancen und Risiken dieses Bauprojekts! 22 BE

3 Sozioökonomische Aspekte

3.1 In Nigeria ist gegenwärtig die Alphabetisierungsrate der weiblichen Bevölkerung gering, die durchschnittliche Kinderzahl pro Frau hoch. Begründen Sie, warum die Steigerung des Bildungsniveaus von Frauen einen Beitrag zur Senkung der Geburtenrate leisten kann!

3.2 Legen Sie begründet dar, inwieweit die in Anlage III.4 gezeigte Import-Export-Struktur einerseits typisch und andererseits untypisch für ein Entwicklungsland ist! 18 BE

60 BE

Anlage III.1 Nigerdelta

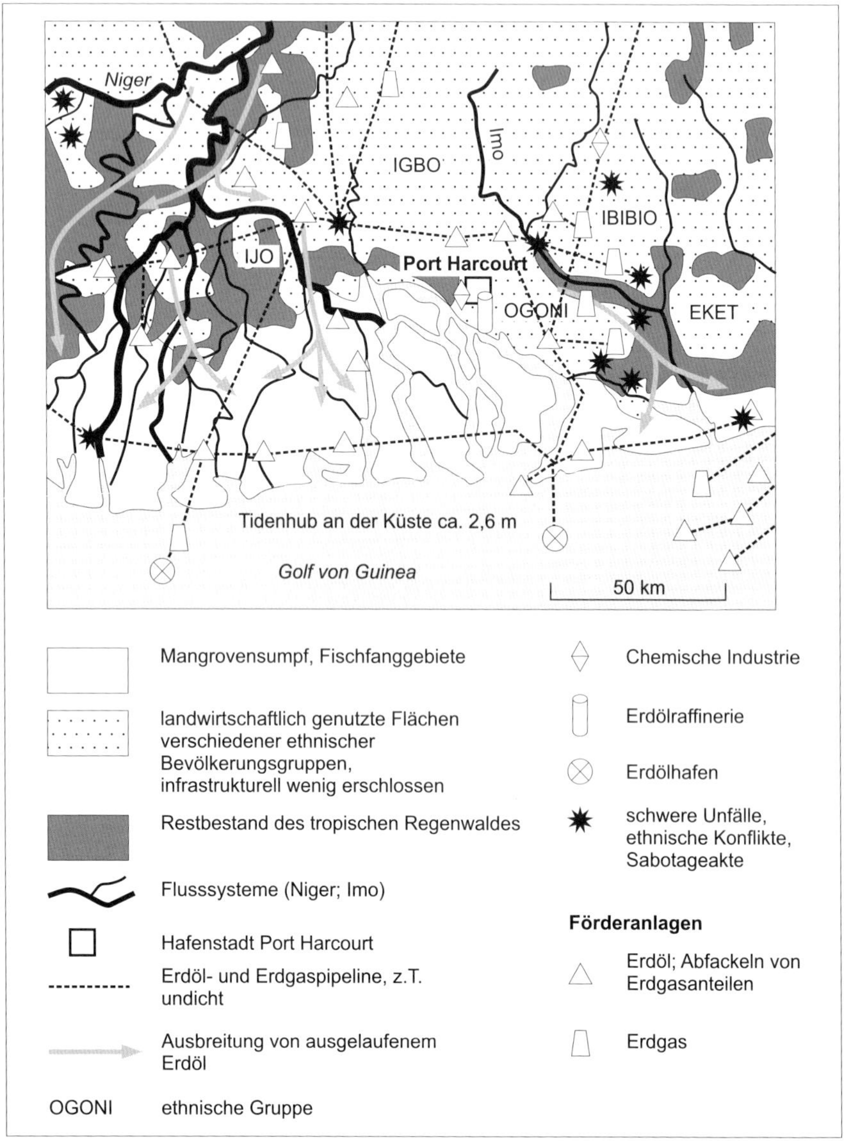

Anlage III.2 Vegetationszone in Zentralnigeria (Aufnahmezeitpunkt März)

Auf den Farbseiten am Ende des Buchs finden Sie eine farbige Abbildung des Fotos.

Anlage III.3 Satellitenbild zum Bauprojekt Eko Atlantic City (Stand 2016)

Zur Bearbeitung der Aufgabe 2.2 ist die ganzseitige farbige Anlage III.3 am Ende des Buchs zu verwenden.

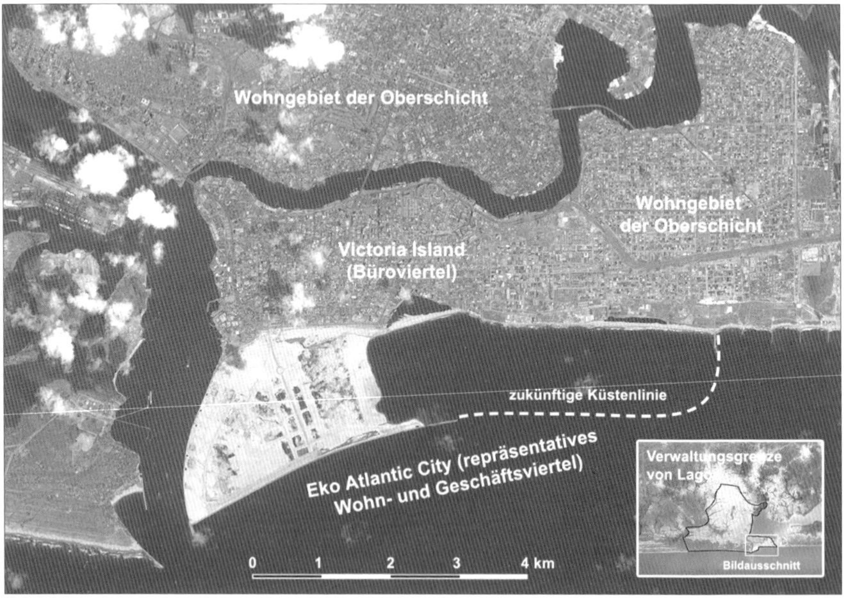

Anlage III.4 Die zehn wichtigsten Import- und Exportgüter Nigerias sowie Gesamtwert (in Mio. US-Dollar, 2017)

Wichtigste Importgüter	Wert
Raffinerieprodukte	8 200
Maschinen einschl. Computer	3 900
elektr. Maschinen einschl. Teile davon	1 700
Fahrzeuge	1 500
Getreide	1 400
Kunststoffe und Kunststoff-artikel	1 300
Salz, Schwefel, Steine, Zement	720
Fisch	692
Eisen- und Stahlprodukte	679
weitere chemische Produkte	646
…	
Gesamtwert aller Importe	**28 900**

Wichtigste Exportgüter	Wert
Rohöl und Erdgas	39 100
Schiffe	253
Kakao	238
Ölsamen	181
Dünger	150
Tabak und Tabakprodukte	102
Kunststoffe und Kunststoff-artikel	78
Früchte, Nüsse	76
Leder und Felle	68
Gummi und Gummiprodukte	55
…	
Gesamtwert aller Exporte	**44 500**

Quellenverzeichnis

Vegetationszone in Zentralnigeria: © Ulrich Doering / Alamy Stock Photo (Anlage III.2)

Satellitenbild Lagos: © Universal Images Group North America LLC / Alamy Stock Foto (Anlage III.3)

AUSSENWIRTSCHAFTSPORTAL BAYERN (2018): Export nach und Import aus Nigeria, https://www.auwi-bayern.de/Afrika/Nigeria/export-import-statistik.html

CIA WORLD FACTBOOK (2018): Ägypten, https://www.cia.gov/library/publications/the-world-factbook/geos/eg.html

CIA WORLD FACTBOOK (2018): Nigeria, https://www.cia.gov/library/publications/the-world-factbook/geos/ng.html

CIA WORLD FACTBOOK (2018): Südafrika, https://www.cia.gov/library/publications/the-world-factbook/geos/sf.html

DEUTSCHLANDFUNK (2017): Der Fluch im Nigerdelta (28. 06. 2018), https://www.deutschlandfunk.de/nigerias-oel-der-fluch-im-nigerdelta.1773.de.html?dram:article_id=392066

GERMANY TRADE & INVEST (2018): Nigeria – Wirtschaftsdaten kompakt, https://www.gtai.de/GTAI/Content/DE/Trade/Fachdaten/MKT/2016/11/mkt201611222081_159370_wirtschaftsdaten-kompakt---nigeria.pdf?v=4

HEINRICH BÖLL STIFTUNG (2015): Auf Sand gebaut: Eko Atlantic City (28. 06. 2018), https://www.boell.de/de/2015/06/11/auf-sand-gebaut-eko-atlantic-city

HOORNWEG, D. u. POPE, K. (2014): Socioeconomic Pathways and Regional Distribution of the World's 101 Largest Cities. In: Global Cities Institute Working Paper No. 04. Toronto.

STATISTA (2018): Umsatz von Royal Dutch Shell weltweit in den Jahren 2005 bis 2017 (06. 09. 2018), https://de.statista.com/statistik/daten/studie/159788/umfrage/umsatz-von-shell-seit-dem-jahr-2005/

VIDAL, J. (2016): Niger delta oil spill clean-up launched – but could take quarter of a century. In: The Guardian, 14. März 2018.

WORDPRESS (2016): Eko-atlantic-aerial, https://dilemmaxdotnet.files.wordpress.com/2016/07/eko-atlantic-aerial1.jpg

WORDPRESS (2016): Eko-atlantic-aerial, https://dilemmaxdotnet.files.wordpress.com/2016/07/eko-atlantic-eko-pearl-lagos.jpg

WORLD'S TOP EXPORTS (2018): Nigeria's Top 10 Exports, http://www.worldstopexports.com/nigerias-top-10-exports/

WORLD'S TOP IMPORTS (2018): Nigeria's Top 10 Imports, http://www.worldstopexports.com/nigerias-top-10-imports/

Lösungsvorschlag

1.1 *Anlage III.1 gibt einen Überblick über den Naturraum und die wirtschaftliche Nutzung im Bereich des Nigerdeltas im Süden Nigerias. Der Karte können u. a. Belastungen des Ökosystems durch die Erdölwirtschaft entnommen werden. Die Aufgabenstellung fordert die Erläuterung von vier negativen Folgen dieses Wirtschaftszweigs für die lokale Umwelt. Gemeint ist hier sowohl der Natur- als auch der Kulturraum des Nigerdeltas. In einem zweiten Arbeitsschritt sollen zwei Faktoren dargestellt werden, die die Beseitigung der durch die Erdölförderung entstandenen Schäden erschweren können.*

Die Erdöl- und Erdgasförderung im Nigerdelta sowie der Transport zu den Ausfuhrhäfen bzw. die lokale Verarbeitung in Raffinerien und in der chemischen Industrie haben zu erheblichen Umweltschäden geführt.
Der Naturraum des Nigerdeltas ist durch die Vegetation des tropischen Regenwalds und im Bereich der Gezeitenküste durch Mangroven geprägt. Der Karte ist zu entnehmen, dass allerdings nur noch kleinere **Restflächen des Regenwaldes** vorhanden sind, da der Großteil für den Bau von Erdöl- und Erdgasförderanlagen und Pipelines sowie für die landwirtschaftliche Nutzung gerodet wurde. Eine weitere negative Folge der Erdölwirtschaft im Nigerdelta resultiert aus den oft undichten und maroden Erdölpipelines. Denn durch das austretende Erdöl kommt es zu **Verunreinigungen des Bodens**, landwirtschaftlicher Flächen und der Mangroven mit gravierenden Folgen für Fauna und Flora. Zusätzlich belasten **Schadstoffemissionen** lokaler chemischer Industriebetriebe den Boden und die Gewässer im Nigerdelta. Darüber hinaus wird das bei der Erdölförderung entweichende Erdgas abgefackelt, was die **Luftqualität erheblich verschlechtert**.

Die Beseitigung der seit Jahrzehnten währenden Schädigung der Umwelt im Nigerdelta ist ein Megaprojekt, worauf schon allein die Kosten, die sich schätzungsweise auf eine Milliarde US-Dollar belaufen werden, hinweisen. Besonders schwierig ist die Beseitigung der Schäden aufgrund der **enormen Größe** des durch unterschiedlichste Schadstoffemissionen belasteten Gebietes. Dadurch wird z. B. die Lokalisierung von Lecks an den maroden Pipelines, durch die Erdöl ungehindert austritt, erschwert. Problematisch sind zudem die **eingeschränkte Zugänglichkeit** und die mangelhafte Verkehrsinfrastruktur in den ausgedehnten Mangrovengebieten und den weit verzweigten Flussarmen im Mündungsbereich des Nigers. Auch erfordern die Maßnahmen zur Beseitigung der Umweltschäden Abstimmungsprozesse zwischen internationalen, nationalen und lokalen Experten und Behörden. Diese werden jedoch immer wieder durch **ethnische Konflikte** rivalisierender Bevölkerungsgruppen sowie durch terroristische Gewalt und Sabotageakte einheimischer Akteure erschwert bzw. behindert.

1.2 *Die zweite Aufgabe zum Themenbereich „Naturraum Nigerias" behandelt eine für Zentralnigeria typische Vegetationszone. Der Anlage III.2 kann entnommen werden, dass das Foto im März aufgenommen wurde. Es bietet sich an, die Vegetation zunächst kurz zu beschreiben und die Vegetationszone zu benennen. Darauf aufbauend können Sie die besonderen Anpassungsmechanismen der Pflanzen an das dort vorherrschende Klima erklären.*

Das Bild der Anlage III.2 zeigt einen sehr lockeren Baumbestand mit weit ausladenden Schirmkronen und eine flächendeckende trockengefallene Grasvegetation. Dies begründet eindeutig die Zuordnung des Bildes in die Zone der **Trockensavanne**. Da das Foto im März aufgenommen wurde, zeigt es die Savannenlandschaft gegen Ende der jährlichen fünf- bis siebenmonatigen Trockenzeit, während der kaum Niederschlag fällt. Die vorherrschende Vegetation hat sich ideal an das knappe Wasserangebot während dieser Zeit angepasst. So können die Bäume, wie z. B. der Affenbrotbaum, **Wasser in ihrem Stamm speichern**, um Trockenphasen zu überbrücken. Auch verfügen diese über ein sehr **weitläufiges Wurzelwerk** zur Nutzung des im Boden gespeicherten Wassers. Gleichzeitig werden durch den **Laubabwurf in der Trockenzeit** Feuchtigkeitsverluste über die Blattoberflächen verhindert. Die flachen und **weit ausladenden Baumkronen**, etwa der Schirmakazien, verringern durch ihren Schattenwurf zudem die Verdunstung der Bodenfeuchtigkeit. Die Gräser dagegen besitzen keinen Verdunstungsschutz und verdorren während der monatelangen Trockenzeit oberirdisch. Der im Boden sitzende Vegetationskegel treibt jedoch unmittelbar nach Einsetzen der sommerlichen Niederschläge wieder aus.

2.1 Die Aufgaben 2.1 und 2.2 fordern die Auseinandersetzung mit der zukünftigen Stadtentwicklung der Megastadt Lagos. Laut den Prognosen wird sich deren Bevölkerungszahl bis 2050 nahezu verdoppeln. In Aufgabe 2.1 sollen mögliche Probleme erläutert werden, die wegen des künftigen Bevölkerungsanstiegs für die Bereiche „Wohnen", „Verkehr" und „Arbeit" zu befürchten sind. Dies ist eine immer wiederkehrende Aufgabe zum Themenbereich „Stadtentwicklung in Entwicklungsländern", die Sie auf der Basis des im dritten Ausbildungsabschnitts erworbenen Wissens beantworten können.

Der für die nächsten Jahrzehnte prognostizierte außergewöhnlich hohe Anstieg der Einwohnerzahl von Lagos wird zu einer **stark wachsenden Nachfrage an Wohnungen** führen. Da der künftige Wohnungsbau die Nachfrage voraussichtlich nicht befriedigen können wird, ist mit **steigenden Miet- und Immobilienpreisen** zu rechnen. Ein großer Teil des Bevölkerungswachstums wird durch die anhaltende Land-Stadt-Wanderung verursacht. Es ist davon auszugehen, dass infolgedessen am Stadtrand **neue Marginalsiedlungen** mit vorerst unzureichender Infrastruktur entstehen werden, um den Bedarf an Wohnraum zu decken. Eine Folge davon ist wahrscheinlich auch eine **zunehmende Segregation** zwischen ärmeren und wohlhabenden Bevölkerungsschichten im Stadtgebiet, was sich vor allem auf die einkommensschwachen Bewohner der Marginalsiedlungen negativ auswirken wird.

Da eine weitere Verdichtung des Baubestands im inneren Stadtgebiet von Lagos kaum mehr möglich ist, kommt es zur Ausdehnung der Metropole in das Umland und einem **steigenden Verkehrsaufkommen**. Die Folge ist die **Zunahme von Staus**, vor allem in der Rushhour, da das öffentliche Transportwesen den Anstieg der Fahrgäste kaum wird bewältigen können. Der zusätzliche private Verkehr wird zu einer **höheren Luft- und Umweltbelastung** und auf lange Sicht gesehen zu einer Zunahme der Atemwegserkrankungen bei der Bevölkerung von Lagos führen.

Die rasch wachsende Einwohnerzahl vergrößert das bereits heute bestehende Überangebot an unqualifizierten Arbeitskräften. So ist auch eine **steigende Arbeitslosigkeit** zu befürchten, durch die eine Ausweitung des ohnehin bereits relativ großen **informellen Sektors** zu erwarten ist. Das ist auch deshalb problematisch, weil die Beschäftigten in diesem Bereich keine soziale Absicherung haben. Im formellen Arbeitssektor droht die Gefahr **zunehmenden Lohndumpings**, wodurch sich die Einkommens- und Beschäftigungssituation vor allem der geringfügig Beschäftigten weiter verschlechtern kann.

2.2 *Das Satellitenbild in Anlage III.3 zeigt die Umrisse des Bauprojekts Eko Atlantic City. Hier soll auf künstlich aufgeschüttetem Neuland ein repräsentatives Wohn- und Geschäftsviertel entstehen, durch das die Küstenlinie zwei Kilometer Richtung Atlantischer Ozean verschoben wird. Auf der Grundlage des Satellitenbildes sollen die Chancen und Risiken dieser Stadterweiterung von Lagos diskutiert bzw. gegenübergestellt werden. Berücksichtigen Sie bei Ihren Ausführungen sowohl ökologische und ökonomische also auch soziale Folgen, die sich durch die Umsetzung des Großprojekts ergeben können.*

Die Realisierung des Bauprojekts *Eko Atlantic City* eröffnet viele **Chancen** im Hinblick auf die Stadtentwicklung Lagos. So steht bei diesem Projekt die Bereitstellung von **neuen Wohn- und Gewerbeflächen** an einem überaus attraktiven Standort direkt am offenen Meer im Fokus, wodurch aktiv gegen die bestehende Raumknappheit in der Metropole vorgegangen wird. Allerdings werden diese Flächen wegen der hohen Investitionskosten nur für eine sehr kleine Bevölkerungsgruppe erschwinglich sein. Darauf lässt auch die Nähe zu dem an der bisherigen Küstenlinie liegenden Büroviertel und den daran angrenzenden Wohngebieten einer zahlungskräftigen Oberschicht schließen. Ganz entscheidende Vorteile der *Eko Atlantic City* sind sicherlich der **gute Anschluss** an eine bereits funktionierende Infrastruktur und die **kurzen Wege** zwischen den Wohngebieten der Oberschicht und deren Arbeitsplätzen im Stadtzentrum von Lagos. Die **attraktive Küstenlage** steigert die Standortgunst zusätzlich. Des Weiteren fördert ein Bauprojekt dieser Größenordnung die **internationale Konkurrenzfähigkeit** der Metropole Lagos als globales Handels- und Wirtschaftszentrum in Westafrika. Dadurch werden auch für ausländische Unternehmen **Investitionsanreize**

geschaffen, was möglicherweise zur Entstehung zusätzlicher Arbeitsplätze, besonders für Hochqualifizierte, führen wird.

Gerade da für das Bauprojekt Neuland aufgeschüttet werden muss, birgt es jedoch auch einige **Risiken**. So besteht die Gefahr, dass es durch die Verlagerung der Küstenlinie möglicherweise zu **Veränderungen der maritimen Strömungsverhältnisse** im Küstenbereich kommt. Mögliche Folgen könnten Verlandungen oder eine fortschreitende Erosion im Uferbereich sein. Zudem ist der **gigantische Ressourcenaufwand** zu nennen, der mit der Gewinnung und dem Transport der Materialien zur Aufschüttung eines stabilen Baugrunds verbunden ist. Wie bei anderen Megaprojekten droht ebenso die **Gefahr der Kostenexplosion**, vor allem bei Eintritt unvorhersehbarer Probleme während des Baus. Doch auch die Anlage der Infrastruktur innerhalb des neuen Stadtteils und die notwendigen Maßnahmen zum Schutz der neuen Küstenlinie sind sehr kostenintensiv.

3.1 *Aufgabe 3.1 ist keine materialgestützte Aufgabe, was bedeutet, dass Sie Ihr Wissen aus dem dritten Ausbildungsabschnitt einsetzen müssen. In der Aufgabenstellung wird ein Zusammenhang zwischen geringer Alphabetisierungsrate der weiblichen Bevölkerung und einer im Durchschnitt hohen Zahl von Kindern bzw. Geburten pro Frau aufgezeigt. Die Aufgabe ist allgemein gestellt und bezieht sich nicht ausschließlich auf Nigeria. Begründen Sie also, weshalb eine Steigerung des Bildungsniveaus von Frauen in Nigeria – wie auch in anderen Entwicklungsländern – einen Beitrag zur Senkung der Geburtenrate leisten kann.*

In den ländlichen Gebieten Nigerias gibt es zwar dem Gesetz nach eine Schulpflicht, vor allem von Mädchen wird diese jedoch häufig nicht wahrgenommen, was ein verhältnismäßig niedriges Bildungsniveau der Frauen zur Folge hat. Vor allem in diesen Regionen hat demnach die Steigerung des Bildungsniveaus von Frauen eine hohe Dringlichkeit, gerade im Zusammenhang mit dem Ziel einer Senkung der Geburtenrate. So können den Mädchen und jungen Frauen in der Schule **Maßnahmen zur Empfängnisverhütung und Familienplanung** vermittelt werden. Ein höheres Bildungsniveau der Frauen hat dann häufig einen späteren Eintritt in eine Ehe, ein späteres Gebäralter und somit meist eine geringere Kinderzahl zur Folge. Dies gilt im Besonderen für Frauen mit höherer Schulbildung und Studium, da für diese die berufliche Tätigkeit nach der Ausbildung meist Vorrang hat. Erfahrungsgemäß genießen Frauen mit einer guten Schulbildung zudem eine **größere Unabhängigkeit** und **individuelle Selbstbestimmung**, was dazu führt, dass ihre Männer und die Traditionen einen geringeren Einfluss auf die Familienplanung haben. Des Weiteren ist durch die Berufstätigkeit von Frauen ein **zweites Haushaltseinkommen** gesichert. Dadurch wird die Notwendigkeit von Kindern als zusätzliche Arbeitskräfte und zur Sicherung der Altersvorsorge verringert, wodurch folglich auch die Zahl der Kinder in den Familien sinkt.

3.2 *Die Anlage III.4 zeigt die zehn wichtigsten Import- und Exportgüter Nigerias sowie deren Wert in Mio. US-Dollar im Jahr 2017. Zunächst soll dargelegt werden, warum diese Import-Export-Statistik typisch für ein Entwicklungsland ist. Greifen Sie hier auf Ihr Wissen zurück und gehen Sie sowohl auf die Export- als auch auf die Importgüter Nigerias ein. Bei der Darlegung der für ein Entwicklungsland untypischen Merkmale im Außenhandel Nigerias sollten Sie Ihren Blick v. a. auf die Außenhandelsbilanz richten.*

Typisch für ein Entwicklungsland ist die deutliche **Monostruktur der Exportwirtschaft** Nigerias. Die unverarbeiteten Rohstoffe Erdöl und Erdgas machen mit 39.100 Mio. US Dollar einen Anteil von fast 90 % am Gesamtwert aller Exporte des Landes aus. Zusammen mit Kakao, Ölsamen, Tabak, Früchten und Leder sind sechs der zehn wichtigsten Exportprodukte **Rohstoffe oder landwirtschaftliche Erzeugnisse**, was wiederum kennzeichnend für ein Entwicklungsland ist.
Betrachtet man die Liste der Importgüter, so fällt hier die **Dominanz von hochwertigen Industrieerzeugnissen** auf. Raffinerieprodukte, Maschinen aller Art, Computer und Fahrzeuge sowie Kunststoffe stellen zusammen über 50 % des Gesamtwertes der Importe dar. Ebenfalls typisch für ein Entwicklungsland ist heutzutage der **Import von Grundnahrungsmitteln** wie Getreide oder Fisch, was auf eine zu geringe landwirtschaftliche Produktion bzw. Effizienz der Landwirtschaft bei einer gleichzeitig steigenden Bevölkerung hinweist.

Eher untypisch für ein Entwicklungsland ist der **sehr hohe Exportüberschuss** Nigerias und damit die **positive Außenhandelsbilanz**. Für diesen Umstand ist aber allein der Erdöl- und Erdgasexport verantwortlich. Auch die Tatsache, dass **technisch komplexere Produkte**, wie Schiffe oder Kunststoffe, unter den zehn wichtigsten Exportgütern zu finden sind, erscheint zunächst ungewöhnlich. Aussagen über die Wertigkeit dieser Produkte können jedoch nur unzureichend getroffen werden. So ist nicht ersichtlich, ob etwa die exportierten Schiffe tatsächlich hochwertige Handelsschiffe oder doch nur einfache Holzboote für den küstennahen Fischfang sind. Gleiches gilt für die exportierten Kunststoffe oder Kunststoffartikel. Da aber der Wert der importierten Kunststoffe und Kunststoffartikel mehr als das Sechzehnfache der exportierten Produkte in diesem Bereich beträgt, kann gefolgert werden, dass letztere vermutlich nur **geringwertige Massenerzeugnisse** sind. Dies ist wiederum typisch für die Außenhandelsstruktur eines Entwicklungslandes.

Abitur 2019 Geographie Bayern
Aufgabe IV: Raumstrukturen und aktuelle Entwicklungsprozesse im Ruhrgebiet

1 Bevölkerung und Infrastruktur

1.1 Ordnen Sie den Säulenreihen A, B und C aus Anlage IV.1 die drei Städte Chemnitz, Gelsenkirchen sowie Mainz zu und begründen Sie die jeweilige Bevölkerungsentwicklung in ihren Grundzügen!

1.2 Charakterisieren Sie unter Bezugnahme auf geeignete Daten aus Anlage IV.2 das Essener Stadtviertel Altendorf hinsichtlich der Kategorien Wohnen, Einkommen und Bildung und legen Sie zwei Maßnahmen zur Verbesserung der dortigen Lebenssituation dar!

1.3 Erläutern Sie anhand geeigneter Atlaskarten die bestehenden Maßnahmen zur Sicherstellung der Trinkwasserversorgung im Ruhrgebiet! 30 BE

2 Stadtentwicklung

2.1 Auf dem Gelände eines ehemaligen Eisenhüttenwerks entstand der Landschaftspark Duisburg-Nord.
Stellen Sie anhand von Anlage IV.3 dar, warum diese Folgenutzung als Vorbild für die Umwidmung alter Industrieflächen gilt!

2.2 Fast 20 Prozent der Fläche des Ruhrgebiets werden von Parks und Wäldern eingenommen.
Erläutern Sie deren ökologische und ökonomische Bedeutung für Ballungsräume!

2.3 Bis zum Jahr 2020 soll Prognosen zufolge im Einzelhandel deutschlandweit jeder vierte Euro im Internet ausgegeben werden. Dabei werden die Waren meist über im suburbanen Raum gelegene Logistikzentren verteilt. Diskutieren Sie mögliche Folgen der Verlagerung vom stationären Handel auf den Online-Handel für die Städte und ihr Umland! 30 BE

60 BE

Anlage IV.1 Bevölkerungsentwicklung der Städte Chemnitz, Gelsenkirchen und Mainz

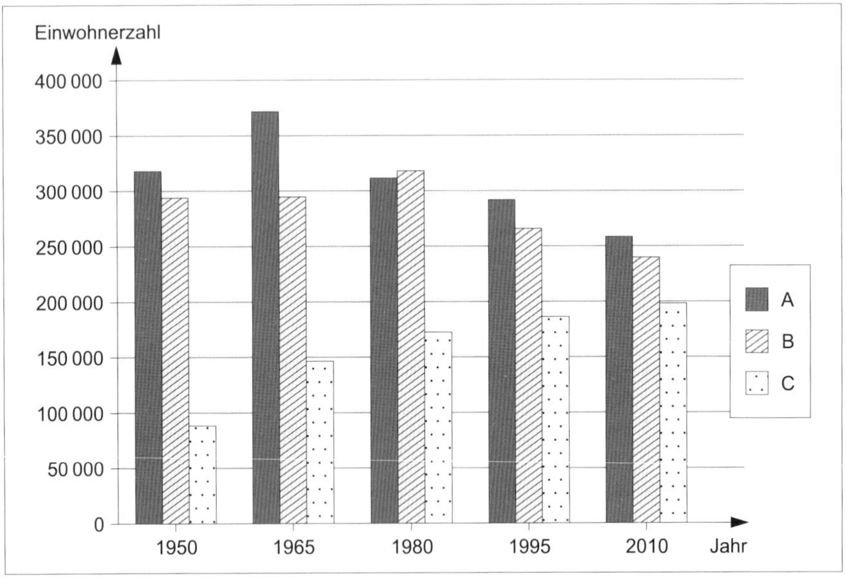

Anlage IV.2 Ausgewählte Daten zum Stadtteil Altendorf

	Stadtteil Altendorf	**Essen insgesamt**
Bevölkerungsdichte (in Einwohner/ha)	88,4	28,1
Wohnfläche (in m^2/Person)	33,5	41,4
vom Eigentümer selbst genutzte Wohnungen (in %)	9,4	22,2
Erholungs- und Freiflächen (in % der Gesamtfläche)	21,2	26,6
unter 18-Jährige (in %)	19,3	15,9
Arbeitslose (in % der erwerbsfähigen Bevölkerung)	15,3	8,6
Einwohner ohne deutsche Staatsbürgerschaft (in %)	34,6	15,8
Übertrittsquote an Gymnasien (in %)	33,0	45,9

Anlage IV.3 Landschaftspark Duisburg-Nord (1 Mio. Besucher pro Jahr)

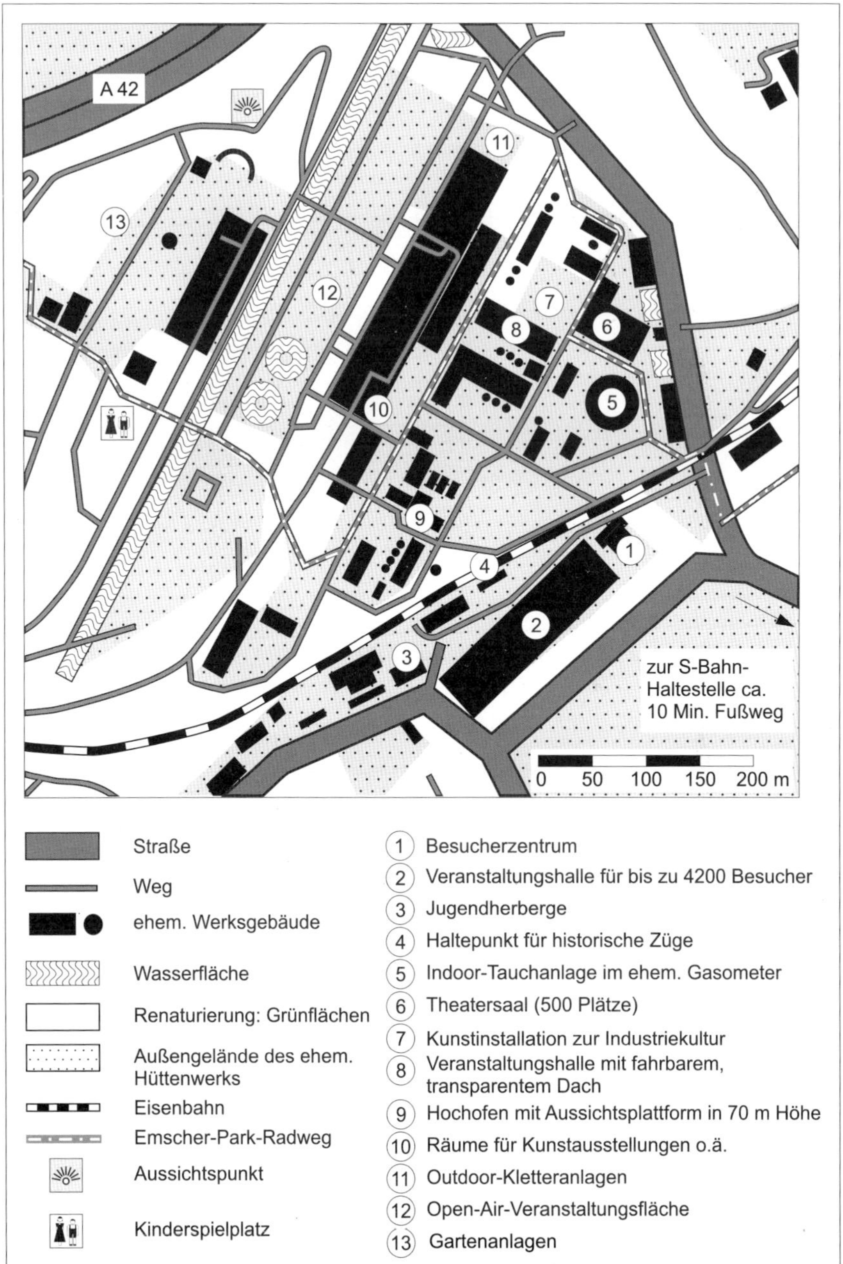

Quellenverzeichnis

CLASSEN, T. und KISTEMANN T. (2017): Urbane Grünräume und Gewässer. In: Geographische Rundschau, Heft 5, 2017, S. 38–43.

KRAJEWSKI, C. (2017): Metropole Ruhr – Wandel durch Freizeit, Kultur und Tourismus. In: Praxis Geographie, 47 (2), S. 36–41.

Eigene Darstellung nach Daten der Städte Chemnitz, Gelsenkirchen und Mainz (Anlage IV.1)

Daten nach: Amtliches Liegenschaftskatasterinformationssystem, Einwohnerdatei Essen, Bundesagentur für Arbeit (Anlage IV.2)

Eigene Darstellung nach LANDSCHAFTSPARK DUISBURG NORD (Anlage IV.3)

Lösungsvorschlag

1.1 *Analysieren Sie zunächst für jede Datenreihe die grundsätzlichen Entwicklungstendenzen zwischen 1950 und 2010. Ordnen Sie anschließend die Städte zu und begründen Sie Ihre Zuordnung. Beachten Sie dabei die politischen und wirtschaftlichen Entwicklungen in Deutschland in den vergangenen 70 Jahren.*

Datenreihe A: Gelsenkirchen
Die Datenreihe A zeigt in absoluten Zahlen fast durchgängig das **höchste Bevölkerungsniveau**. Zwischen 1950 und 1965 ist ein Anstieg der Bevölkerung auf etwa 370 000 Einwohner zu verzeichnen. Dieser spiegelt den wirtschaftlichen Aufschwung während der sogenannten Wirtschaftswunderjahre im Ruhrgebiet, als einem Zentrum des Bergbaus und der schwerindustriellen Produktion, wider. Im weiteren Verlauf ist bis 2010 ein stetiger und deutlicher **Bevölkerungsrückgang** zu erkennen, der durch die **strukturelle Schwächung des Ruhrgebiets** in Folge der Kohle- und Stahlkrisen und der damit verbundenen Abwanderungstendenz zu erklären ist.

Datenreihe B: Chemnitz
Die Datenreihe B zeigt zwischen 1950 und 1980 ein mäßiges Wachstum der Bevölkerung. Bis 2010 sinkt die Bevölkerungszahl dann jedoch deutlich unter das Ausgangsniveau des Jahres 1950. Bis 1980 (genau genommen 1989/90) ist die leicht wachsende Bevölkerungszahl durch die **stabile wirtschaftliche Entwicklung zu DDR-Zeiten** zu erklären. Das sinkende Niveau der Säulen 1995 und 2010 spiegelt den **Bevölkerungsrückgang** infolge der **Abwanderung nach der Wiedervereinigung** wider. Diese ist durch den wirtschaftsstrukturellen Bedeutungsverlust der Region Chemnitz zu erklären.

Datenreihe C: Mainz

Die Datenreihe C zeigt **durchgängig steigende Bevölkerungszahlen**, wobei sich die Zuwachsrate ab 1980 im Vergleich zu den vorangegangenen Jahren verringert hat. Zwischen 1950 und 1980 zeigt sich der stärkere Bevölkerungszuwachs als Folge des allgemeinen **wirtschaftlichen Aufschwungs** der Region und aufgrund der neuen Funktion von Mainz als Landeshauptstadt von Rheinland-Pfalz. Die Abschwächung des Wachstums ab 1980 ist durch die fortschreitende **Suburbanisierung** zu erklären.

1.2 *Gehen Sie bei der Bearbeitung dieser zweigliedrigen Teilaufgabe streng nach der vorgegebenen Reihenfolge vor. Bei der Charakterisierung des Stadtviertels Altendorf sollten Sie stets einen Bezug zu den Zahlen für Gesamt-Essen herstellen, die in Anlage IV.2 aufgeführt sind. Vergleichen Sie diese mit den Zahlen für Altendorf und leiten Sie daraus die Charakteristika des Stadtteils in den vorgegebenen Kategorien ab. Nachdem Sie die Lebenssituation in Altendorf hinreichend untersucht haben, müssen Sie schließlich zwei Maßnahmen zur Verbesserung der Lebenssituation darlegen.*

Charakterisierung von Altendorf

Die in Anlage IV.2 aufgelisteten Daten für den Stadtteil Altendorf weichen teils stark von denen für Gesamt-Essen ab, woraus Rückschlüsse auf die soziale und infrastrukturelle Situation in dem Stadtteil getroffen werden können.

Bei einer insgesamt sehr **hohen Bevölkerungsdichte** (mehr als dreifacher Wert im Vergleich zu Gesamt-Essen) ist die Wohnfläche pro Person in Altendorf mit etwa 33 m^2 deutlich niedriger als in Gesamt-Essen (41,4 m^2), was auf eine **hohe Bebauungsdichte** in vertikal orientierten, mehrstöckigen Gebäuden hinweist. Auch der Anteil der Erholungs- und Freiflächen ist um ein Fünftel kleiner als in Essen im Durchschnitt, was ebenfalls auf eine sehr dichte Bebauung schließen lässt.

Aus dem deutlich niedrigeren Anteil an vom Eigentümer selbst genutzten Wohnungen im Vergleich zu Gesamt-Essen kann man auf einen sehr hohen Anteil an Mietswohnungen schließen. Die Tatsache, dass sich viele Bewohner Altendorfs offenbar keine eigene Immobilie leisten können, zeigt, dass sie tendenziell ein **geringeres Einkommen** haben als Bewohner anderer Stadtteile. Der eher strukturschwache Charakter des Stadtviertels wird zusätzlich durch die sehr hohe Arbeitslosenquote von 15,3 % (nahezu doppelt so hoch wie in Gesamt-Essen) und den vergleichsweise hohen Anteil an unter 18-Jährigen deutlich.

Auch im Bereich „Bildung“ sind Unterschiede zu den Zahlen der kompletten Stadt Essen zu erkennen. So weist der deutlich höhere Anteil an Einwohnern ohne deutsche Staatsbürgerschaft auf mögliche Sprachbarrieren hin, die insgesamt in einem **niedrigeren Bildungsniveau** und **geringeren Bildungschancen** münden. Das zeigt sich auch daran, dass die Übertrittsquote an Gymnasien in Altendorf mit 33 % um fast 13 Prozentpunkte unter dem Durchschnitt Essens liegt.

Maßnahmen zur Verbesserung der Lebenssituation
Eine Maßnahme, um die Lebenssituation in Altendorf aufzuwerten, besteht in der **Verbesserung der Ausbildungs- und Beschäftigungsstruktur**. Zur besseren Integration der Bewohner mit unzureichenden Deutschkenntnissen können speziell für Jugendliche und junge Erwachsene **Sprachförderkurse** angeboten werden, die eine Grundlage für den Zugang zu weiteren schulischen und beruflichen **Aus- und Weiterbildungsprogrammen** bilden. Ergänzend könnte die Arbeitslosenquote durch gezielte Programme zur Vermittlung von Ausbildungsplätzen und durch Qualifizierungsmaßnahmen für Langzeitarbeitslose gesenkt werden.

Auch können Maßnahmen zur **Verbesserung der Wohnverhältnisse** ergriffen werden. So könnte das Wohnumfeld im Stadtteil Altendorf durch eine **Aufwertung der Erholungs- und Freizeitflächen** verbessert werden. Hierzu zählen beispielsweise die Anlage bzw. Erneuerung von Kinderspielplätzen und Sportanlagen, das Anlegen von parkähnlichen Flächen oder etwa die Ausstattung des Viertels mit geeigneten gastronomischen Einrichtungen. Zudem können **bauliche Sanierungsmaßnahmen** die Aufwertung der Wohngebäudesubstanz gewährleisten. Schließlich könnten spezielle Förder- und Subventionsprogramme bezahlbaren Wohnraum sichern.

1.3 *Die Aufgabenstellung fordert von Ihnen, die Maßnahmen zur Trinkwasserversorgung im Ruhrgebiet zu erläutern. Es wird explizit verlangt, dass Sie dazu geeignete Atlaskarten heranziehen. Sowohl im Diercke- als auch im Haack-Atlas finden Sie jeweils eine Karte zur Wasserwirtschaft im Ruhrgebiet, anhand derer Sie die Maßnahmen zur Trinkwasserversorgung herausarbeiten können.*

Eine Möglichkeit der Trinkwassergewinnung ist die Nutzung der durch Bohrungen angelegten **Grundwasser- und Uferfiltratbrunnen**, die vor allem entlang der Ruhr und entlang anderer kleinerer Flüsse im Ruhrgebiet zu finden sind. Zudem wird durch **Talsperren** aufgestautes Flusswasser als Trinkwasser genutzt. Die durch die Talsperren entstehenden Wasserspeicher sind vor allem in den südlich gelegenen Mittelgebirgen zu finden, was in den dort vorherrschenden höheren mittleren Jahresniederschlagssummen begründet liegt. Mithilfe von **Fernwasserleitungen** wird das Wasser dann in die dichter besiedelten Regionen des Ruhrgebiets geleitet. Um das gewonnene Fluss- bzw. Grundwasser als Trinkwasser verwenden zu können, ist eine umfassende wasserbautechnische Infrastruktur von Nöten. So gibt es vor allem entlang der Ruhr zahlreiche **Wasserwerke** zur Trinkwasseraufbereitung.

2.1 *Die Grundlage dieser Aufgabe ist die Kartenabbildung der Anlage IV.3. Es gilt, diese systematisch zu analysieren und herauszuarbeiten, warum die Umgestaltung des ehemaligen Eisenhüttenwerks in Duisburg-Nord besonders gut gelungen ist. Gehen Sie dabei auf die Vorteile des neu gestalteten Landschaftsparks für die ansässige Bevölkerung, aber auch für die Stadt Duisburg ein.*

Der Landschaftspark Duisburg-Nord steht heute auf dem Gelände eines ehemaligen Hüttenwerks und gilt als Paradebeispiel für die Umnutzung ehemaliger Industrieanlagen und -flächen vor dem Hintergrund des Strukturwandels im Ruhrgebiet. Anlage IV.3 spiegelt die äußerst vielfältige und komplexe Raumstruktur des heutigen Geländes mit Innen- und Außenbereichen wider. Teile des ehemaligen Betriebsaußengeländes wurden durch die Anlage von **Grün- und Gartenflächen** renaturiert. Die Gebäudesubstanz der ehemaligen Industriebauten wurde teilweise konserviert, wodurch der Charakter eines offen zugänglichen **Industriekulturmuseums** gestärkt werden konnte. Andere Gebäudeteile wurden für eine **kulturelle und freizeitbezogene Nutzung** umfunktioniert, so etwa eine Indoor-Tauchanlage im ehemaligen Gasometer, ein Theater- und Musicalsaal oder Outdoor-Kletteranlagen in den ehemaligen Kohlebunkern. Bestimmte Gebäude- und Flächenteile wurden mit hochwertiger technischer Ausstattung versehen, so etwa die Veranstaltungshalle mit fahrbarem Dach. Grundsätzlich bietet das Gesamtareal zahlreiche Möglichkeiten, kulturelle, sportliche und andere freizeitorientierte Veranstaltungen durchführen zu können. Die hierfür notwendige zusätzliche **Infrastruktur**, etwa die Anlage von Verkehrswegen und Parkplatzflächen oder die Errichtung eines Besucherzentrums und eines Kinderspielplatzes, unterstützen das Erscheinungsbild eines **modernen, vielseitig nutzbaren Freizeitraums**. Das Gelände ist zudem durch Rad- und Fußwege erschlossen und kann somit umweltfreundlich durchquert werden. Für die regionale Verkehrsanbindung stehen außerdem die nahe gelegene Autobahn A42 und ein S-Bahn-Anschluss zur Verfügung. Der Landschaftspark Duisburg-Nord ist ein Beispiel dafür, wie auf einer ehemaligen Industriefläche ein **diversifiziertes Arbeitsplatzangebot** im Dienstleistungssektor geschaffen werden kann.

2.2 *Ihre Aufgabe ist es, die Vorteile von Waldgebieten für städtische Agglomerationen darzustellen. Achten Sie dabei darauf, gezielt auf die ökonomische und ökologische Bedeutung von Parks und Wäldern einzugehen. Die Aufgabenstellung legt nahe, dass auf die generelle Bedeutung von Park- und Waldgebieten für Ballungsräume – unabhängig vom Raumbeispiel Ruhrgebiet – Bezug genommen werden darf.*

Ökologisch betrachtet bieten Park- und Waldflächen in stadtnaher Umgebung bzw. in städtischen Agglomerationsräumen zunächst einmal einen **Lebensraum** für eine Fülle an Tier- und Pflanzenarten und tragen somit zu deren Erhalt maßgeblich bei. Dies erscheint vor allem deshalb wichtig, da gerade in städtischer Umgebung ein Großteil der Flächen versiegelt oder durch monokulturelle Landwirtschaft geprägt ist. Beides hat ein zunehmendes Artensterben zur Folge, dem durch die Schaffung von **Ausgleichsflächen** in Form von Parks und Wäldern entgegengewirkt werden kann.
Des Weiteren fungieren Park- und Waldflächen **mikro- und makroklimatisch ausgleichend**. So werden beispielsweise allein durch den Schattenwurf der Bäume sommerliche Temperaturmaxima im Vergleich zum waldlosen Umland abgeschwächt. Durch die Niederschlagsretardierung in Park- und Waldanlagen und

den längeren Verbleib des Wassers in diesen Gebieten wirken Wälder mikroklimatisch temperaturausgleichend. Der Niederschlagsrückhalt im Boden und auf den Blatt- und Nadeloberflächen sorgt zudem für eine **Abschwächung der Abflussspitzen** nach längeren bzw. heftigen Niederschlagsperioden. Schließlich bindet die Biomasse den in städtischen Ballungsräumen konzentriert auftretenden Feinstaub und trägt auf diese Weise erheblich zur **Luftreinhaltung** bei.

In **ökonomischer** Hinsicht tragen Park- und Waldflächen grundsätzlich durch ihre Naherholungsfunktion zur **Verbesserung der Gesundheit** der städtischen Bevölkerung und deren Besucher bei, was letztendlich auch monetär gemessen werden kann, zum Beispiel anhand der geringeren Ausgaben im Gesundheitswesen. Park- und Waldflächen im öffentlichen Raum steigern die **Lebensqualität** im Bereich städtischer Agglomerationen, was sich auch in der Aufwertung der nahen Wohngebiete und der damit einhergehenden **Steigerung der Grundstückswerte** zeigt. Schließlich ergeben sich vielfältige **wirtschaftliche Nutzungsmöglichkeiten**, etwas durch die Etablierung verschiedener Sport- und Freizeitangebote, aber auch durch eine forstwirtschaftliche Nutzung der Wälder.

2.3 *Berücksichtigen Sie bei der Bearbeitung dieser Teilaufgabe nicht lediglich die generellen Folgen beim verstärkten Übergang vom stationären zum Online-Handel, sondern stellen Sie auch die besondere räumliche Wirkung – untergliedert nach Stadtgebiet und Umland – der suburbanen Logistikzentren dar. Achten Sie zudem darauf, dass die Aufgabe sowohl eine Darstellung der positiven als auch der negativen Folgen verlangt.*

Positive Auswirkungen ergeben sich bei dieser Umstrukturierung in räumlicher Hinsicht im Bereich der Städte, in denen es zu einer **Minderung des einkaufsbezogenen Individualverkehrs** und zur Reduzierung der Parkbelastung (ruhender Verkehr) speziell im Innenstadtbereich kommt. Im suburbanen Raum entstehen durch den Bau der riesigen Logistikzentren **zusätzliche Arbeitsplätze** und **Steuereinnahmen** für die betroffenen Umlandgemeinden. Letztere können beispielsweise zur Aufwertung der suburbanen öffentlichen Infrastruktur verwendet werden.

Auf der anderen Seite können die Innenstädte infolge des **Attraktivitätsverlustes** an Wertigkeit verlieren, schlimmstenfalls sogar veröden. Für die Städte bedeutet ein **Rückgang der Einnahmen** aus dem Einzelhandel zugleich eine Minderung der Steuereinnahmen, was auch die Investitionsbereitschaft für den Erhalt der städtischen Infrastruktur dämpfen könnte. Zudem ist in den verbleibenden Läden insgesamt mit einer **reduzierten Nachfrage** aufgrund des geringeren Passantenaufkommens zu rechnen, was längerfristig betrachtet im **Abbau von Arbeitsplätzen** im Einzelhandel münden wird. Doch auch für das Umland ist die Errichtung der Logistikzentren nicht nur positiv zu bewerten, geht ihr Bau doch mit einem **enormen Flächenverbrauch** und einer großräumigen Flächenversiegelung einher.

Abitur 2020 Geographie Bayern
Aufgabe I: Naturraum und Nutzung in den Tropen Südamerikas

1 Klima

1.1 Anlage I.1 zeigt die Niederschlagswerte zweier Klimastationen an der Westküste Südamerikas.
Beschreiben und erklären Sie die unterschiedlichen Niederschlagsverhältnisse.

1.2 Die beiden in Anlage I.2 gezeigten Klimastationen weisen in ihren Dezemberwerten im Jahr 2015 auffallende Abweichungen vom langjährigen Mittel auf.
Begründen Sie diese Abweichungen. 20 BE

2 Landwirtschaft und Ökologie

2.1 In großen Teilen Amazoniens wird bis heute noch *shifting cultivation* betrieben. Stellen Sie diese Nutzungsform in Grundzügen dar und bewerten Sie diese unter ökologischen Gesichtspunkten.

2.2 Anlage I.3 zeigt eine Rinderweide im Hinterland von Rio de Janeiro. Beschreiben Sie die durch Rinderbeweidung entstandenen erkennbaren ökologischen Auswirkungen und erklären Sie deren Entstehung unter Einbeziehung der naturgeographischen Rahmenbedingungen. 20 BE

3 Wirtschaftliche Inwertsetzung

3.1 Nach seinem Amtsantritt im Januar 2019 verkündete der brasilianische Präsident Bolsonaro, die Rodung der Regenwaldgebiete Amazoniens für eine verstärkte wirtschaftliche Nutzung auszuweiten.
Zeigen Sie ökonomische Möglichkeiten und ökonomische Risiken auf, die sich daraus ergeben.

3.2 Kreuzfahrten auf Flüssen erfreuen sich weltweit steigender Beliebtheit. Entwickeln Sie ein Konzept für einen nachhaltigen Flussschifffahrts-Tourismus am Amazonas, das vier Aspekte umfasst. 20 BE

60 BE

Anlage I.1 Niederschlagswerte an der Westküste Südamerikas (in mm)

Monat	Buenaventura (Kolumbien) 3° 52' N / 77° 01' W	Piura (Peru) 5° 10' S / 80° 39' W
J	337	4
F	281	13
M	355	24
A	470	6
M	675	0
J	587	0
J	613	0
A	726	0
S	830	0
O	896	1
N	758	1
D	568	1
Jahressumme	**7 096**	**50**

Anlage I.2 Langjährige Mittelwerte für Dezember im Vergleich zu den Werten vom Dezember 2015

Monat	Townsville (Australien) 19° 15' S / 146° 49' O		Pisco (Peru) 13° 42' S / 76° 11' W	
	Mittelwert Dezember	**Dezember 2015**	**Mittelwert Dezember**	**Dezember 2015**
Meeresoberflächen-temperatur	29,0 °C	28,5 °C	18,0 °C	20,5 °C
Niederschlag	1 214 mm	389 mm	11 mm	273 mm

Anlage I.3 Rinderweide im Hinterland von Rio de Janeiro

Zur Bearbeitung der Aufgabe 3.1 ist die ganzseitige farbige Anlage I.3 am Ende des Buchs zu verwenden.

Quellenverzeichnis

© DIETMAR SATTLER (Anlage I.3)

Eigene Darstellung, Daten nach LAMPRECHT, C. (2019): Klimadaten von Buenaventura/Kolumbien und Piura/Peru, online unter www.meteomean.com/de/climate (Anlage I.1)

Eigene Darstellung, Daten nach NOAA NESDIS OSPO (2019): Operational SST Anomaly Charts for 2015, online unter www.ospo.noaa.gov/data/sst/anomaly/2015/anomp.12.31.2015.gif; NOAA NESDIS OSPO (2019): Sea Surface Temperatur (SST), Monthly Mean, online unter www.ospo.noaa.gov/Products/ocean/sst/monthly_mean.html; TUTIEMPO NETWORKS S. L. (2019): Niederschlagsdaten von Townsville/Australien und Pisco/Peru, online unter URL: en.tutiempo.net/climate/ws-942940.html (Anlage I.2)

Lösungsvorschlag

1.1 *Ihre Aufgabe ist es, mithilfe der in Anlage I.1 dargestellten Niederschlagswerte die unterschiedlichen Niederschlagsverhältnisse der beiden an der Westküste Südamerikas liegenden Klimastationen Buenaventura (Kolumbien) und Piura (Peru) zu beschreiben und zu erklären. Zur Lösung der Aufgabe ist es wichtig, die spezifische geographische Lage der beiden Stationen zu berücksichtigen, z. B. deren Lage am Pazifischen Ozean bzw. im System der atmosphärischen Zirkulation. Zuerst sollten Sie die beiden Küstenstationen mithilfe der in Anlage I.1 angegebenen Koordinaten im Gradnetz in einer Atlaskarte von Südamerika verorten. Zur Beschreibung und Erklärung der unterschiedlichen Niederschlagsverhältnisse sollten Sie zudem geeignete Klimakarten von Südamerika hinzuziehen.*

Mit seiner äquatornahen Lage bei etwa 3° n. Br. liegt die Station **Buenaventura/ Kolumbien** eindeutig in den inneren Tropen, was auf ein **immerfeuchtes tropisches Klima** schließen lässt. Dies belegen sowohl die monatlich als auch **ganzjährig ergiebigen Niederschläge**; die Jahressumme ist mit 7 096 mm extrem hoch.

Diese sehr großen Regenmengen der Klimastation **Buenaventura** entstehen durch den **Einfluss des Zenitstands** der Sonne. Dort, wo die Sonne im Zenit steht, ist die Einstrahlungsenergie sehr hoch und die Erdoberflächen bzw. die Meeresoberflächen werden hierdurch sehr stark erwärmt. Diese geben dann die Energie als Strahlungswärme an die Luft ab. Die erwärmte und zudem oftmals feuchte Luft steigt aufgrund ihrer geringeren Dichte vertikal auf (Konvektion). Mit zunehmender Höhe kühlen sich die Luftmassen ab. Mit Unterschreiten der Taupunkttemperatur kondensieren sie und ausgeprägte **Zenitalniederschläge** sind die Folge. Diese Zenitalniederschläge sind eng mit der Innertropischen Konvergenzzone (ITC) verknüpft. In der ITC strömen nämlich die Luftmassen der Nordost- und Südostpassatwinde zusammen, wodurch die **Konvektions- und Kondensationsvorgänge** und somit auch die Niederschläge **in der ITC** zusätzlich verstärkt werden. Wenn dann die ITC den Äquator am 21. März nach Norden bzw. am 23. September nach Süden überschreitet, kommt es zu reichen Zenitalniederschlägen, die aufgrund der **zeitlichen Verzögerung** der relativ stärksten Erwärmung ihre **Maxima im Mai und Oktober** erreichen.
Da die Sonneneinstrahlung in den Tropen durch den steilen Einstrahlungswinkel ganzjährig generell sehr hoch ist, findet auch in allen anderen Monaten des Jahres in der Äquatorialzone durch die stets starke Erwärmung, aber auch die Verdunstung der reichen Niederschläge in den Regenwaldgebieten eine ganzjährige Konvektion und Kondensation statt, was die hohen Niederschläge in den restlichen Monaten begründet.
Die extrem hohe jährliche Niederschlagssumme hat ihren Grund in der Lage der Station Buenaventura an der Pazifikküste bzw. am Fuß der Anden. Die hohen Verdunstungsraten durch die dort herrschende warme Meeresströmung sowie die Steigungsregen an der Westabdachung der Anden verstärken nämlich die reichlich fallenden Zenitalniederschläge noch zusätzlich.

Für die mit nur 50 mm extrem **niedrige jährliche Niederschlagssumme** der Station **Piura**/Peru ist im Gegensatz zu Buenaventura deren südlichere Lage an der Pazifikwestküste verantwortlich. Denn Piura liegt damit schon im **Einflussbereich** des **Humboldtstroms**. Diese kalte Meeresströmung bindet die Feuchtigkeit des Meeres als Nebel über der Meeresoberfläche bzw. lässt schon über dem Meer den **Wasserdampf kondensieren und abregnen**. Somit erhält die Station Piura in sieben Monaten des Jahres mit Werten zwischen 0–1 mm fast keinen Niederschlag. Zudem liegt Piura ganzjährig im **Einfluss** des küstenparallelen **trockenen Südostpassats**. Auch aufgrund seiner Lage im **Leebereich der Anden**, die mögliche Niederschläge der regenbringenden **Passatwinde abschirmen**, fällt hier im Regenschatten des Gebirges kaum Niederschlag. Nur in den Monaten **Januar bis März** kommt es in der Region von Piura zu Niederschlägen, die jedoch mit 4–24 mm äußerst gering ausfallen. Der Grund hierfür liegt darin, dass zu dieser Zeit die Station Piura in den **Einflussbereich** der Innertropischen Konvergenzzone (**ITC**) mit jedoch geringem Zenitalregen kommt. Daher kann das **Klima** in dieser Region auch als **vollarid** bezeichnet werden.

1.2 *Die beiden in Anlage I.2 gezeigten Klimastationen von Pisco in Peru und Townsville in Australien weisen bezüglich der Meeresoberflächentemperatur sowie des Niederschlags in ihren Dezemberwerten im Jahr 2015 auffallende Abweichungen vom langjährigen Mittel auf. Ihre Aufgabe ist es, diese Abweichungen zu begründen. Die Lage der beiden Klimastationen an der westlichen bzw. östlichen Pazifikküste sowie die gewählten Dezemberwerte könnten ein Indiz dafür sein, dass die Ursache für die auffälligen Abweichungen der Werte das El-Niño-Phänomen (El Niño: span. „das Christkind") ist.*

Ursache für die Abweichungen der Dezemberwerte im Jahr 2015 ist das alle vier bis neun Jahre auftretende **El-Niño-Phänomen**. Damit wird ein Phänomen bezeichnet, das zu **veränderten Strömungsverhältnissen** bzw. zur **Umkehr der Walker-Zirkulation** im ozeanographisch-meteorologischen System des **äquatorialen Pazifiks** führt.

In so einem El-Niño-Jahr kommt der **kalte Humboldtstrom** vor der Küste Südamerikas durch die besonders starke Südverlagerung der ITC (Dez.–Feb.) und der damit verbundenen **Abschwächung des Südostpassats zum Erliegen**. Es entsteht im Zuge der Umkehr der Walker-Zirkulation eine von **West nach Ost gerichtete Meeresströmung**. Diese führt sehr warmes Oberflächenwasser vom Westpazifik heran, welches die kalten Auftriebswasser vor der Küste Südamerikas überlagert. Als Ergebnis **erhöhte** sich 2015 die **Wassertemperatur der Meeresoberfläche vor Peru** von 18 °C auf 20,5 °C, wobei der Wert der Meeresoberflächentemperatur vor **Australien** im Dezember 2015 fast **unverändert** blieb.

Ebenso kam es im El-Niño-Jahr 2015 an der südamerikanischen Westküste bei **Pisco** durch **stärkere Verdunstungs- und Konvektionsvorgänge** über der erwärmten Meeresoberfläche sowie durch **Steigungsregen** an der Westabdachung der **Anden** zu **ergiebigeren Niederschlägen** (273 mm) als im langjährigen Mittel

(11 mm). Zur gleichen Zeit fielen in **Townsville** an der **Ostküste Australiens geringere Niederschläge** (389 mm) gegenüber „normalen" Jahren (1 214 mm), da hier nun die **absinkenden Luftmassen der Walker-Zirkulation** ein starkes **Hochdruckgebiet** ausbildeten.

2.1 *In dieser Teilaufgabe sollen Sie zuerst die Landnutzungsform „shifting cultivation", die in großen Teilen Amazoniens bis heute noch betrieben wird, in Grundzügen darlegen. Anschließend sollen Sie dann diese in tropischen Regenwäldern betriebene Nutzungsform unter ökologischen Gesichtspunkten bewerten. Eine geeignete Atlaskarte zu Brasilien/Amazonien kann Ihnen dabei behilflich sein.*

In dem tropischen Regenwald Amazoniens ist der Anbauflächenwechsel *(shifting cultivation)* die traditionelle Form des Ackerbaus. Erster Schritt ist die **Brandrodung des tropischen Primärwaldes zur Anlage von Feldern** bzw. zum Aufbau einer semipermanenten Siedlung. Zunächst wird ein Waldstück gerodet, ohne die Baumstümpfe aus dem Boden zu entfernen. Zum Ende der Trockenzeit wird das Rodungsholz abgebrannt. Die **Asche liefert** dem Boden **Mineralstoffe**, Unkraut und Schädlinge werden vernichtet. Auf diesen so gewonnenen Feldern werden **Nutzpflanzen**, z. B. Yams, Maniok oder Mais, mit zum Teil mehreren Ernten pro Jahr **angebaut**. Im ersten Jahr ist der Ertrag hoch, danach nimmt er aber sehr schnell ab. Denn da der Boden die Mineralien nicht speichern kann, werden diese von den häufigen Starkregenfällen schnell ausgewaschen. Schon nach zwei, spätestens nach vier Jahren muss aufgrund der Abnahme der Bodenfruchtbarkeit und damit auch des **Ertragsrückgangs das Feld aufgegeben** werden und es bleibt **brachliegen**. Und weil Dünger kaum hilft, müssen nach mehreren Jahren **neue Anbauflächen** durch Brandrodung **erschlossen** sowie die Siedlung verlegt werden. Bei dieser **Landwechselwirtschaft** rotiert also eine **mehrjährige Fruchtfolge** unter Einbeziehung immer wieder neu gerodeter Flächen.

Die traditionelle Landnutzungsform *„shifting cultivation"* ist **bei sehr geringer Bevölkerungsdichte** eine **optimal** an die in den immerfeuchten Tropen vorherrschenden Bodenverhältnisse bzw. an die natürlichen Bedingungen des Ökosystems tropischer Regenwald **angepasste Nutzungsform**. So schädigt der traditionelle Einsatz eines Pflanzstocks zur Saat das Bodenpilzgeflecht nur wenig und vermeidet großflächige Erosion. Die gerodeten Flächen werden zudem durch die Anbaurotation der Nutzpflanzen sowie durch den Wechsel der Anbauflächen nicht übernutzt, sodass auf den aufgegebenen Brachflächen ein **artenärmerer Sekundärwald nachwachsen** kann. Und erst dann, wenn nach etwa 15 bis 20 Jahren durch die nachgewachsene Biomasse ausreichend Mineralstoffe vorhanden sind, wird das Waldstück wieder in die Anbaurotation einbezogen.

Doch wird der Anbauflächenwechsel heute infolge der **zunehmenden Bevölkerung** und abnehmender Landreserven immer mehr eingeschränkt. Deshalb werden die **Anbauintervalle** bzw. **Brachzeiten verkürzt**, sodass sich das Ökosystem nicht mehr ausreichend regenerieren kann. Dieser Raubbau führt schließlich zur **Übernutzung** des wenig ertragreichen und nährstoffarmen Bodens mit der Gefahr der **irreversiblen Bodendegradation**. Letztendlich kommt es zur **Zerstörung des tropischen Regenwalds**.

2.2 *Die Grundlage dieser Teilaufgabe bildet die Anlage I.3, die eine Rinderweide im Hinterland von Rio de Janeiro zeigt. Ihre Aufgabe ist es, die in diesem Bild durch Rinderbeweidung entstandenen erkennbaren ökologischen Auswirkungen zu beschreiben und deren Entstehung unter Einbeziehung der naturgeographischen Rahmenbedingungen zu erklären. Bei einer Bildinterpretation ist es vorteilhaft, die Beschreibung der Bildinhalte grob nach Bereichen, z. B. Vordergrund oder Hintergrund, oberer/unterer/seitlicher Bildrand bzw. Bildmitte, zu gliedern sowie nach linearen, flächigen oder farbigen Bildelementen zu strukturieren.*

Im Hintergrund bzw. am oberen Rand des Bildes sind tropische Wälder zu erkennen. Den Rest des Bildes nimmt eine Hügellandschaft mit Grasbewuchs ein. Dies deutet auf eine **Rodung des Primärwalds** und die Anlage von Grasmonokulturen zur **Schaffung von Weideflächen** für die **extensive Rinderhaltung** hin. Nach der Brandrodung wurden hierfür vermutlich schnell wachsende tropische Gräser auf die Rodungsflächen gesät.

Im Zentrum des Bildes sind in den Grasflächen vorwiegend **hangparallele braune Einschnitte** zu sehen. Diese sind sicherlich das Ergebnis einer **Verletzung der Grasnarbe durch Viehtritt**.

In der linken Bildhälfte sieht man eine tiefe **Erosionsschlucht**. Kleinere **Erosionsrinnen** sind in der Bildmitte, **Hangrutschungen** an mehreren Stellen im Vorder- und Mittelgrund des Bildes zu entdecken. Auslöser für diese Erosionserscheinungen ist wahrscheinlich der Viehtritt, der die Grasnarbe aufgerissen und damit den Boden freigelegt hat. An diesen Stellen setzt dann durch den **Starkregen** in den wechselfeuchten Tropen die **Bodenerosion** an. Zudem verstärkt die hohe **Reliefenergie** diesen linearen Erosionsprozess, der zum Teil zu **irreversibler Bodendegradation** führt.

3.1 *Diese Teilaufgabe nimmt Bezug auf eine Aussage des brasilianischen Präsidenten Bolsonaro nach seinem Amtsantritt im Januar 2019. Er sagte, dass er die Rodung der Regenwaldgebiete Amazoniens für eine verstärkte wirtschaftliche Nutzung ausweiten wolle. Auf der Grundlage dieser Verlautbarung sollen Sie die ökonomischen Möglichkeiten und Risiken dieser Maßnahme aufzeigen. Beachten Sie bei Ihrer Beantwortung, dass die Fragestellung dieser Aufgabe nur auf die rein ökonomischen Aspekte einer verstärkten wirtschaftlichen Nutzung Amazoniens abzielt; ökologische Aspekte sollen nicht aufgeführt werden.*

Generell erhofft sich der brasilianische Präsident Bolsonaro, dass sich durch die verstärkte wirtschaftliche Nutzung der Regenwaldgebiete Amazoniens gute **Chancen für das wirtschaftliche Wachstum** Brasiliens eröffnen könnten.

Die Inwertsetzung Amazoniens ist eng mit der **Gewinnung neuer Ackerflächen** verbunden. Denn einerseits müssen die Bedürfnisse von Kleinbauern und Landlosen nach Ackerland befriedigt werden, andererseits sollen **Grundnahrungsmittel** zur Selbstversorgung und zur Vermarktung **erzeugt** sowie **Arbeitsplätze und Einnahmequellen** in der Landwirtschaft **geschaffen** werden. Zudem besteht die Hoffnung, dass man damit die **Überbevölkerung** in den großen **Städten** an der Küste **reduzieren** und die **Disparitäten** in Brasilien abbauen könnte.
Eine weitere Chance für einen wirtschaftlichen Aufschwung bietet die **Ansiedlung agroindustrieller Großbetriebe**, sogenannter Plantagen, auf den Rodungsflächen. Durch die Steigerung der **Produktion tropischer Nahrungsmittel für den Weltmarkt**, z. B. Bananen, Kaffee, Kakao, aber auch pflanzlicher Rohstoffe wie Kautschuk, Palmöl oder Zuckerrohr, erhofft man sich zusätzliche **Deviseneinnahmen**. Besonders der Bedarf an nachwachsenden billigen Agrartreibstoffen ist durch die Verteuerung fossiler Energieträger und die Absicht der Industrienationen, den Ausstoß von Treibhausgasen zu verringern, sehr groß.
Der tropische Regenwald Amazoniens produziert einen weltweit begehrten Rohstoff: tropische Edelhölzer. Eine **Intensivierung der Holzwirtschaft** würde demnach die **Exporterlöse** steigern und die **Deviseneinnahmen** erhöhen. Dies gilt auch für die Ausweitung der **Förderung von Rohstoffen**. Aufgrund seiner Lage auf einem alten kristallinen Schild ist der Untergrund unter den Regenwäldern Amazoniens **reich an Bodenschätzen** wie Eisen- und Kupfererze, Nickel, Zinn, Coltan, Gold oder Diamanten.
Um den **steigenden Energiebedarf** zu decken und die **Einfuhr der teuren Energieträger** Erdöl und Kohle **gering zu halten**, bietet sich die Chance, in den niederschlagsreichen Gebieten der Tropen **Strom in Wasserkraftwerken** zu erzeugen. Da in Amazonien die anfallenden Wassermengen zwar hoch, jedoch das Relief meist eben und die Fließgeschwindigkeit der Flüsse gering ist, benötigen die Wasserkraftwerke zur effektiven Stromerzeugung lange Staudämme und riesige Stauseen. Die Rodung großer Regenwaldflächen würde dies begünstigen.

Insgesamt stehen den ökonomischen Chancen **grundsätzliche wirtschaftliche Risiken** gegenüber. Dazu zählen sicherlich die **hohen Kosten für die infrastrukturelle Erschließung** der gerodeten Regenwaldgebiete. Aber auch die **stark schwankenden Exporterlöse** aufgrund der variablen **Weltmarktpreise** bzw. möglicher **veränderter Konsumgewohnheiten** können die erhofften Deviseneinnahmen gefährden.
Die Erfahrungen aus vorherigen Kolonisationsprojekten in Amazonien zeigen, dass auf den gerodeten Flächen nur **kurzfristig hohe Erträge** erwirtschaftet werden können. Die rasche **Erschöpfung der Fruchtbarkeit** tropischer **Böden** bei einem Dauerfeldbau macht allerdings dann den erhöhten **Einsatz von Düngemitteln** notwendig, um einigermaßen zufriedenstellende Erträge erzielen zu können, was wiederum mit **hohen Kosten** verbunden ist.

3.2 *Diese Teilaufgabe geht von der Annahme aus, dass sich Kreuzfahrten auf Flüssen weltweit steigender Beliebtheit erfreuen. Sie sollen daher ein Konzept für einen nachhaltigen Flussschifffahrts-Tourismus am Amazonas entwickeln, das vier verschiedene Aspekte umfasst. Ihr Konzept sollte dementsprechend die drei Dimensionen nachhaltiger Entwicklung berücksichtigen: Die ökologische Dimension der Nachhaltigkeit beinhaltet, die Umwelt sowie die natürlichen Ressourcen Wasser, Energie und Rohstoffe durch einen bewussten Umgang zu schonen. Die ökonomische Dimension verlangt von Unternehmen, langfristige Strategien zu entwickeln, um genug Gewinne bei gleichzeitiger Aufrechterhaltung der benötigten Ressourcen für nachfolgende Generationen erzielen zu können. Die soziale Dimension der Nachhaltigkeit hingegen stellt die Würde des Menschen und die freie Entfaltung der Persönlichkeit in den Mittelpunkt.*

Ein zentraler Aspekt für einen nachhaltigen Flussschifffahrts-Tourismus am Amazonas ist sicherlich, **umweltfreundliche, emissionsarme Schiffe** mit geringem Treibstoffverbrauch zu nutzen. Auch sollte der möglicherweise hohe Anfall umweltbelastender **Abwasser** und **Müll vermieden** werden. Hierzu könnte z. B. der Einsatz **wassersparender Technologien** oder die Nutzung **biologisch abbaubarer Produkte** hilfreich sein.

Zusätzlich sollten die Flusstouristen für die **ökologischen Belange** im Amazonasgebiet **sensibilisiert** werden. Dies könnte durch **Vorträge** oder Exkursionen erreicht werden.

Eine sinnvolle Maßnahme wäre höchstwahrscheinlich, durch **Kontingentierung** die **Touristenzahlen** auf ein umweltverträgliches Maximum zu **begrenzen**.

Insgesamt wäre es wichtig, die **ansässige Bevölkerung** in dieses nachhaltige Konzept **einzubinden**. Sie könnten z. B. die Besatzung an Bord stellen, Zulieferer bei der Versorgung oder Gastgeber bei Übernachtungen der Touristen in ihren Dörfern sein. Zudem würde der **Aufbau** einer **einheimischen Tourismusbranche** den Kapitalabfluss an ausländische Großkonzerne reduzieren und die **Reinvestition der Gewinne** in die Amazonasregion fördern.

Abitur 2020 Geographie Bayern
Aufgabe II: Energieproduktion, Klimawandel und Nachhaltigkeit in Afrika

1 Energieproduktion

1.1 Arbeiten Sie aus Anlage II.1 grundlegende Unterschiede hinsichtlich der Stromerzeugung in Kenia und der Republik Südafrika heraus und begründen Sie die Unterschiede.

1.2 Beschreiben und begründen Sie die in Anlage II.2 gezeigte Anzahl und Lage ausgewählter Kraftwerkstypen in der Republik Südafrika unter Einbezug geeigneter Atlaskarten. 22 BE

2 Klimawandel und Entwicklung

2.1 Tropische Küstenregionen sind voraussichtlich besonders stark vom Klimawandel betroffen.
Stellen Sie mögliche, durch den Klimawandel resultierende Naturgefahren und deren Auswirkungen am Beispiel der Ostküste Afrikas zwischen dem Äquator und 20° südlicher Breite dar.

2.2 Im Rahmen eines seit 2014 in Äthiopien initiierten Projektes wird der Kauf von Holz einsparenden Öfen gefördert. Diskutieren Sie ausgehend von Anlage II.3 Chancen und Grenzen des Einsatzes solcher Öfen aus sozioökonomischer und ökologischer Sicht. 20 BE

3 Nachhaltigkeit

3.1 Erklären Sie, warum der Zugang zu ausreichenden Mengen an sauberem Trinkwasser sowie unbelastetem Brauchwasser für die Landwirtschaft eine wesentliche Voraussetzung für eine nachhaltige Entwicklung in Afrika darstellt.

3.2 Aufgrund massiver Umweltprobleme bemühen sich einige afrikanische Staaten, u. a. Kenia, derzeit intensiv darum, die Mengen an Plastikmüll zu reduzieren.
Zeigen Sie drei mögliche Maßnahmen sowie zwei mögliche Hindernisse bei der Umsetzung dieses Vorhabens auf. 20 BE

60 BE

Anlage II.1 Stromerzeugung in Kenia und der Republik Südafrika (in GWh[1])

Kenia

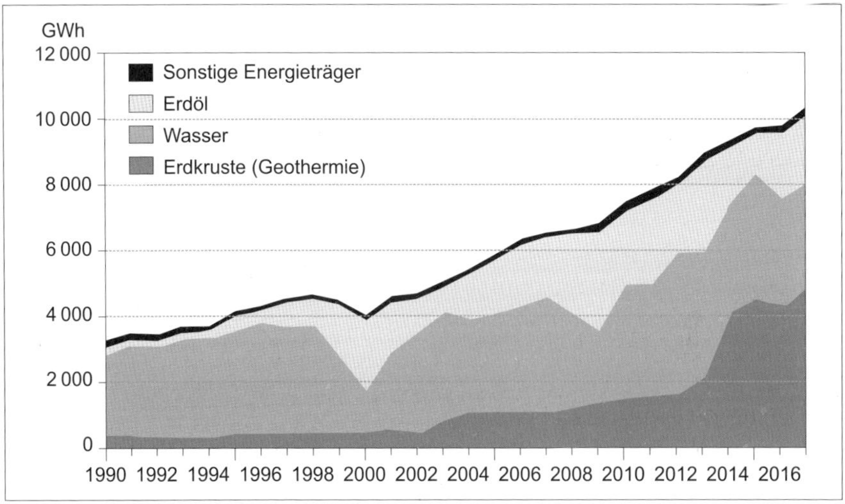

Republik Südafrika

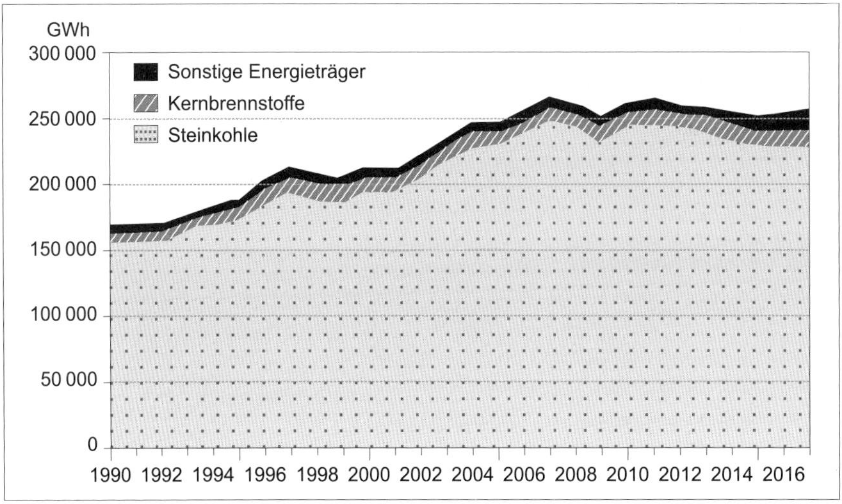

1 GWh: Gigawattstunden, 10^9 Wattstunden

Anlage II.2 Lage ausgewählter Kraftwerkstypen in der Republik Südafrika (2019)

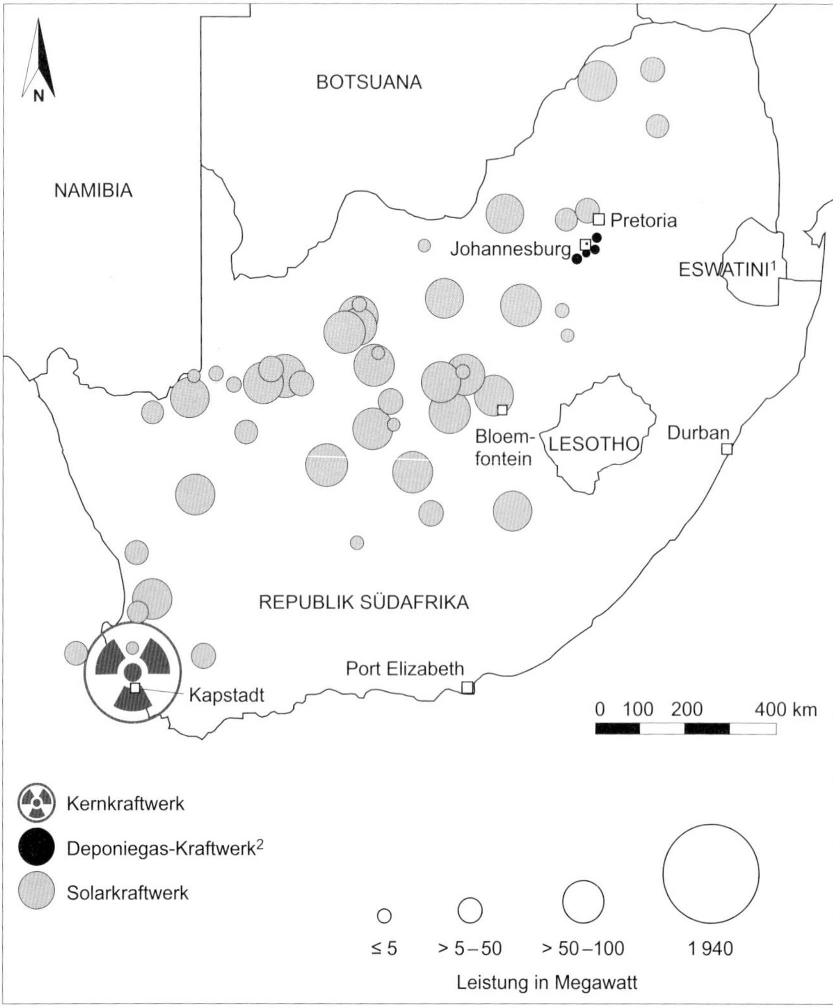

1 früher Swasiland; seit 2018 Eswatini

2 In Mülldeponien entsteht bei biochemischen Abbauprozessen von organischen Abfällen sogenanntes Deponiegas (v. a. Methan). Statt einer unkontrollierten Entgasung oder eines bloßen Abfackelns des Deponiegases kann es durch ein in die Deponie eingebautes Röhrensystem aufgefangen, abtransportiert und zur Energieerzeugung genutzt werden. Die erste Anlage dieser Art in Südafrika wurde 2016 in Betrieb genommen.

Anlage II.3 Steckbrief zum Projekt Holz einsparender Öfen für Äthiopien[1]

Beschreibung der Öfen	– einfache Konstruktion zum Kochen und Backen landestypischer Gerichte – Betrieb mit Brennholz mit 50 % geringerem Verbrauch gegenüber einem traditionellen Standardofen
Produktionsumfang	ca. 200 000 Öfen
erwartete Emissionsreduktion	insgesamt 43 000 Tonnen CO_2 pro Jahr (äquivalent zu den jährlichen CO_2-Emissionen von fast 4 000 Westeuropäern)
Unterstützung des Projekts (Auswahl)	– Subventionierung der Preise für die Holzöfen – Einsatz von Spenden von Flugreisenden aus Industrieländern zur Kompensation der von ihnen verursachten Treibhausgasemissionen

1 Einwohnerzahl Äthiopiens (Stand 2018): 108,3 Millionen

Quellenverzeichnis

Eigene Zusammenstellung nach ATMOSFAIR (o. J.): Äthiopien: Effiziente Öfen, online unter https://www.atmosfair.de/de/klimaschutzprojekte/energieeffizienz/aethiopien-effiziente-oefen/; REPUBLIC OF SOUTH AFRICA (2019): Roadmap for Eskom in a Reformed Electricity Supply Industry, S. 42, online unter https://www.gov.za/sites/default/files/gcis_document/201910/roadmap-eskom.pdf (Anlage II.3)

Eigene Darstellung, Daten nach IEA (2019): Data and statistics, Energy supply – Electricity generation by source – Kenya, https://www.iea.org/data-and-statistics?country=KENYA&fuel=Energy%20 supply&indicator=Electricity%20generation%20by%20source; IEA (2019): Data and statistics, Energy supply – Electricity generation by source – South Africa, online unter URL: https://www.iea.org/data-and-statistics?country=SOUTHAFRICA&fuel=Energy%20 supply&indicator=Electricity%20generation%20by%20source (Anlage II.1)

Materialgrundlage: REPUBLIC OF SOUTH AFRICA (2018): Official Guide to South Africa 2017/18: Energy and Water, S. 6, online unter https://www.gcis.gov.za/sites/default/files/docs/resourcecentre/pocketguide/09-Energy%20and%20Water-1718.pdf; REPUBLIC OF SOUTH AFRICA – RENEWABLE ENERGY DATA AND INFORMATION SERVICE (2019): Location and Contracted Capacities, online unter https://redis.energy.gov.za/power-producers/; SOUTH AFRICAN LOCAL GOVERNMENT ASSOCIATION (2017): Municipal Landfill Gas to Electricity, online unter http://www.cityenergy.org.za/uploads/resource_359.pdf (Anlage II.2)

Lösungsvorschlag

1.1 *Diese erste Teilaufgabe erfordert zunächst die Fähigkeit, Flächendiagramme mit ihren absoluten und relativen Angaben in deren zeitlicher Entwicklung richtig zu lesen und anschließend begründet zu interpretieren.*

Als grundlegend unterschiedlich zeigt sich die deutlich geringere **Gesamtstromerzeugung** in Kenia im Vergleich zu jener der Republik Südafrika. Im Untersuchungszeitraum 1990–2016 bewegt sich diese in Kenia zwischen etwa 3 300–10 100 Gigawattstunden, in der RSA zwischen etwa 170 000–260 000 Gigawattstunden. Somit stellt die Republik Südafrika eine bis zu 50-fache Strommenge zur Verfügung. Die Gründe hierfür finden sich im generell wesentlich **niedrigeren wirtschaftlichen Entwicklungsstand Kenias** und der daraus resultierenden **geringeren Kaufkraft und Nachfrage**. Die RSA profitiert zudem durch die jahrzehntelange enge **Kooperation mit Großunternehmen** der Energie- und Maschinenbauwirtschaft aus den westlichen Industrieländern und den damit verbundenen **Industrieansiedlungen**.

Infolge des niedrigen Ausgangsniveaus der Stromerzeugung in Kenia im Jahre 1990 kommt es dort im Untersuchungszeitraum zu einem vergleichsweise stärkeren Anstieg, wenn auch die Endsumme nicht einmal 7 % des Ausgangsniveaus der Stromerzeugung in der RSA beträgt. Dieser stärkere Anstieg lässt sich vermutlich auf ein **stärkeres Bevölkerungswachstum** in Kenia zurückführen. Dem gegenüber steht eine seit etwa 2007 erkennbare Stagnation der Stromerzeugung auf hohem Niveau in der RSA. Diese Stagnation könnte darauf zurückzuführen sein, dass in der RSA zwischenzeitlich ein Versorgungsmaximum erreicht wurde. Außerdem fällt in Kenia ein sehr hoher Anteil (etwa 80 % im Jahre 2016) der erneuerbaren Energieträger **Wasserkraft** und **Geothermie** auf. Dies ist einerseits auf das **Fehlen fossiler Energieträger** wie Steinkohle, Erdöl und Erdgas in Kenia zurückzuführen, andererseits auf die günstigen physisch-geographischen Gegebenheiten des Landes (Lage im tropischen Afrika und im Bereich des ostafrikanischen Grabenbruchsystems mit **rezentem Vulkanismus**). Im Vergleich hierzu setzt die RSA hinsichtlich der Stromerzeugung auf die Nutzung ihrer reichen **Steinkohlelagerstätten**.

1.2 *Achten Sie bei der Bearbeitung dieser Teilaufgabe darauf, neben der räumlichen Verteilung der Kraftwerksstandorte auch die quantitative Dimension von deren Leistung, erkennbar an den Kreisdurchmessern, zu berücksichtigen. Halten Sie sich außerdem unbedingt auch an die Aufforderung der Aufgabenstellung, auf geeignetes Atlaskartenmaterial Bezug zu nehmen.*

Die RSA verfügt über ein einziges **Kernkraftwerk** an der Atlantikküste nördlich von Kapstadt bei Koeberg. Dieses deckt in erster Linie den Energiebedarf für die Großregion Kapstadt und stellt mit insgesamt 1 940 Megawatt knapp die Hälfte der Energieleistung des gesamten Landes zur Verfügung. Die Lage des Kraftwerks an der Küste ist dem dort unbegrenzt vorhandenen Meerwasser für die Kühlung geschuldet.

Die leistungsschwächeren **Deponiegas-Kraftwerke** (bis 5 Megawatt) finden sich im unmittelbaren Umkreis des Großraums Johannesburg. Als relativ neuartige Technologie sind sie zahlenmäßig noch gering. Sie werden durch das **hohe Müllaufkommen** in den großen Deponien mit Deponiegas versorgt.

Die Standorte der **Solarkraftwerke** mit deutlich geringeren Leistungen zwischen 5–100 Megawatt sind im Landesinneren mehr oder weniger dispers verteilt. Sie versorgen auf räumlich dezentralisierte Weise vorwiegend die im Bereich der nahezu bewölkungsfreien **Wüsten** und **Dornbuschsavannen** gelegenen Regionen mit geringer Bevölkerungsdichte.

2.1 *Konzentrieren Sie sich bei der Bearbeitung dieser Teilaufgabe auf den angegebenen Raum der immerfeuchten und wechselfeuchten Tropen an der Ostseite Afrikas. Dabei können Sie zunächst durchaus allgemeine Gefahren und Folgen des rezenten Klimawandels anführen, müssen diese aber dann konkret verorten.*

Grundsätzlich unterliegen die genannten ostafrikanischen Küstenbereiche jenen Naturgefährdungen, unter denen alle Küstenbereiche der Erde infolge der **rezenten Klimaerwärmung** zu leiden haben: Ein weltweiter **Anstieg des Meeresspiegels** wird einerseits durch den Zufluss an geschmolzenem Eis aus den Polkappen und den Gebirgsgletschern, andererseits durch die **thermische Ausdehnung** der Wasserkörper der Ozeane erfolgen. In den tropischen Ozeanen werden durch den steilen Sonneneinstrahlungswinkel und die damit verbundene Erhöhung der Luft- und Wassertemperaturen thermisch **höhere Energiemengen** umgesetzt und höhere Druckgradienten erzielt. Letztere können zu einer quantitativen und qualitativen Zunahme **tropischer Wirbelstürme** und zu grundsätzlich stärkeren Witterungsereignissen, so z. B. Starkregen, führen.

Als Folge des Meeresspiegelanstiegs und der tropischen Witterungsereignisse ist die Ostküste Afrikas zwischen dem Äquator und 20 Grad südlicher Breite stark gefährdet: Es kann zu **Überschwemmungen des Küstenbereiches** und damit der agrarischen Nutz- und Siedlungsflächen kommen. Dabei sind besonders die an den **flachen Küstenbereichen** liegenden afrikanischen Städte bedroht, beispielsweise Kismaayo, Mombasa, Daressalam, Mtwara und Beira.

Durch die vergleichsweise hohe **Bevölkerungs-**, **Industrie-** und **Siedlungsdichte** im Küstenbereich drohen hohe **personelle** und **Sachschäden** sowie gigantische Investitionen zur Verlagerung infrastruktureller Einrichtungen, welche letztendlich aus eigener Kraft der teilweise noch wenig entwickelten Staaten kaum gestemmt werden können.

Die verstärkte Sturmtätigkeit und der Meeresspiegelanstieg können außerdem zur nachhaltigen Schädigung der küstennahen **Korallenriffe** und der **Fischbestände** und damit zu drastischen Veränderungen der dort angesiedelten **Meeresökosysteme** führen. Dies dürfte auch zu finanziellen Einbußen für die einheimische Bevölkerung und zu **Arbeitsplatzverlusten** aufgrund der Einschränkung küstengebundener wirtschaftlicher Aktivitäten wie **Tauch- und Badetourismus** sowie **Küstenfischerei** führen.

2.2 *Lesen Sie sich zunächst anhand von Anlage II.3 in das Projekt ein. Beachten Sie vor allem die Komplexität der Aufgabenstellung: Zu diskutieren sind Chancen und Grenzen in zweifacher Hinsicht (sozioökonomisch und ökologisch).*

Chancen des Einsatzes
Aus ökonomischer Sicht bietet das Projekt Holz einsparender Öfen den vorwiegend einkommensschwachen bzw. in Armut lebenden Bevölkerungsteilen die grundsätzliche Möglichkeit, ein solches Gerät zu erwerben, da der Anschaffungspreis infolge von Spenden durch Flugreisende und anderer Subventionen niedrig gehalten wird. **Akzeptanz und Kaufmotivation** werden wohl in der ärmeren Bevölkerung durch die spezielle Ausrichtung der Kochvorrichtung für die Zubereitung traditioneller, landestypischer Gerichte erhöht. Da durch den Einsatz des Geräts viel **Brennholz** – ein knapper und teurer Energieträger – **eingespart** werden kann, könnte sich ein weiterer Kaufanreiz ergeben.

Auch aus ökologischer Sicht ist die Möglichkeit, mit derartigen Öfen Brennholz einzusparen, bedeutsam. Denn dies wiederum würde den Grad der **Abholzung** gerade in den ökologisch sensiblen Savannenbereichen **reduzieren**, dortige Baum- und Strauchbestände besser schützen und letztendlich die Gefahr von **Desertifikationsprozessen** verringern.

Grenzen des Einsatzes
Ökonomische Tatsache bleibt allerdings, dass trotz der starken Subventionierung zur Reduktion des Kaufpreises der Ofen für verarmte Bevölkerungsschichten weiterhin **kaum erschwinglich** sein wird. Generell dürfen die ökologische Gesamtentlastung und der allgemeine **Beitrag zum Klimaschutz** infolge der geringen CO_2-Einsparung im Äquivalent von 4 000 Westeuropäern als **sehr gering** bezeichnet werden. Auch wird infolge der starken **Bevölkerungsentwicklung** Äthiopiens der Bedarf am Brennstoff Holz zukünftig stark steigen, da andere Energieträger fehlen. Infolgedessen wird es trotz dieser Maßnahme weiterhin zum Verlust an natürlicher Vegetation durch Abholzung bzw. zur Brennstoffentnahme kommen, unter Umständen auch zur Verstärkung der Desertifikation.

3.1 *Diese Teilaufgabe gibt die Strukturierung des erforderlichen Antworttextes genau vor. Bei der Beantwortung ist in besonderer Weise darauf zu achten, dass dem Begriff der Nachhaltigkeit mit seinen drei Dimensionen Soziales – Ökonomie – Ökologie Genüge getan wird.*

Der **Zugang zu sauberem Trinkwasser** ist eine Grundvoraussetzung für die allgemeine Förderung des Gesundheitszustands einer Gesellschaft: Sauberes Trinkwasser kann die massenhafte Ausbreitung von **Seuchen** wie Cholera und Typhus verhindern. Zudem kann eine dann **geringere Krankheitsanfälligkeit** auch die wirtschaftliche Leistungsfähigkeit der afrikanischen Bevölkerung verbessern sowie langfristig und nachhaltig zu höherem Wohlstand beitragen. Ein höheres Angebot an sauberem Wasser verbessert außerdem die **hygienischen Verhältnisse** und erhöht die **allgemeine Lebenserwartung**. Schließlich können hierdurch dann auch die Ausgaben für die medizinische Versorgung der Bevölkerung reduziert werden.
Die Verwendung von **Brauchwasser** generell trägt zu einer verminderten Wasserentnahme und damit zur **Entschärfung von Wasserkonflikten** bei.

Mit der Bereitstellung von unbelastetem Brauchwasser können **Intensivierungsmaßnahmen** in der afrikanischen Landwirtschaft, so z. B. die Installation und Ausweitung des **Bewässerungsfeldbaus** gerade in den niederschlagsarmen Savannen- und Halbwüstenregionen, realisiert werden. Hierdurch wird bei oft hohen Bevölkerungswachstumsraten die Versorgung der Menschen mit Nahrungsmitteln besser gewährleistet. Der Anbau von **Cashcrops** für den weltweiten Export könnte eine zusätzliche Einnahmequelle für Afrika sein – vorausgesetzt, für die **Grundversorgung der einheimischen Bevölkerung** ist gesorgt.

Darüber hinaus läge der ökologische Gewinn darin, dass durch das unbelastete Brauchwasser ein **geringerer Schadstoffeintrag** in die Böden erfolgt und damit die **Grundwasserreserven** weniger belastet werden.

3.2 *Der Operator „aufzeigen" bedeutet in diesem Fall, dass Sie die Maßnahmen bzw. Hindernisse sowohl beschreiben als auch begründen sollen.*

Da ein Großteil des anfallenden **Plastikmülls** in afrikanischen Staaten auf **ungeordneten Mülldeponien** landet, wäre der Aufbau eines **Rücknahme- und Recyclingsystems** eine gute Möglichkeit, das Kunststoffmüllproblem zu lindern, um gleichzeitig wertvolle Rohstoffe (Shredder-Granulat) ressourcenschonend wieder in den **Stoffkreislauf** einzubringen.
Des Weiteren wäre die Einführung eines pfandgeregelten **Glasflaschen-Rücknahmesystems** denkbar, um auf diese Weise entleerte Glasbehälter nach ihrer Reinigung wieder neu zu befüllen.

Schließlich könnte ein Verbot der Verwendung von Plastikprodukten, wie etwa Flaschen und Behältern, ausgesprochen werden. Hierbei könnten die dann nötigen Ersatzstoffe aus **nachwachsenden Rohstoffen**, z. B. Naturfasern für Taschen und Tüten, gewonnen werden.

Das Haupthindernis für die Realisierung derartiger Maßnahmen zur Reduktion des Plastikmüllaufkommens werden die fehlenden finanziellen **Investitionsmittel** seitens der afrikanischen Staaten sein. Ohne Fremdhilfe von außen in Form von **technischem Know-how** und **Geldmitteln** würden diese Vorhaben wohl nicht verwirklicht werden können.
Ein weiteres Problem ergäbe sich wohl durch das **Persistenzverhalten** der einheimischen Bevölkerung und deren oft fehlendes **Umweltbewusstsein**. Ohne ein Aufbrechen der örtlichen Konsum- und Einkaufsgewohnheiten sowie ein allmähliches Heranführen an die individuelle **ökologische Verantwortung** scheinen derartige Maßnahmen von vornherein zum Scheitern verurteilt zu sein.

Abitur 2020 Geographie Bayern
Aufgabe III: Bolivien: Wirtschaftspotenziale und Entwicklung

1 Entwicklungsstand und Bevölkerung

1.1 Anlage III.1 zeigt ausgewählte Strukturdaten dreier Staaten. Ordnen Sie diese den Staaten Belgien, Bolivien und den Vereinigten Arabischen Emiraten zu, indem Sie jeweils zwei geeignete Indikatoren erläutern.

1.2 Beschreiben und begründen Sie in Grundzügen die in Anlage III.2 gezeigte Bevölkerungsdichte Boliviens mithilfe geeigneter Atlaskarten. 22 BE

2 Infrastrukturmaßnahmen

2.1 In Bolivien gibt es seit Längerem Widerstand vonseiten der Bevölkerung gegen Bestrebungen internationaler Unternehmen, die Wasserversorgung zu übernehmen.
Stellen Sie jeweils zwei mögliche Vorteile und zwei mögliche Nachteile einer solchen Privatisierung dar.

2.2 Anlage III.3 zeigt die transkontinentale Zugverbindung *Tren Bioceánico* zwischen den Hafenstädten Ilo (Peru) und Santos (Brasilien), die als „Panamakanal des 21. Jahrhunderts" gepriesen wird.
Legen Sie auch mithilfe geeigneter Atlaskarten sowohl drei mögliche Ziele des Großprojekts als auch zwei mögliche Schwierigkeiten aus bolivianischer Sicht dar. 20 BE

3 Entwicklungspotenzial

Unter dem *Salar de Uyuni* in Bolivien existiert eine der größten Lithium-Lagerstätten der Welt.
Diskutieren Sie ausgehend von den Materialien in Anlage III.4 Chancen und Probleme, die sich durch die wirtschaftliche Erschließung dieser Reserven für jene Region ergeben. Erläutern Sie zudem das Interesse deutscher Unternehmen an den Lithium-Lagerstätten in Bolivien. 18 BE

60 BE

Anlage III.1 Strukturdaten ausgewählter Staaten (2017/2018)

	Staat A	Staat B	Staat C
Anteil der Landwirtschaft am BIP (in %)	0,9	0,7	13,8
Anteil der Bevölkerung über 65 Jahre (in %)	1,5	18,8	5,4
CO_2-Emissionen (in Tonnen pro Kopf)	29,8	11,6	1,6

Anlage III.2 Bevölkerungsdichte in Bolivien

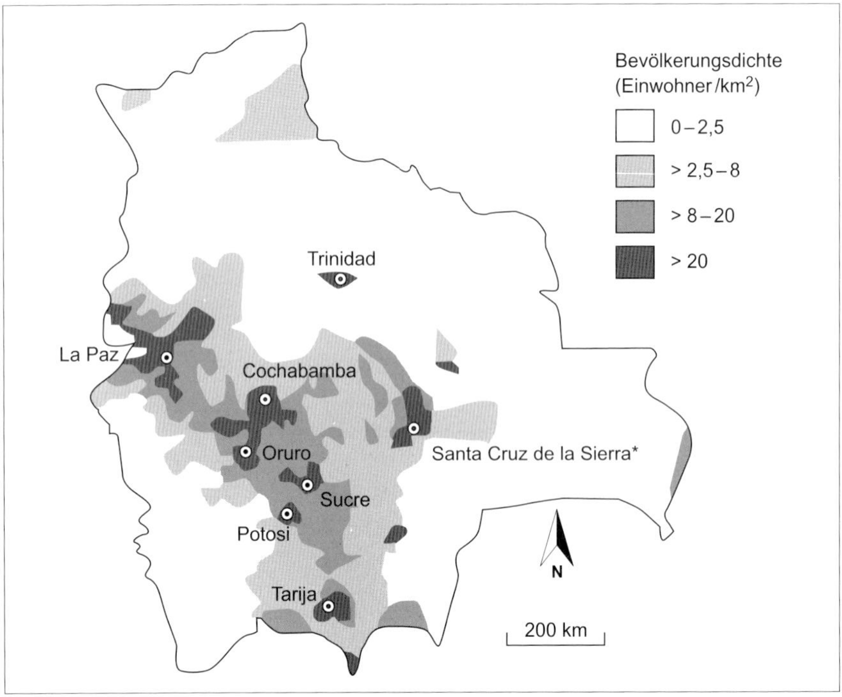

* auch: Santa Cruz

Anlage III.3 Der Streckenverlauf des *Tren Bioceánico*

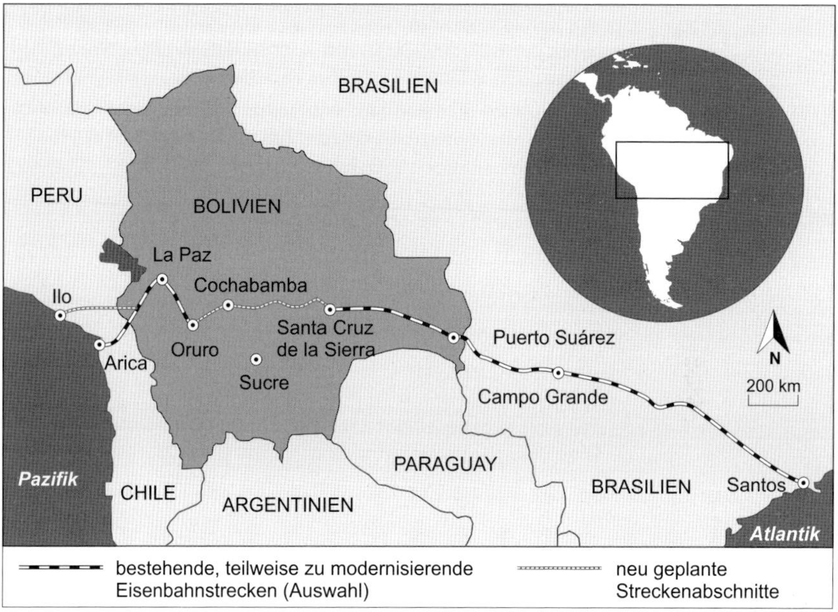

Anlage III.4 Lithiumabbau in Bolivien

M 1 Klimadiagramm Uyuni

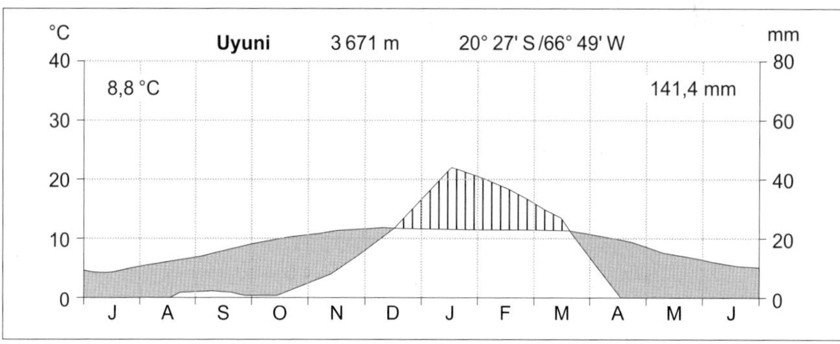

M 2 Lithium: Boliviens weißer Schatz und Rohstoff der Zukunft (Auszug aus einem Artikel der Deutschen Welle vom 12. 12. 2018, adaptiert)

Boliviens Zukunft ist weiß und schmeckt salzig. Sie liegt in der Hochebene des Altiplano unter einem 10 000 km² großen ausgetrockneten See, dem Salar de Uyuni. Ingenieur Juan Montenegro klopft auf die Salzkruste und sagt: „Hier beginnt die industrielle Epoche unseres Landes." Es gehe nicht darum, nur Rohstofflieferant zu sein, sagt Montenegro. Das Ziel stattdessen: Batterien *made in Bolivia.* Wer hier im Rahmen eines Joint Ventures[1] Lithium fördern will, muss sich daher an die bolivianischen Bedingungen halten: Arbeitsplätze und Wertschöpfung müssen vor Ort entstehen.

Bislang steht in der Salzwüste nur eine Pilotanlage. Der Weg dorthin führt über das Örtchen Colchani. Nachdem die Häuser aufhören, verliert sich die Piste im endlosen Weiß. Nach einer weiteren Stunde Fahrt der erste Halt neben ein paar Planiermaschinen. „Hier bauen wir die Solebecken, in die das Wasser aus der Tiefe des Salars gepumpt wird", erklärt Montenegro. Denn das salz- und lithiumhaltige Wasser wird aus unterirdisch verlaufenden Strömen dorthin gepumpt. Durch die intensive Sonneneinstrahlung verdunstet das Wasser. Neben anderen Stoffen lagert sich Lithiumsulfat ab, das zu Lithiumcarbonat weiterverarbeitet wird, dem Rohstoff für Batterien.

Bislang bringen nur die Rucksacktouristen etwas Geld in die karge Gegend um Uyuni. Die surreal anmutende Salzwüste mit ihren vereinzelten Kakteeninseln und Flamingo-Kolonien ist eine beliebte Instagram-Kulisse. Doch die Backpacker bleiben meist nur ein paar Tage. „Den Bauern in der Region bleibt als Lebenserwerb sonst nur die Lamazucht", sagt Bürgermeisterin Carmen Gutiérrez. Das Lithium, so hofft sie, werde ihnen endlich Wohlstand bringen.

1 Am 12. 12. 2018 wurde ein deutsch-bolivianisches Joint Venture gegründet, dessen Zukunft aufgrund politischer Veränderungen in Bolivien unsicher geworden ist.

M 3 Durchschnittlicher Lithiumbedarf in Kilogramm für Akkus (2018) (in kg LCE[1])

Ausgewählte Einsatzbereiche	Lithiumbedarf
Smartphone	0,006
Notebook/Tablet	0,032
Akkuschrauber	0,05
Hausspeicher für Solarstrom	23
Elektroauto	60

1 LCE: Lithiumcarbonat-Äquivalent (= Standardmaßeinheit für Lithium)

M 4 Entwicklung des Weltmarktpreises für Lithiumcarbonat

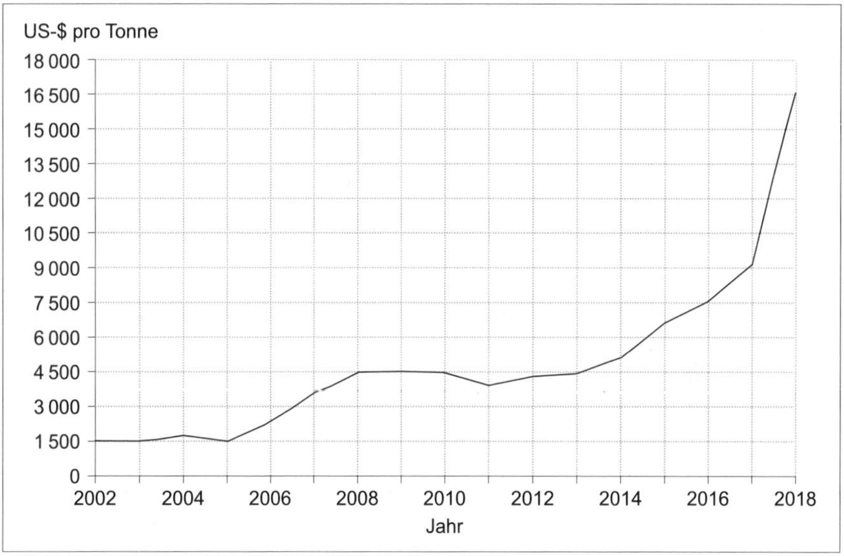

Quellenverzeichnis

EHLERS, KLAUS/Wikipedia, CC BY-SA 3.0 (Anlage III.4, M 1)

EHRINGFELD, K. (2017): Tren Bioceánico – „Der Panamakanal des 21. Jahrhunderts". Handelsblatt (27. 03. 2017), online unter https://www.handelsblatt.com/politik/international/tren-bioceanico-der-panama-kanal-des-21-jahrhunderts/19574770.html

Eigene Darstellung, Daten nach CIA WORLD FACTBOOK (2019) (Anlage III.1)

Eigene Darstellung, Daten nach METALARY (Anlage III.4, M 4)

Eigene Darstellung, Daten nach SWISS RESOURCE CAPITAL AG (2017): Lithium Report 2018 (15. 11. 2017), https://www.resource-capital.ch/fileadmin/reports/2017/Doppelseite_Lithium_2018.pdf (Anlage III.4, M 3)

Eigene Darstellung nach SEMPRÚN, A. u. MESONES, J. (2018): España peleará por la 'conqista' del tren bioceánico que unirá Brasil y Perú. elEconomista (28. 08. 2018), online unter https://www.eleconomista.es/transportes/noticias/9352074/08/18/Espana-pelearea-por-la-conquista-del-tren-bioceanico-que-unira-Brasil-y-Peru.html (Anlage III.3)

FOCUS (2019): Milliarden-Deal geplatzt: Rückschlag für Deutschland im Rennen um das „weiße Gold". Focus Online (01. 11. 2019), online unter https://www.focus.de/finanzen/news/lithium-milliarden-deal-geplatzt-rueckschlag-fuer-deutschland-im-rennen-um-das-weisse-gold_id_11318548.pdf

ISMAR, G. (2018): Lithium in Bolivien: Deutschland greift nach dem „weißen Gold". ZDF (12. 12. 2018), online unter https://www.zdf.de/nachrichten/heute/vertrag-mit-bolivien-deutschlands-griff-nach-weissem-gold-100.html

VIOHL, F.: Lithium: Boliviens weißer Schatz und Rohstoff der Zukunft. Deutsche Welle vom 12.12.2018, https://www.dw.com/de/lithium-boliviens-wei%C3%9Fer-schatz-und-rohstoff-der-zukunft/a-46694137 (Anlage III.4, M 2)

Lösungsvorschlag

1.1 *Anlage III.1 zeigt jeweils drei Strukturdaten für drei Staaten A, B und C. Die drei Staaten unterscheiden sich deutlich in ihrem Entwicklungsstand: Belgien ist ein höchst entwickeltes Land, die Vereinigten Arabischen Emirate bereits ein gut entwickeltes Land aufgrund seines Rohstoffreichtums und eines boomenden Dienstleistungssektors, während Bolivien eher ein mäßig entwickelter Staat ist. Wenn Sie diese Zuordnung mithilfe einer entsprechenden Karte im Atlas vorgenommen haben, können Sie ohne weitere Schwierigkeiten jeweils zwei Strukturdaten den Staaten Belgien, Bolivien und VAE zuordnen und erläutern. Aus Gründen der Vollständigkeit werden in der Lösung alle Strukturdaten eingehend erläutert und jeweils den genannten Ländern zugeordnet.*

Eine Zuordnung der Staaten Belgien, Bolivien und Vereinigte Arabische Emirate kann durch die Analyse der aufgelisteten Daten vorgenommen werden. So sprechen der geringe **Anteil der Landwirtschaft am BIP**, der geringe **Anteil der Bevölkerung über 65 Jahre** und die extrem hohen **CO_2-Emissionen pro Einwohner** des Staates A für die Vereinigten Arabischen Emirate. Der sehr geringe Anteil der Landwirtschaft am BIP und der hohe Anteil der Bevölkerung über 65 Jahre des Staates B können Belgien und somit die Daten des Staates C Bolivien zugeordnet werden.

Staat A sind die **Vereinigten Arabischen Emirate**. Die geringe wirtschaftliche Bedeutung der Landwirtschaft ist eine Folge des hier vorherrschenden Halbwüsten- und Wüstenklimas, das eine landwirtschaftliche Nutzung nur in Oasen ermöglicht. Der geringe Anteil der über 65-Jährigen kann mit der großen Zahl junger Arbeitsmigranten und der in der Vergangenheit niedrigeren Lebenserwartung begründet werden. Dass die VAE sehr hohe CO_2-Emissionen pro Einwohner verzeichnen, ist der lokalen und regionalen Förderung und Nutzung von Erdöl und Erdgas sowie dem hohen Energieverbrauch und Lebensstandard geschuldet.

Belgien, der **Staat B**, hat einen sehr geringen Anteil der Landwirtschaft am BIP wegen der überragenden Bedeutung des sekundären und tertiären Sektors. Ebenso weist der hohe Anteil der über 65-Jährigen auf eine geringe Geburtenrate und eine hohe Lebenserwartung hin, die typisch sind für ein hoch entwickeltes Land.

Die CO_2-Emissionen zeigen einen mittleren Wert, der mit der Nutzung alternativer Energieformen und Maßnahmen zur Energieeinsparung begründet werden kann.

Der **Staat C** mit dem höchsten Anteil der Landwirtschaft am BIP ist **Bolivien**. Hier dominieren bis heute in den ländlichen Landesteilen traditionelle, häufig auch kleinbäuerliche Erwerbsstrukturen. Der geringe Anteil der über 65-Jährigen ist auf eine immer noch hohe Geburtenrate bei gleichzeitig geringer Lebenserwartung zurückzuführen, was typisch ist für ein gering entwickeltes Staatswesen. Die sehr geringen CO_2-Emissionen weisen auf eine geringe Industrialisierung und einen hohen Anteil armer Bevölkerung mit eingeschränktem Konsum hin.

1.2 *In der zweiten Aufgabe wird die regionale Verteilung der Bevölkerung in Bolivien näher untersucht. So soll in einem ersten Schritt in Grundzügen die regional unterschiedliche Bevölkerungsdichte beschrieben werden. In einem zweiten Schritt wird eine Begründung für die in Anlage III.2 erkennbaren hohen Werte der Bevölkerungskonzentration bzw. die sehr geringe Bevölkerungsdichte in ausgewählten Regionen Boliviens gefordert. Für den zweiten Arbeitsauftrag ziehen Sie zur Lösung unbedingt geeignete Atlaskarten hinzu, z. B. eine physisch-geographische Karte, eine klimatische und eine Wirtschaftskarte von Südamerika.*

Bolivien ist ein **Binnenstaat**, dessen westlicher Teil vom **andinen Hochgebirge** geprägt wird. Der flächenmäßig größere östliche Landesteil wird von den Ausläufern der Anden und weiten Tiefländern eingenommen.

Bolivien besitzt in den meisten Landesteilen eine geringe bis sehr geringe **Bevölkerungsdichte**. Vergleichsweise hohe Bevölkerungsdichten mit über 20 Einwohnern pro km^2 finden sich auf der Hochebene des **Altiplano** und in den Regionen der östlichen Andenabdachung. Ausschließlich auf dem Altiplano liegen die größten Städte Boliviens, auch die **Hauptstadt La Paz**. Hier bieten sich in den Städten viele Beschäftigungsmöglichkeiten im sekundären und tertiären Sektor sowie in klimatisch begünstigten Hochlagen gute Bedingungen für Ackerbau und Weidewirtschaft. In den Städten und deren Umland kommt es aufgrund der anhaltenden Land-Stadt-Wanderung zu einer Verdichtung der Bevölkerung.

In den östlichen, westlichen und nördlichen Landesteilen liegt die Bevölkerungsdichte in der Regel unter 2,5 Einwohner pro km^2. Verantwortlich hierfür sind die naturräumlichen Bedingungen, denn die vorherrschenden tropischen Regenwälder und Sumpfgebiete im Norden, die Hochgebirgsregionen im Südwesten und die Trockenwälder im Osten schränken eine agrarische Landnutzung stark ein. Eine Ausnahme stellt lediglich der **Bevölkerungsschwerpunkt** Santa Cruz de la Sierra dar – hier bietet eine **diversifizierte Industrie** gute Arbeitsmöglichkeiten. Im Umland von Trinidad eröffnen die Landwirtschaft und die Förderung von Erdgas zahlreiche Arbeitsplätze, was ebenfalls zu einer hohen Bevölkerungskonzentration führt.

2.1 *Die Aufgaben 2.1 und 2.2 beschäftigen sich mit Maßnahmen zur Verbesserung der Infrastruktur in dem südamerikanischen Land Bolivien. So planen internationale Wirtschaftsunternehmen die Übernahme und damit die Privatisierung der öffentlichen Wasserversorgung. Die bolivianische Bevölkerung befürchtet aber erhebliche Nachteile für jeden einzelnen Bürger und protestiert dagegen seit längerer Zeit. Die Aufgabenstellung fordert die Darlegung von zwei möglichen Vorteilen und zwei Nachteilen der beabsichtigten Privatisierung. Die Privatisierung staatlicher Infrastruktur zeigt zahlreiche Vor- und Nachteile, sodass in der folgenden Lösung aus Gründen der Vollständigkeit mehr als zwei Pro- und Kontra-Argumente aufgezeigt werden.*

Die möglichen Vorteile einer **Privatisierung** der **öffentlichen Wasserversorgung** sind aus Sicht der Beteiligten sehr unterschiedlich. So hegen die **internationalen Investoren**, die nicht genauer bezeichnet werden, die Erwartungen auf langfristig sichere Einnahmen und Gewinne aus dem Wasserverkauf. Durch eine Privatisierung der öffentlichen Wasserversorgung, zu der auch das Leitungsnetz gehört, entledigt sich der Staat einer aufwendigen und teuren **Infrastrukturaufgabe**. Vorteile für die Konsumenten, also die bolivianische Bevölkerung und auch das Gewerbe, könnten eine Modernisierung des landesweiten Leitungsnetzes und damit einhergehend eine größere **Versorgungssicherheit** sein.

Die möglichen Nachteile der Privatisierung einer an und für sich staatlichen Aufgabe betreffen vor allem die Bevölkerung. So werden unter Umständen die bisher staatlich **subventionierten Wasserpreise** steigen. Dies wird mit Sicherheit ärmere Bevölkerungsgruppen und auch die Einwohner **peripherer Landesteile** treffen, wo die längeren Transportwege zusätzliche Kosten verursachen und zu einem steigenden Wasserpreis führen können. Im schlimmsten Fall können politische **Unruhen** die Folge sein. Durch die Privatisierung verliert der Staat seinen Einfluss auf die Befriedigung elementarer **Grundbedürfnisse**, zu denen eine sichere und kostengünstige Wasserversorgung aller Bevölkerungsgruppen in allen Landesteilen gehört. Für die internationalen Investoren sind mögliche Gefahren für ihr finanzielles Engagement überschaubar. Den **kostenintensiven Investitionen** in die Erneuerung des Leitungsnetzes stehen die Erwartungen auf langfristige und sichere Einnahmen aus dem Wasserverkauf gegenüber.

2.2 *Die Karte in Anlage III.3 zeigt den Verlauf bestehender und geplanter Streckenabschnitte einer transkontinentalen, über die Anden führenden Eisenbahnverbindung zwischen Santos an der brasilianischen Atlantikküste und Ilo an der peruanischen Pazifikküste. Der „Tren Bioceánico" wird bereits als „Panamakanal des 21. Jahrhunderts" gepriesen. Mithilfe von Atlaskarten, z. B. „Südamerika – physisch" bzw. „Südamerika – Wirtschaft", sollen sowohl drei mögliche Ziele dieses Großprojekts als auch zwei Schwierigkeiten bei der Realisierung dargelegt werden. Die folgende Aufgabenlösung gibt aus Gründen der Vollständigkeit mehr Lösungsmöglichkeiten als die geforderte Mindestzahl an.*

Die Realisierung des Bahnprojekts *Tren Bioceánico* würde für das **Binnenland** Bolivien die Transportwege und damit die internationalen **Handelsverbindungen** sowohl mit den Nachbarstaaten als auch mit Staaten in Übersee verbessern. Der neue Zugang zu der peruanischen Hafenstadt Ilo verringert zudem die wirtschaftliche und politische **Abhängigkeit** von Chile, da bis heute die Eisenbahnverbindung La Paz – Arica der einzige Zugang zur pazifischen Küste ist. Die neue **transkontinentale Bahnverbindung** kann eine neue **Entwicklungsachse** bilden, von der periphere Regionen durch **Sickereffekte** eine wirtschaftliche Neubewertung erfahren. Durch den Neu- bzw. Ausbau und den Betrieb der Eisenbahnstrecke entstehen Tausende neue Arbeitsplätze. Des Weiteren bieten die zunehmende Mobilität der Bevölkerung und eine mögliche **touristische Inwertsetzung** bisher nicht verkehrstechnisch erschlossener Landesteile zusätzliche vielfältige wirtschaftliche Impulse für Handel und Gewerbe.

Die Realisierung des Verkehrsprojekts erfordert jedoch einen erheblichen finanziellen und technischen Aufwand, im Besonderen für die zahlreichen Tunnel- und Brückenbauten. Die Höhenlage, die hohe **Reliefenergie** und die **Erdbebenhäufigkeit** gefährden den Bau und die Instandhaltung einer Eisenbahnstrecke durch das andine Hochgebirge. Felsstürze und Steinschlag können immer wieder Schäden am Gleiskörper und der Streckenführung verursachen. Die Planung und der Betrieb einer mehrere Staatsgrenzen querenden Verkehrsverbindung stellt auch eine politische Herausforderung dar und macht eine verlässliche Zusammenarbeit der beteiligten Staaten dringend notwendig. Bei zwischenstaatlichen Konflikten kann der Fortgang des Projekts aber jederzeit gefährdet sein.

3 *Diese Aufgabe besteht aus mehreren Fragestellungen, für die insgesamt vier unterschiedliche Materialien auszuwerten sind. Ausgangspunkt der Betrachtung ist die Existenz des Salar de Uyuni, eines ausgetrockneten Sees auf der Hochebene des Altiplano, in dessen Untergrund stark lithiumhaltiges Wasser lagert. Durch die wirtschaftliche Erschließung dieser Rohstofflagerstätte werden sich für die Region Chancen, aber auch mögliche Probleme ergeben, die zu diskutieren sind. Zudem soll in einem zweiten Schritt das Interesse deutscher Unternehmen an der Erschließung dieser Lithium-Lagerstätte erläutert werden.*

Die Erschließung der **Lithium-Lagerstätte** unter dem **Salar de Uyuni** bietet der ganzen umliegenden Region und dem Staat Bolivien die einmalige Chance zum Aufbau eines völlig neuen Industriezweiges. Die Förderung der lithiumhaltigen Sole sowie die Ansiedlung von weiterverarbeitenden Industrien und Dienstleistungsbetrieben bieten viele neue Arbeitsplätze für die einheimische Bevölkerung. Der bolivianische Staat erlaubt ausländischen Investoren ausschließlich Beteiligungen **an Joint-Venture-Unternehmen** mit einheimischen Betrieben mit dem Ziel, dass die Weiterverarbeitung der Rohstoffe und die damit einhergehende hohe **Wertschöpfung** in Bolivien erfolgt (vgl. M 2). Gleichzeitig erfordert die Fertigung modernster Batterien einen **Technologietransfer** in das sich entwickelnde Land, der für die weitere Modernisierung Boliviens von größter Bedeutung ist.

Die steigende Nachfrage nach Lithium und der Export der **Hightech-Produkte** werden die Deviseneinnahmen Boliviens erhöhen und ermöglichen dem Staat mit den zusätzlichen Einnahmen weitere Investitionen etwa in die Infrastruktur. Die positive wirtschaftliche Entwicklung der Region kann zu einer Steigerung des Wohlstands der ansässigen Bevölkerung und einer Aufwertung dieses bisher eher strukturschwachen Raumes führen.

Die Erschließung einer neuen **Rohstofflagerstätte** und die Ansiedlung weiterverarbeitender Industriebetriebe stellt die Verantwortlichen angesichts der besonderen naturräumlichen Bedingungen des Salar de Uyuni jedoch auch vor erhebliche Probleme. So ist die körperliche und gesundheitliche Belastung der Arbeitskräfte in 3 600 m Höhe und unter sehr trockenen Bedingungen (neun aride Monate) besonders groß. Dies erschwert auch die Ansiedlung von qualifizierten Mitarbeitern erheblich. Die periphere Lage des Salar de Uyuni erfordert vom bolivianischen Staat den Aufbau einer gut funktionierenden **Infrastruktur** mit ausgebauten Verkehrswegen, Energie- und Wasserversorgung. Die hierfür notwendigen finanziellen Mittel können möglicherweise durch die Steuerzahlungen der neu angesiedelten Unternehmen aufgebracht werden. Kritisch zu bewerten sind aber die Gewinnabflüsse ins Ausland wegen der Beteiligung internationaler Konzerne an den Joint-Venture-Unternehmen.

Höchst problematisch sind die möglichen ökologischen Schäden am **fragilen**, einzigartigen **Ökosystem** des Salar de Uyuni. Die geplante Anlage großflächiger Becken, in welche die lithiumhaltige Sole gepumpt wird, zerstört das Landschaftsbild unwiederbringlich. Über mögliche Schädigungen der **andinen Flora** und **Fauna** in der Region gibt es bisher keine Untersuchungen. Für die Anwohner bietet die karge Umgebung des Sees allerdings kaum ausreichende Einnahmequellen, da nur wenige Touristen die abgelegene Region besuchen und außer der Zucht von Lamas keine landwirtschaftliche Nutzung möglich ist. Die hohe **Aridität** kann sich ebenso wie die geringen Niederschläge künftig als ein **Entwicklungshemmnis** herausstellen. Denn die Lithiumgewinnung, die Produktion von Batterien und der Bevölkerungszuwachs werden einen steigenden Wasserverbrauch zur Folge haben, der das Wasserdargebot bei Weitem übersteigen wird.

Lithium ist ein sehr wichtiger Rohstoff für die Produktion leistungsstarker Batterien, wie sie etwa für den Antrieb moderner Elektroautos benötigt werden. Die Beteiligung deutscher Unternehmen an der Erschließung neuer Lithium-Lagerstätten weltweit ist von großer Bedeutung für den Erhalt der internationalen **Wettbewerbsfähigkeit** der deutschen Automobilindustrie. Da es in Deutschland selbst keine Lithium-Lagerstätten gibt, ist man auf Importe angewiesen. Die politischen Beschlüsse zum Ausbau und zur Förderung der **Elektromobilität** sowie die künftige Speicherung von nicht genutztem **Solarstrom** in großen Batterienetzen lassen die Produktion von Hochleistungsbatterien zu einer **Schlüsselindustrie** für den Industriestandort Deutschland werden. Nur so können die ambitionierten **CO_2-Grenzwerte**, die die fortschreitende Erderwärmung begrenzen sollen, auch von Deutschland eingehalten werden.

Abitur 2020 Geographie Bayern
Aufgabe IV: Raumstrukturen in Sachsen

1 Infrastruktur und Stadtentwicklung

1.1 Zahlreiche Städte in Sachsen weisen seit der Wiedervereinigung erhebliche Einwohnerverluste auf.
Erläutern Sie mögliche sozioökonomische und mögliche stadtplanerische Probleme, die sich aus dieser Entwicklung ergeben.

1.2 Vergleichen und begründen Sie die in Anlage IV.1 dargestellte Mietpreisentwicklung von Görlitz und Berlin.

1.3 Arbeiten Sie zwei Ziele der in Anlage IV.2 vorgestellten Initiative der Stadt Görlitz heraus und beurteilen Sie, inwieweit diese Ziele erreicht werden können. 30 BE

2 Wirtschaftliche Entwicklung

2.1 Die von der Bundesregierung eingesetzte Kohlekommission hat empfohlen, ab dem Jahr 2038 auf den Abbau und die Verstromung der Braunkohle zu verzichten. Diese Empfehlung betrifft auch das zu großen Teilen in Sachsen gelegene Lausitzer Braunkohlerevier.
Legen Sie mögliche Argumente von Befürwortern und Kritikern dieser Empfehlung dar.

2.2 Diskutieren Sie mithilfe geeigneter Atlaskarten drei mögliche Folgenutzungen für die Tagebauflächen in der Lausitz.

2.3 Anlage IV.3 zeigt den Verlauf der seit 2012 ausgewiesenen Sächsisch-Böhmischen Silberstraße, die im Städtedreieck zwischen Zwickau, Dresden und Ostrov liegt.
Stellen Sie die Vorzüge dieses Tourismuskonzepts dar. 30 BE

60 BE

Anlage IV.1 Mietpreise unterschiedlicher Wohnungsgrößen und deren Entwicklung in Görlitz und Berlin

Wohnungsgröße	Görlitz			Berlin		
	Mietpreise (in Euro/m^2)		Anstieg (in %)	Mietpreise (in Euro/m^2)		Anstieg (in %)
	2011	2018		2011	2018	
30 m^2	4,95	5,39	8,89	8,36	13,93	66,63
100 m^2	4,34	5,04	16,13	6,68	12,33	84,58

Anlage IV.2 Auszug aus der Homepage der Stadt Görlitz und des Vereins „Kühlhaus Görlitz e. V." zum Projekt „Stadt auf Probe" (adaptiert)

„Stadt auf Probe" – Vier Wochen lang das Wohnen und Arbeiten in Görlitz testen

Ab Januar 2019 bietet sich in Görlitz wieder die Gelegenheit, auf Probe zu wohnen – und diesmal auch zu arbeiten. „Stadt auf Probe – Wohnen und Arbeiten in Görlitz" heißt das neue Vorhaben, welches sich an Selbstständige, Freischaffende und Kreative richtet, die die Stadt für einen Zeitraum von vier Wochen ausprobieren möchten. Erstmals stehen neben Probewohnungen auch Arbeitsräume kostenfrei zur Verfügung. Im Fokus stehen Menschen, die ortsungebunden arbeiten und leichter einen vierwöchigen Aufenthalt in Görlitz realisieren können.

„Natürlich ist ein wichtiges Ziel des Projektes, dauerhaft neue Bürger für unsere Stadt zu gewinnen", ergänzt Arne Myckert, Geschäftsführer der städtischen KommWohnen Service GmbH. Von Januar 2019 bis Juni 2020 werden neben drei Probewohnungen jeweils ein Büroarbeitsplatz in einem Co-Working Space, ein Werkstattarbeitsplatz in einem kreativen Kultur- und Gewerbezentrum sowie ein Atelierarbeitsplatz mit Ausstellungsmöglichkeit in einem Künstlertreffpunkt zur Verfügung stehen. Wohnungen und Arbeitsräume werden dabei unentgeltlich vom Wohnungsunternehmen bzw. von den drei am Projekt beteiligten Initiativen zur Verfügung gestellt. „Wir möchten dazu beitragen, dass die in Görlitz bereits lebendige Kreativszene über die Stadtgrenzen hinaus weiter bekannt wird", erläutert Danilo Kuscher, Vorstand des „Kühlhaus Görlitz e. V.". Hierfür wurde das ehemalige Kühlhaus zu einem soziokulturellen Begegnungsort umgestaltet und wird heute für Konzerte, Seminare und sonstige kulturelle Veranstaltungen genutzt. Nach diesem Vorbild könnten weitere heute leerstehende ehemalige Industriegebäude genutzt werden.

Schon im Vorfeld und vor allem während ihres Aufenthaltes werden die Görlitzer auf Probe daher von einem in der kreativen Szene gut vernetzten Ansprechpartner begleitet. Ermöglicht wird das Vorhaben durch eine Förderung des Bundesministeriums des Inneren, für Bau und Heimat und des Bundesinstituts für Bau-, Stadt- und Raumforschung im Rahmen der „Nationalen Stadtentwicklungspolitik".

Anlage IV.3 Verlauf der Sächsisch-Böhmischen Silberstraße

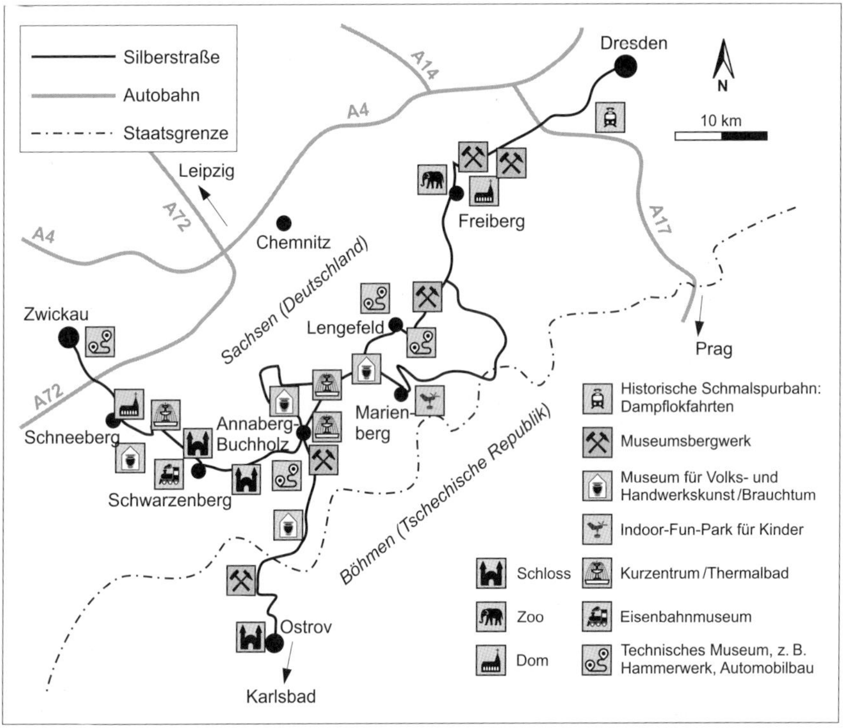

Hinweis: Bei der vorliegenden Abbildung handelt es sich um eine vereinfachte, nicht maßstabsgetreue Kartendarstellung.

Quellenverzeichnis

Eigene Darstellung nach DREAMANGO (2019): Ferienstraße Silberstraße, online unter https://www.dreamango.com/de/tour/touristische-strassen/ferienstrasse-silberstrasse/16029009/?utm_medium=referall&utm_source; STADT KRUŠNÝCH HORÁCH (2019): Die Silberstraße, online unter http://www.krusnohorci.net/prilchy/1414589726so-karte.jpg (Anlage IV.3)

Eigene Zusammenstellung, Daten nach: PWIB WOHNUNGS-INFOBÖRSE GmbH (2019): Aktuelle Mietspiegeldaten in Deutschland, online unter https://www.wohnungsboerse.net/mietspiegel-mietpreise (Anlage IV.1)

KAISER, TOBIAS (2015): Das Märchen von blühenden ostdeutschen Städten, online unter https://www.welt.de/wirtschaft/article138060719/Das-Maerchen-von-bluehenden-ostdeutschen-Staedten.html

KÜHLHAUS GÖRLITZ E. V. (2019): Über das Kühlhaus, online unter URL: https://kuehlhaus-goerlitz.de/das-kuehlhaus/kuehlaus_projekt/

KNAUSS, FERDINAND (2019): Was die Geschichte der deutschen Kohle lehrt. In: Wirtschaftswoche, online unter https://www.wiwo.de/politik/deutschland/kommission-fuer-wachstumk-strukturwandel-und-beschaeftigung-was-die-geschichte-der-deutschen-kohle-lehrt/23924050.html

„Stadt auf Probe" – Vier Wochen lang das Wohnen und Arbeiten in Görlitz testen, STADT GÖRLITZ vom 19. 09. 2018, https://www.goerlitz.de/news/detail/917-Stadt-auf-Probe-Vier-Wochen-lang-das-Wohnen-und-Arbeiten-in-Goerlitz-testen (Anlage IV.2)

Lösungsvorschlag

1.1 *Die erste Aufgabengruppe beschäftigt sich mit der Entwicklung und Infrastruktur städtischer Räume im Bundesland Sachsen. Die einführende Aufgabenstellung zur ersten Teilaufgabe gibt vor, dass zahlreiche Städte in Sachsen seit der Wiedervereinigung 1990 einen erheblichen Rückgang der Bevölkerung verzeichnen. Ohne konkrete Angaben hierzu sollen mögliche sozioökonomische und stadtplanerische Probleme erläutert werden, die sich aus der sinkenden Einwohnerzahl ergeben können. Bedenken Sie hierbei die Folgen abnehmender Stadtbevölkerung für das städtische Gewerbe und die von der Kommune vorgehaltene Infrastruktur einschließlich öffentlicher Einrichtungen.*

Die sinkenden Einwohnerzahlen zahlreicher Städte in **Sachsen** werden vor allem durch die **Abwanderung** jüngerer, erwerbsfähiger Bevölkerung verursacht. Die Folgen sind sinkende Steuereinnahmen, wodurch Defizite bei der finanziellen Ausstattung der Städte entstehen. Um Kosten zu sparen und wegen der geringeren Auslastung von **Infrastruktureinrichtungen**, wie Kindergärten, Schulen oder öffentlichem Personennahverkehr, sowie der Notwendigkeit zur Anpassung an die veränderten Bevölkerungsstrukturen müssen unter Umständen öffentliche Einrichtungen auch geschlossen werden. Der **Wegzug** junger und einkommensstarker Bevölkerungsgruppen schwächt die Nachfrage nach **Wohnimmobilien**, sodass es vermehrt zu Leerständen und **Verfallserscheinungen** kommt. In gleicher Weise führt eine **schrumpfende Bevölkerung** zu einem Rückgang des Umsatzes des **städtischen Einzelhandels** mit der Folge vermehrter Geschäftsaufgaben vor allem im Innenstadtstadtbereich. Leer stehende Wohn- und Gewerbeimmobilien sind ein deutliches Anzeichen für einen zunehmenden **Attraktivitätsverlust** der betroffenen Städte, wobei hinzukommt, dass die daraus resultierenden **Imageprobleme** neue Unternehmensansiedlungen auswärtiger Investoren erschweren können.

1.2 *Die zweite Aufgabe zur Stadtentwicklung im östlichen Deutschland greift mit dem Thema Mietpreisentwicklung eine sehr aktuelle Fragestellung auf. Anlage IV.1 zeigt die Steigerung der durchschnittlichen Mietpreise in Euro pro Quadratmeter Wohnfläche unterschiedlicher Wohnungsgrößen in Görlitz und Berlin zwischen 2011 und 2018. Die Mietpreisentwicklung in den beiden Städten ist zu vergleichen und anschließend zu begründen. Da die genaue Lage von Görlitz nicht als bekannt vorausgesetzt werden kann, empfiehlt sich der Blick in eine entsprechende Atlaskarte.*

Für die Höhe und die Entwicklung der **Mietpreise** in einer Stadt sind viele Ursachen ausschlaggebend. Wichtige Kriterien sind sicherlich die Lage und die **zentralen Funktionen** einer Siedlung. Berlin ist als **Bundeshauptstadt** innerhalb Deutschlands ein **höchstrangiges Zentrum** mit internationaler Bedeutung. Görlitz dagegen ist **Grenzstadt** zu Polen im Dreiländereck Deutschland – Polen – Tschechische Republik und liegt **peripher** sowohl in Deutschland als auch im Bundesland Sachsen. Allein diese unterschiedliche Wertigkeit der **Zentralität** ist für die höheren Mietpreise in Berlin im Vergleich mit jenen in Görlitz verantwortlich.

Der grundsätzlich festzustellende Anstieg der Mietpreise zwischen 2011 und 2018 ist sicherlich auch eine Folge der allgemein steigenden Lebenshaltungskosten in beiden Städten. In Berlin kann die höhere Steigerung im Vergleich zu Görlitz mit einer starken Nachfrage nach Wohnraum begründet werden. Die dynamische wirtschaftliche Entwicklung sowie eine hohe **Attraktivität** als Wohn- und Arbeitsort haben natürlich auch einen Anstieg der Bevölkerung zur Folge.

Die in beiden Städten deutlich stärkere Mietpreissteigerung bei größeren Wohnungen ist eine Folge steigender Ansprüche und damit einhergehend der erhöhten Nachfrage nach großen Wohnungen. In Görlitz begünstigen noch die verhältnismäßig niedrigen Mietpreise den Umzug in größere Wohnungen. In Berlin dagegen verursacht vor allem der **Zuzug** wohlhabender Bevölkerungsschichten eine steigende Nachfrage nach größeren Wohneinheiten, weshalb sich deren Mietpreise pro Quadratmeter seit 2011 fast verdoppelt haben.

Die in Berlin gegenüber Görlitz weitaus höheren Steigerungen der Mietpreise für vorwiegend Einzimmerwohnungen bis 30 m^2 werden verursacht durch Studierende an den zahlreichen Berliner Universitäten und Hochschulen, die Zunahme von **Singlehaushalten**, **Wochenendpendlern**, deren entfernt liegender Wohnort das tägliche Pendeln verhindert, sowie **Einpersonenhaushalte** mit geringem Einkommen.

1.3 *Die dritte Teilaufgabe stellt mit dem Text der Anlage IV.2 das Vorhaben der Stadt Görlitz „Stadt auf Probe – Vier Wochen lang das Wohnen und Arbeiten in Görlitz testen“ zur Diskussion. Anhand der Anlage sollen zwei Ziele der Initiative herausgearbeitet und die Chancen der Realisierung bewertet werden. Beachten Sie hierbei besonders die Zielgruppe, die mit diesem Projekt angesprochen werden kann, und schätzen Sie auch deren Mobilität ein.*

Wichtigstes Ziel des Projektes ist der dauerhafte Zuzug neuer Bürgerinnen und Bürger in die Stadt Görlitz. Hierzu werden den Interessenten für vier Wochen Wohnungen und Arbeitsräume kostenfrei zur Verfügung gestellt. Auch wenn sich die Initiatoren vor allem an ortsungebundene Personen wenden, erscheinen die kurze Erprobungszeit und die geringe Zahl von verfügbaren Wohnungen sowie die sehr speziellen Arbeitsmöglichkeiten ausschließlich im Kulturbereich kaum geeignet zu sein, junge und kreative **Zuwanderer** für einen Umzug in die **periphere Mittelstadt** Görlitz begeistern zu können. Gerade für diese Zielgruppe sind sicherlich die Großstädte wie etwa Berlin oder die sächsische **Landeshauptstadt** Dresden attraktivere Zielorte, sodass letztlich die Zahl der Umzugswilligen voraussichtlich sehr gering sein wird.

Mit dem Projekt verfolgt die Stadtverwaltung ebenso das Ziel, vor allem die Aufmerksamkeit von im Kulturbereich Beschäftigten auf die Stadt Görlitz zu lenken und das **Image** der Grenzstadt im Osten Deutschlands zu verbessern. Diese ungewöhnliche Aktion steigert zwar den Bekanntheitsgrad der Görlitzer Kulturszene, trotzdem ist die Werbewirksamkeit aufgrund der kleinen Zielgruppe vermutlich nicht sehr bedeutend.

2.1 *Die zweite Aufgabengruppe rückt die wirtschaftliche Entwicklung Sachsens, im Besonderen die Region Lausitz, in den Mittelpunkt. Hier war die Braunkohleindustrie, d. h. der Abbau und die Verstromung der Braunkohle im Lausitzer Revier, in den vergangenen Jahrzehnten der bedeutendste Wirtschaftssektor. Die von der Bundesregierung eingesetzte Kohlekommission hat empfohlen, bis 2038 endgültig die Braunkohletagebaue und die Kohleverstromung aufzugeben. Legen Sie mögliche Argumente der Befürworter und Kritiker dieser Maßnahmen strukturiert dar.*

Entscheidend für die Befürworter der Empfehlung der Kohlekommission, den **Braunkohleabbau** in der **Lausitz** einzustellen, sind vor allem ökologische Gründe. So können durch die Stilllegung aller Kohlekraftwerke die **Kohlenstoffdioxidemissionen** erheblich reduziert und die nationalen **Klimaziele** Deutschlands umgesetzt werden. Ebenso verbessern sich im Umfeld der großflächigen Braunkohletagebaue und der Kohlekraftwerke die Umweltbedingungen für die ansässige Bevölkerung. Weitere **Landschaftszerstörungen** durch die Ausweisung neuer Abbaugebiete und in deren Folge die bereits geplanten **Umsiedlungen** ganzer Dörfer bleiben der Region erspart. Das Ende der Nutzung **fossiler Energieträger** muss gleichzeitig zur weiteren Steigerung der Stromgewinnung aus **alternativen Energieformen** führen. Dies könnte auch die Schaffung von modernen zukunftssicheren Arbeitsplätzen in der Lausitz zur Folge haben.

Eine Kritik an der Empfehlung der Kohlekommission stützt sich auf die Sorge, dass der Ersatz der Braunkohle als billiger Energieträger durch andere kostenintensivere Energieformen wie etwa **Solarenergie** zu **steigenden Strompreisen** führen kann. Ein **Beschäftigungsabbau in energieintensiven Industrien** wie etwa der Stahlindustrie wäre die Folge. Außerdem wird die Beendigung der Verstromung von Braunkohle, dem bedeutendsten heimischen Energieträger, zu einer steigenden **Abhängigkeit von Energie- bzw. Stromimporten** führen. Für das Braunkohlerevier Lausitz und damit auch für das Bundesland Sachsen bedeutet die Stilllegung der gesamten Braunkohleindustrie den **Verlust Tausender Arbeitsplätze** auch bei Zuliefer- und Dienstleistungsbetrieben. Es droht die Gefahr steigender Arbeitslosigkeit und damit eine weitere Benachteiligung dieses **strukturschwachen Raumes** im östlichen Deutschland.

2.2 *Diese Teilaufgabe schließt unmittelbar an die Problemstellung der Aufgabe 2.1 an: Die Kritiker der Empfehlung der Kohlekommission befürchten durch die Stilllegung der Tagebaubetriebe und die damit einhergehenden Arbeitsplatzverluste eine wirtschaftliche Schwächung der Region Lausitz. Insofern ist die Frage der Folgenutzungen der Tagebauflächen von großer Bedeutung für die zukünftige Entwicklung des Kohlereviers. Der Verweis auf die Einbeziehung geeigneter Atlaskarten für die Bearbeitung der Aufgabenstellung erscheint im ersten Augenblick wenig hilfreich, da kein Atlas Karten des Lausitzer Reviers beinhaltet. Allerdings bietet jeder Atlas thematische Karten zur Raumnutzung und Rekultivierung ehemaliger Braunkohletageflächen im Bereich des Rheinischen Reviers und des Mitteldeutschen Reviers an. Die Auswertung dieser Karten liefert Ihnen dann mögliche Folgenutzungen für das Lausitzer Revier, deren Realisierung anschließend diskutiert werden soll.*
Im Folgenden werden aus Gründen der Vollständigkeit mehr als die geforderten drei Möglichkeiten alternativer Flächennutzungen erläutert.

Die sich über mehrere km^2 erstreckenden Flächen der **Tagebaubetriebe** graben sich über 100 m tief in die Landschaft ein. Die immense **Landschaftszerstörung** erfordert große finanzielle Mittel, um diese Flächen zu rekultivieren.

Eine **Wiedernutzbarmachung** der Tagebauflächen für die Landwirtschaft, im Besonderen für Ackerbau, ist unrealistisch: Durch den Tagebau sind die ursprünglich bereits nicht sehr fruchtbaren Böden völlig abgetragen worden, es existiert auch keine Humusauflage. Zudem befinden sich vermutlich in den aufgelassenen Betriebsflächen giftige **Altlasten**, die einen Anbau landwirtschaftlicher Produkte nicht zulassen.

Die sich über große Flächen erstreckenden **Bodenabsenkungen** und **Restlöcher** der Tagebaubetriebe werden im Rahmen der **Rekultivierung** mit Grundwasser geflutet und ermöglichen dann eine Nutzung der ausgedehnten Seenlandschaft als neue **Naherholungsgebiete**. Diese **Umwidmung** in eine attraktive **Freizeitlandschaft** und die Errichtung der notwendigen touristischen Infrastruktur erfordert aber hohe Investitionen. Erschwerend für eine solche Art der Folgenutzung ist jedoch die geringe Bevölkerungsdichte in der Lausitz, sodass auch Erholungsuchende und Besucher aus weiter entfernt liegenden Regionen zum Erfolg der Maßnahme beitragen müssen.

Auf den landschaftlich wenig attraktiven, aber ebenen Tagebauflächen wäre die Errichtung von **Windparks** und **Solarparks** selbst bei nicht optimalen Bedingungen wie nur mäßiger **Sonneneinstrahlung** eine mögliche und sinnvolle Folgenutzung. Der hier gewonnene Strom könnte dann zur Kompensation des Defizits beitragen, das durch die Stilllegung der Kohlekraftwerke entstanden ist.

Die Ausweisung von **Gewerbegebieten** für die Ansiedlung neuer, zukunftsfähiger Unternehmen erscheint nur dort sinnvoll, wo eine leistungsfähige **Infrastruktur** wie etwa der Anschluss an das bundesdeutsche **Autobahnnetz** möglich ist. Hierzu sind wieder staatliche Finanzhilfen erforderlich, auch müssten Gelder für die Umschulung und Qualifizierung der ehemals in der Kohleindustrie Beschäftigten bereitgestellt werden.

2.3 *Die dritte Aufgabe zur wirtschaftlichen Entwicklung rückt nun den Süden des Bundeslandes Sachsen in den Fokus. Die Gebirgsregion des Erzgebirges und das Grenzland zur tschechischen Republik liegen peripher in Deutschland und gelten als strukturschwache Räume. Mithilfe der Anlage IV.3 und einer entsprechenden physischen Atlaskarte können der Verlauf und die Lagebedingungen der „Sächsisch-Böhmischen Silberstraße" genauer lokalisiert werden. Es sollen nur die Vorzüge des zugrunde liegenden Tourismuskonzepts dargestellt werden, auf mögliche Probleme müssen Sie nicht eingehen.*

Die Sächsisch-Böhmische Silberstraße ist eine sogenannte **Ferienstraße**, die den **Tourismus** entlang der Route fördern soll. Das Konzept hat zum Ziel, durch den Image- und Attraktivitätsgewinn und eine grenzüberschreitende, gemeinsame **Vermarktung** touristischer Angebote, die auch **Synergieeffekte** für die verschiedenen touristischen Anbieter bietet, eine periphere Region touristisch zu erschließen. Auf diese Weise wird eine größere Publikumswirksamkeit auch kleinerer Attraktionen und Fremdenverkehrsorte erzielt und die Nutzung bereits vorhandener lokaler Infrastruktur intensiviert. Dadurch ergibt sich eine Vielzahl unterschiedlichster Angebote für viele verschiedene **Zielgruppen**, z. B. **Gesundheits**- und **Kulturtouristen** oder Familien mit Kindern. So profitieren lokale Fremdenverkehrsbetriebe von der ganzjährigen Nutzung des **touristischen Potenzials** des bisher nur gering entwickelten Wander- und Skitourismus. Der zunehmende Fremden- und Urlaubsverkehr trägt zum Erhalt und zur Förderung traditioneller Handwerksbetriebe und Museen in der **Gebirgsregion** bei. Die Anbindung der Sächsisch-Böhmischen Silberstraße an das **Fremdenverkehrszentrum** Dresden bietet Urlaubern eine attraktive Verknüpfung von **Städte-, Kultur- und Erholungstourismus** entlang dieser Ferienstraße. Zusätzlich können sich wirtschaftliche Impulse durch die **grenzüberschreitende** Anbindung und **Zusammenarbeit** zwischen **Böhmen** und Sachsen ergeben.

Abitur 2021 Geographie Bayern
Aufgabe I: Der Naturraum Afrikas und dessen Nutzung

1 Geozonen und deren Gefährdung

1.1 Anlage I.1 zeigt die Veränderlichkeit des Bewölkungsgrads in Afrika im Verlauf eines Jahres.
Erläutern Sie die jeweiligen Bewölkungsverhältnisse in den mit A, B, C und D gekennzeichneten Regionen Afrikas.

1.2 Beschreiben und erklären Sie die in Anlage I.2 modellhaft dargestellte Bodenfruchtbarkeit im Bereich des afrikanischen tropischen Regenwaldes sowie deren Veränderung durch Brandrodungswanderfeldbau.

1.3 Stellen Sie unter Zuhilfenahme geeigneter Atlaskarten das Ursachengeflecht dar, das in der Sahelzone zur Bodendegradation führt. 30 BE

2 Wirtschaftliche Perspektiven

2.1 Wie in vielen Regionen der Erde werden auch in Afrika vermehrt sogenannte *Flex Crops* angepflanzt.
Diskutieren Sie ausgehend von Anlage I.3 Chancen und mögliche Risiken dieser Entwicklung aus Sicht der betroffenen Regionen.

2.2 Im Gegensatz zu vielen anderen Entwicklungsländern setzt Namibia nicht auf Massentourismus, sondern auf Rundreisen für Kleingruppen und Individualtouristen.
Zeigen Sie ausgehend von Anlage I.4 die Vorteile dieser Art der touristischen Nutzung für das Land auf. 20 BE

50 BE

Anlage I.1 Zunehmende Veränderlichkeit des Bewölkungsgrads in Afrika im Verlauf des Jahres

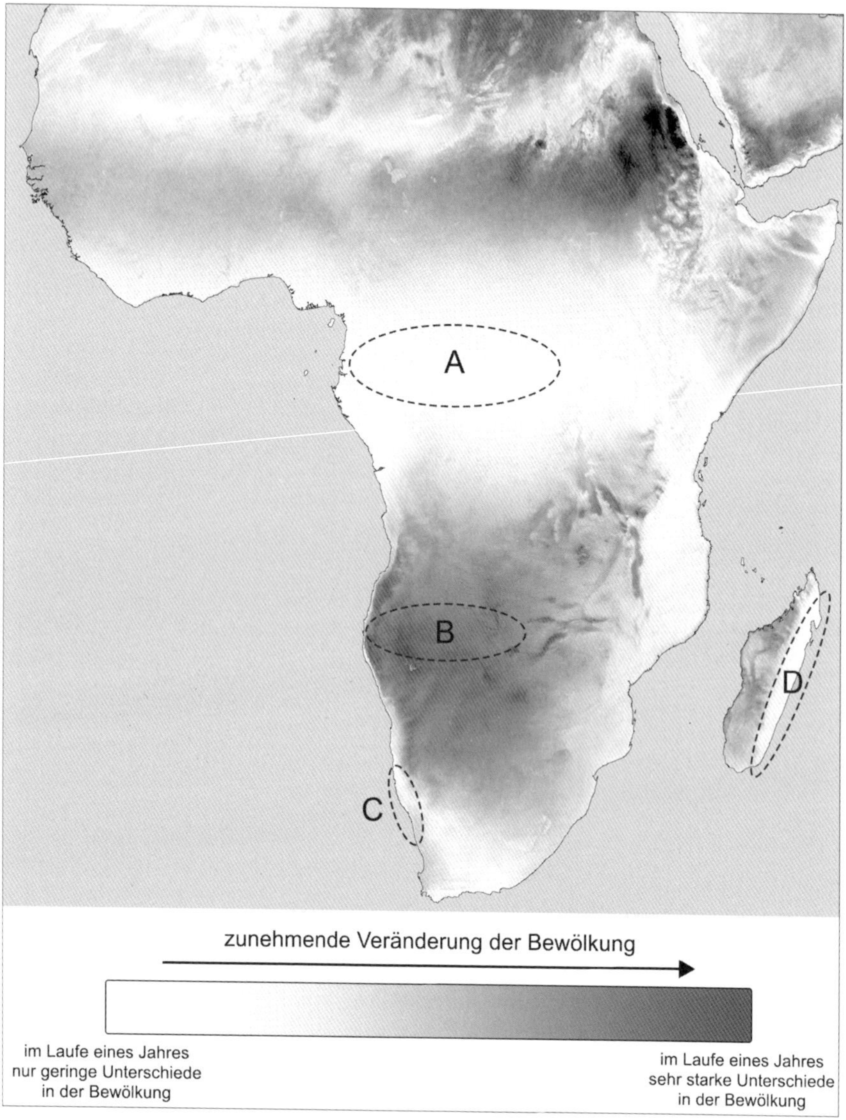

Anlage I.2 Modellhafte Darstellung der Bodenfruchtbarkeit im unberührten tropischen Regenwald und deren Veränderung durch Brandrodungswanderfeldbau

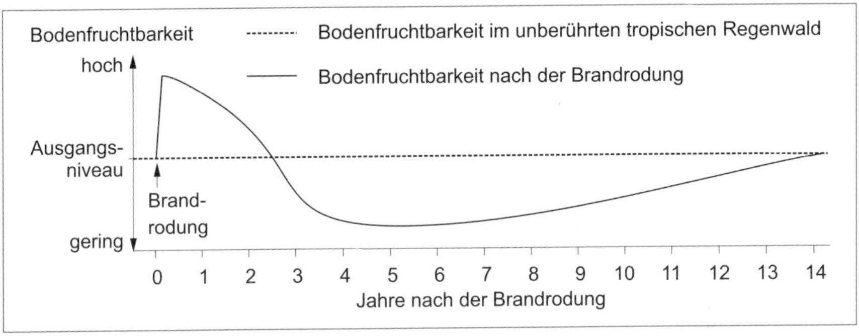

Anlage I.3 Bericht über eine Studie der *FAO (Food and Agriculture Organization of the United Nations)* zum Anbau von *Flex Crops* in Afrika (adaptiert)

Heute Nahrung, morgen Sprit, übermorgen Plastik

2011 kam eine im Auftrag der Welternährungsorganisation FAO erstellte Studie zu dem Ergebnis, dass sich die landwirtschaftliche Produktion auf neu erschlossenen Flächen vermehrt auf wenige Anbauprodukte konzentriere, v. a. Soja, Zuckerrohr und Palmöl. Diese werden jeweils für unterschiedliche Nutzungen verwendet. Zuckerrohr beispielsweise ist ein bedeutender Grundstoff für die Nahrungsmittelindustrie, es kann zu Ethanol verarbeitet werden und zu „Bioplastik“, wie Einkaufstüten deutscher Einzelhandelsketten veranschaulichen. Mittlerweile gibt es Raffinerien, die je nach Nachfrage Zucker oder Ethanol produzieren. Soja ist Nahrungsmittel, Futtermittel und eine der wichtigsten Pflanzen zur Erzeugung von Biotreibstoff. Palmöl wiederum ist ein zentraler Grundstoff für die Nahrungsmittelindustrie (Margarine, Schokolade, Bratöl …) und für Biotreibstoff. Weil sie flexibel einsetzbar sind, nennen die Autoren der Studie diese Anbauprodukte *„Flex Crops“*.

Durch diese Flexibilität ist bei diesen Produkten eine Trennung zwischen Agrartreibstoff und Nahrungsmittel nicht mehr so einfach möglich. Folglich entscheiden globale „Marktsignale“, also die Frage, wo kurzfristig die höchsten Gewinne locken, welcher Endnutzung das Produkt zugeführt wird. Kurzfristig können so erhebliche Mengen an potenziellen Nahrungsmitteln dem globalen Nahrungsmittelmarkt entzogen werden.

Anlage I.4 Stationen einer „klassischen" zweiwöchigen Namibia-Rundreise für Individualtouristen und Kleingruppen

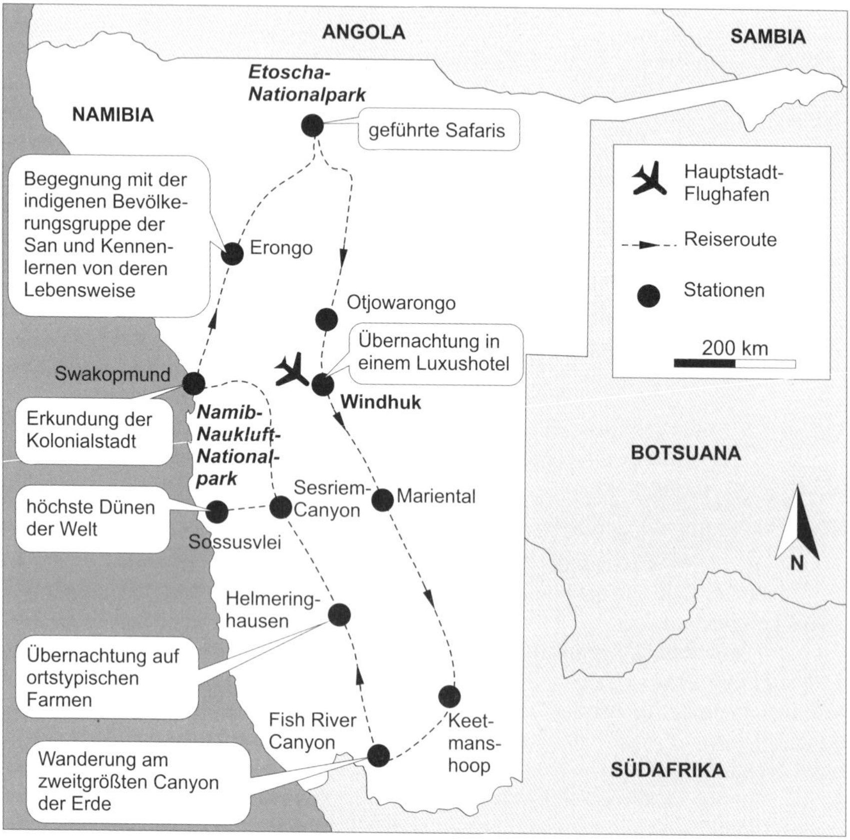

Quellenverzeichnis

FAO (2015): Global Forest Resources Assessment 2015, online unter www.fao.org/publications (Anlage I.2)

Nach INFORMATIONSBÜRO NICARAGUA: TAZ-Beilage vom 26. 7. 2013, online unter www.informationsbuero-nicaragua.org (Anlage I.3)

Nach KRAUS, D. und K. (2020): Wikinger Reisen: Namibias Naturschauspiele, online unter www.wikinger-reisen.de/wanderreisen/namibia/1312.php (Anlage I.4)

© NASA Earth Observatory maps (2014) by Jesse Allen and Joshua Stevens, using MODIS data processed by Adam Wilson and Walter Jetz, available at EarthEnv (Anlage I.1)

Lösungsvorschlag

1.1 *Bei der Bearbeitung dieser Teilaufgabe empfiehlt es sich, geeignete Atlaskarten heranzuziehen, um die Teilregionen A–D klimazonal einordnen zu können. Mit Hintergrundwissen zur planetarischen Zirkulation, vor allem zum tropischen Luftmassenkreislauf, lassen sich dann die jeweiligen Bewölkungsverhältnisse erläutern (zunächst beschreiben, dann begründen).*

Region A
Bei Region A handelt es sich um das Kongobecken im Bereich der inneren **immerfeuchten Tropen**. Die Karte zeigt in dieser Region nur geringe Bewölkungsunterschiede im Verlauf eines Jahres. Der Grund hierfür liegt in dem über das gesamte Jahr hinweg steilen Sonneneinstrahlungswinkel, der ganzjährig zum Aufsteigen äquatornaher Luftmassen mit der Folge von täglichem, regelmäßig auftretendem **Zenitalniederschlag** führt. Im Bereich der hier jahreszeitlich leicht pendelnden innertropischen Konvergenzzone (ITC) kommt es kaum bzw. nicht zu Bewölkungsveränderungen.

Region B
Region B liegt im Südwesten Afrikas etwa zwischen 12 und 18° südlicher Breite, also im **Feucht- und Trockensavannengebiet der wechselfeuchten Tropen**. Die Veränderlichkeit der Bewölkung im Jahresverlauf ist hier stark ausgeprägt. Dichte Bewölkung herrscht in den humiden Monaten im Zuge des Durchgangs der ITC mit konvektivem Luftmassentransport und **Zenitalniederschlägen** vor. Ein geringer Bewölkungsgrad ist während der ariden Phase zu beobachten, wenn absinkende, trockene Luftmassen aus dem Antipassat weitgehende **Wolkenlosigkeit** verursachen.

Region C
Region C entspricht dem relativ schmalen Küstenstreifen der Namib. Der Bewölkungsgrad zeigt hier im Jahresverlauf keine bzw. nur geringe Veränderungen. Infolge der kalten Wassermassen des **Benguela-Stroms** kommt es hier über dem Meer in Küstennähe zu ganzjähriger Kondensation und Nebelbildung, an Land allerdings zu weitgehender Wolkenlosigkeit infolge fehlender Konvektionsvorgänge.

Region D
Region D ist an der Ostküste Madagaskars zu verorten. Dieser Bereich weist im Jahresverlauf eine äußerst geringe Veränderlichkeit in der Bewölkung auf. Die Ostküste Madagaskars zeigt ganzjährig starke Bewölkung infolge des auflandig wehenden Südostpassats, der feuchte Luftmassen in Form von **Steigungsregen** an dem weitgehend meridional verlaufenden Küstengebirge verursacht.

1.2 *Die Bearbeitung dieser Teilaufgabe erfordert ein klares und strukturiertes Vorgehen, da hier zwei Operatoren („beschreiben" und „erklären") mit einer dynamischen Betrachtungsweise („Veränderung durch Brandrodungswanderfeldbau") kombiniert werden müssen. Gehen Sie also zunächst vom naturbelassenen Zustand im immerfeuchten tropischen Regenwald aus und erläutern Sie anschließend die durch die Brandrodung verursachten Veränderungen.*

Im naturbelassenen, also nicht anthropogen beeinflussten Zustand stellt der tropische Regenwald der immerfeuchten inneren Tropen ein langfristig relativ **stabiles Ökosystem** mit konstanter, wenn auch nicht sehr hoher Bodenfruchtbarkeit dar. Dies liegt daran, dass die Humusauflage infolge des feuchtwarmen Milieus und der starken **chemischen Verwitterung** äußerst dünn ist und somit kaum als eigentlicher Nährstoffspeicher dienen kann. Der tropische Regenwald ernährt sich deshalb innerhalb eines **kurzgeschlossenen Nährstoffkreislaufs** „aus sich selbst". Der mäßige, aber konstante Nährstoffgehalt in diesem Kreislauf wird durch die schnelle Zersetzung der organischen Materialien gesichert. Zudem schützen im natürlichen tropischen Regenwald das geschlossene Blätterdach und die intensive Durchwurzelung den Oberboden vor mechanischer Erosion. Im Zuge des **Brandrodungswanderfeldbaus** kommt es unmittelbar nach dem Niederbrennen der Gehölze zu einer erhöhten Bodenfruchtbarkeit durch die nun vorhandene Aschenauflage als Folge der Mineralisierung der zuvor vorhandenen Biomasse.

Im Verlauf weniger Jahre ist dieser mineralische Dünger aufgebraucht – nicht zuletzt, weil die nun ungehindert auftreffenden Zenitalniederschläge zu einem schnellen vertikalen Transport der Nährstoffe durch Versickerung sowie zu starken flächen- und linienhaften **Erosionsschäden** führen.

Infolge der nun fehlenden Nährstoffzufuhr sinkt besonders bei mehreren Ernten pro Jahr die **Bodenfruchtbarkeit** drastisch, bereits nach drei Jahren sogar deutlich unter das Ausgangsniveau. Erst nach Aufgabe der an Nährstoffen verarmten Anbauflächen können sich über einen längeren Zeitraum von etwa zehn Jahren arten- und biomassenärmere Sekundärwaldformen mit mäßiger Bodenfruchtbarkeit entwickeln. Bis das Ausgangsniveau der Bodenfruchtbarkeit erreicht ist, dauert es laut der Anlage 14 Jahre.

1.3 *Im Grunde fordert diese Aufgabenstellung die Darstellung des Zustandekommens von Desertifikationsprozessen. Beginnen Sie Ihren Antworttext am besten mit den naturgeographischen Einflussfaktoren, die das Ökosystem der Sahelzone grundsätzlich vulnerabel machen. Anschließend sollten die anthropogenen Verstärkungsprozesse in ihren Kausalzusammenhängen dargestellt werden.*

Die naturgeographischen Voraussetzungen in der **Sahelzone** lassen sich wie folgt beschreiben:
Das Gebiet ist grundsätzlich gekennzeichnet von hohen **Jahrestemperaturwerten**, einer daraus resultierenden hohen **Verdunstungsrate**, relativ hohen **Windgeschwindigkeiten** (Erosionsanfälligkeit) infolge **geringer Reliefunterschiede**, **Starkregenereignissen** und vor allem einer hohen quantitativen und zeitlichen **Niederschlagsvariabilität**. Aus diesen physisch-geographischen Ausgangsbedingungen ergeben sich eine grundsätzlich hohe **Erosionsanfälligkeit** und das Risiko episodisch auftretender, oft mehrjähriger Dürrephasen.

Infolge des starken **Bevölkerungsanstiegs** in den Ländern der Sahelzone kommt es besonders durch die landwirtschaftliche Inwertsetzung zu einer deutlichen Überlastung der **Tragfähigkeit**. Zum einen werden, um die Nahrungsmittelversorgung zu sichern, durch die Ausweitung der ackerbaulichen Nutzung nun landwirtschaftliche Nutzflächen in klimatisch riskanten Gebieten jenseits der eigentlichen agronomischen Trockengrenze geschaffen. Zum anderen führt ein erhöhter Viehbesatz zu **Überweidungseffekten**, schließlich zur teilweisen oder vollständigen Entfernung der Grasnarbe und zum Bloßlegen des Oberbodens. Dieser wird wiederum durch die **hohen Windgeschwindigkeiten** verfrachtet und ist zudem bei Starkregen hoher flächen- und linienhafter Erosion ausgesetzt. Die **Bodendegradation** wird außerdem durch Rodungsmaßnahmen zur Brenn- und Bauholzgewinnung verstärkt. Dadurch wird die Erosionsanfälligkeit infolge der fehlenden Durchwurzelung zusätzlich erhöht.

2.1 *Bei dieser Teilaufgabe empfiehlt es sich, zunächst einmal die wichtigsten Inhalte der Anlage I.3 durch mehrmaliges Lesen herauszufiltern und die Kernaussagen/Schlüsselbegriffe zu markieren. Der Operator „diskutieren" erfordert anschließend ein bewertendes Abwägen der Chancen und möglichen Risiken.*

Die Chancen der Kultivierung von **Flex Crops** liegen vor allem darin, für selbstständige Landwirte und Plantagenbesitzer sichere Arbeitsplätze und stabile Einkommensverhältnisse zu schaffen. Die Grundlage dafür ist ein flexibles, absatzsicheres Wirtschaften, bei dem die Möglichkeit besteht, die Anbauprodukte je nach den Erfordernissen des Marktes flexibel anzupassen. Zudem ermöglichen die neu erschlossenen Anbauflächen häufig eine hohe Produktivität der Bewirtschaftung und damit eine **hochrentable Produktionsweise**. Da die landwirtschaftlichen Rohstoffe in erster Linie für den Export erzeugt werden, können sich die Einnahmen aus ausländischen Devisen deutlich erhöhen. Ausländisches Kapital kann außerdem durch den Anreiz für ausländische **Direktinvestitionen** bei der Erschließung neuer Agrarflächen „importiert" werden.

Das größte Risiko einer derartigen Wirtschaftsweise liegt vor allem darin, dass die Produktion von Nahrungsmitteln für die einheimische Bevölkerung **(Food Crops)** auf den neu erschlossenen Flächen verhindert bzw. verdrängt wird auf Risikoflächen mit weniger nährstoffreichen Böden. Die sich hieraus ergebenden

Ernterisiken führen zu Unsicherheiten bei der Nahrungsmittelproduktion, möglicherweise auch zur **Nahrungsmittelverknappung**.

Die genannten Unwägbarkeiten werden außerdem dadurch verstärkt, dass bisher im Food-Crop-Bereich arbeitende Landwirte nun in den Bereich der Flex-Crop-Produktion abwandern. Schließlich verstärkt der vorwiegend in **Monokultur** realisierte Flex-Crop-Anbau Ernterisiken, da die Böden einseitig ausgelaugt werden und allmählich an Nährstoffen verarmen. Der Einsatz von Spritzmitteln zur Bekämpfung des bei Monokulturen oft gehäuften Schädlingsbefalls belastet zudem die Gesundheit der Arbeitskräfte.

2.2 *Die Bearbeitung dieser Teilaufgabe wird durch die Aufgabenstellung klar vorgegeben. Beachten Sie bitte, dass die Anlage I.4 lediglich einen Anfangsimpuls liefert. Von Ihnen werden also weitere, über die Anlage hinausgehende Ausführungen erwartet.*

Die weitgehend vorherrschende Konzentration auf Rundreisen für Kleingruppen und **Individualtouristen** kann gegenüber einer massentouristischen Ausrichtung deutliche Vorteile für Namibia aufweisen.

Die touristischen Standardrouten führen zu einer räumlich dispersen Verteilung der touristischen Wertschöpfung und damit zumindest zu einer Verminderung **räumlicher Disparitäten**, wie sie allzu oft in Küsten-Hinterlands-Konstellationen vorzufinden sind. Das hauptsächlich auf höherwertigem Lodge-Tourismus fußende Konzept ermöglicht außerdem ein höheres Preisniveau und damit ggf. nachhaltige Tourismuskonzepte. Die Diversifizierung der touristischen Angebote (historische Stätten, Dünenwanderungen, Safaris, Übernachtungen auf einfachen ortstypischen Farmen bis hin zur Nutzung von Luxusresorts) zielt außerdem auf zahlungskräftige, natur- und kulturinteressierte Individualtouristen. Schließlich verhindert die individualtouristische Nutzung Überlastungserscheinungen wie etwa Müll- und Lärmprobleme, wie sie für den Massentourismus typisch geworden sind. Außerdem wird durch den Individualtourismus weitgehend gewährleistet, dass es nicht zu kulturellen **Überfremdungseffekten** kommt.

Für die einheimische Bevölkerung ergibt sich durch den Bau und Betrieb touristischer Unterkünfte eine Vielzahl an längerfristigen Arbeitsplätzen.

Abitur 2021 Geographie Bayern
Aufgabe II: Karibik und nördliches Südamerika

1 Naturgeographische Voraussetzungen

1.1 Erklären Sie mithilfe geeigneter Atlaskarten das besonders große und künftig zum Teil noch steigende Gefährdungspotenzial für viele Anrainerstaaten am Karibischen Meer aufgrund von Naturgefahren.

1.2 Anlage II.1 zeigt das natürliche Abflussverhalten des Orinoco bei Ciudad Bolívar (8° 5' N/63° 33' W).
Begründen Sie die Besonderheiten der Wasserführung und zeigen Sie zwei mögliche Problembereiche auf, die sich daraus ergeben. 20 BE

2 Rohstoffförderung und Wirtschaftskrise in Venezuela

2.1 Beschreiben Sie ausgehend von den Materialien M 1 bis M 4 in Anlage II.2 die Entwicklung der ökonomischen und sozialen Situation in Venezuela und legen Sie mögliche Gründe für die aktuelle Krise des Landes dar. Beurteilen Sie abschließend kurz die ökonomischen Zukunftschancen Venezuelas.

2.2 Anlage II.3 zeigt die Abwanderung aus Venezuela in ausgewählte Zielländer im Zeitraum 2015 bis 2017.
Vergleichen Sie diese Migrationsströme und stellen Sie mögliche Gründe für die Unterschiede dar. 30 BE

50 BE

Anlage II.1 Natürliches Abflussverhalten des Orinoco bei Ciudad Bolívar: Langjährige Durchschnittswerte sowie Minimal- und Maximalwerte (in m^3/Sek.)

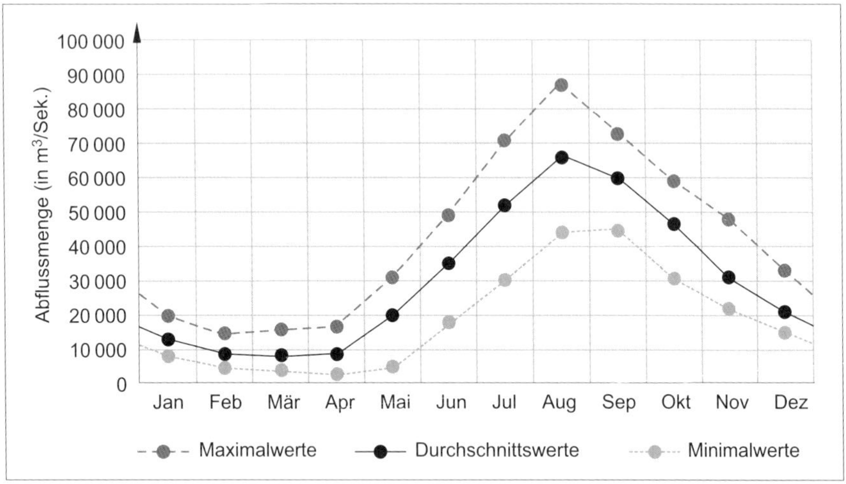

Anlage II.2 Zur sozioökonomischen und politischen Situation in Venezuela

M 1 Auszug aus einem Artikel von *ZEIT Online* vom 7. Februar 2019 (adaptiert und ergänzt)

Bis vor wenigen Jahren war Venezuela eher ein Einwanderungsland. Seit die venezolanische Hauptstadt eine der höchsten Mordraten der Welt hat und die Versorgung mit Lebensmitteln und Medizin an vielen Orten zusammengebrochen ist, zieht es viele der rund 30 Millionen Venezolanerinnen und Venezolaner ins Ausland. Darunter sind auch zahlreiche gut ausgebildete Menschen.

Venezuela verfügt über die größten nachgewiesenen Ölreserven der OPEC-Staaten. Allerdings schafft es der Staat kaum noch, notwendige Reparaturen an Anlagen zu finanzieren und in neue Bohrungen zu investieren.

Als Hugo Chávez 1999 die Macht übernahm, verkündete er als 62. Staatspräsident Venezuelas den „Sozialismus des 21. Jahrhunderts" und führte die Einnahmen aus dem Ölgeschäft mehr der einfachen Bevölkerung zu. Aufgrund dessen wurde das Geld nie in den Aufbau der Wirtschaft oder zukunftsweisender Wissenschaft und Technik investiert. Ein Großteil dieses Geldes war für Unterstützerinnen und Unterstützer des Präsidenten in Form von Konsumgütern vorgesehen. Die ölfinanzierten Importe haben auch dazu beigetragen, die heimische Produktion zu drosseln. Berichte, wonach ein großer Teil der Einnahmen des staatlichen Ölkonzerns PDVSA in den Taschen des Managements verschwindet, gab es schon vor Chávez.

Hauptabnehmer des exportierten Rohöls waren bis 2018 die USA, wo das vergleichsweise teerhaltige venezolanische Öl in speziellen Raffinerien verarbeitet wurde. Von

dort ging es auf den Weltmarkt – soweit die seit 2015 von den USA verhängten und schrittweise verschärften Sanktionen gegen Venezuela das noch erlaubten.
Laut dem *Latin American Defense Network* verfügt das venezolanische Militär über 365 000 Soldatinnen und Soldaten – und damit über so viele Streitkräfte wie die Regionalmacht Brasilien, wo fast siebenmal mehr Menschen leben. Trotz der knappen Kassen investierte Venezuela vorwiegend in das Militär. Ein Grund dafür ist die politische Macht der Generäle. Bevor Chávez 2013 starb, bestimmte er als seinen Nachfolger Maduro. Doch die Unterstützung für diesen bröckelt – auch wegen der wirtschaftlichen Misere.

M 2 Entwicklung des HDI von Venezuela von 1990 bis 2018

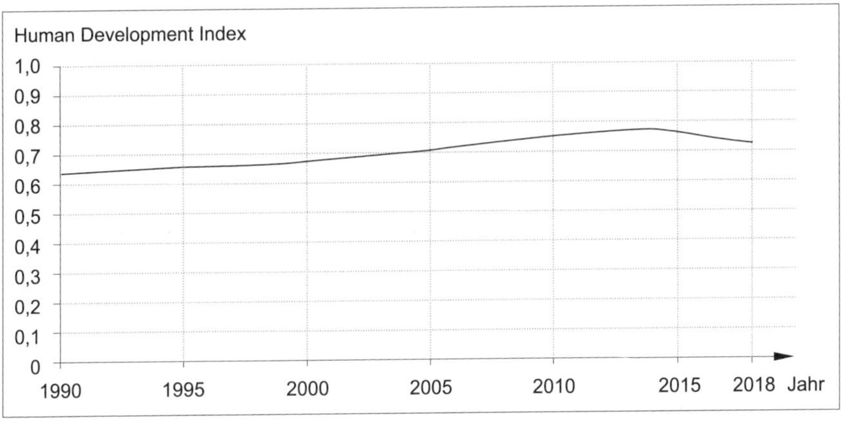

M 3 Ölpreis auf dem Weltmarkt und Fördermenge Venezuelas

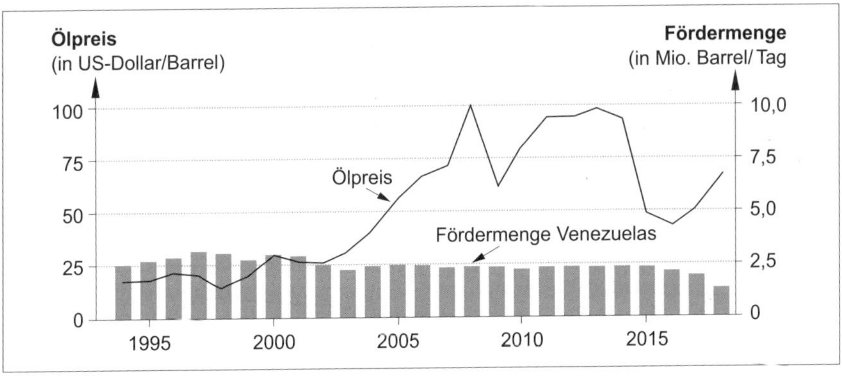

M 4 Außenhandel von Venezuela (2018)

Exportgüter	**Importgüter**
Gesamtwert: 33,0 Mrd. US-Dollar (im Vergleich zu 2014: –53,2 %)	Gesamtwert: 10,6 Mrd. US-Dollar (im Vergleich zu 2014: –73,2 %)
davon: • Rohöl (79,9 %) • raffiniertes Erdöl (9,8 %) • Edelsteine und Edelmetalle (2,8 %) • Eisen und Stahl (0,8 %)	davon: • raffiniertes Erdöl (39,6 %) • Maschinen (inkl. Computer) und elektronisches Zubehör (12,4 %) • Getreide (8,5 %) • tierische/pflanzliche Fette, Öle und Wachse (2,6 %)

Anlage II.3 Anzahl der Migranten aus Venezuela in ausgewählte Zielländer im Zeitraum 2015 bis 2017

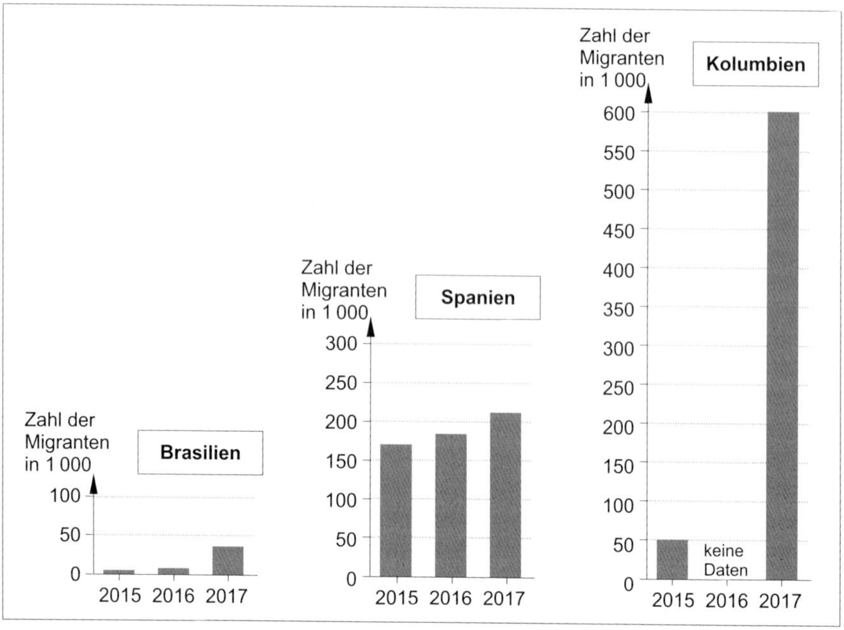

Quellenverzeichnis

Eigene Darstellung, Daten nach: Council on Foreign Relations (Anlage II.2, M 3)

Eigene Darstellung, Daten nach: Vo¨ro¨smarty et al., 1998 (Anlage II.1)

MELLMANN, ANN-KATRIN (2017): Ausbeutung von Rohstoffen: In Venezuela wird das Tafelsilber verscherbelt. Deutschlandfunk (29. 04. 2017), online unter https://www.deutschlandfunk.de/ausbeutung-von-rohstoffen-in-venezuela-wird-das-tafelsilber.799.de.html?dram:article_id=384941

Nach STÜRZENHOFECKER, MICHAEL: Fünf Zahlen, die die venezolanische Krise erklären, ZEIT Online vom 07. 02. 2019, https://www.zeit.de/politik/ausland/2019-02/venezuela-machtkampf-krise-nicolas-maduro-juan-guaido-zahlen-ueberblick?utm_referrer=https%3A%2F%2Fwww.google.com%2F (Anlage II.2, M 1)

Nach THE ECONOMIST (2018): The departed (Anlage II.3)

Nach WORLD'S TOP EXPORTS (2019): Venezuela's Top 10 Exports, online unter http://www.worldstopexports.com/venezuelas-top-10-exports/ (Anlage II.2, M 4)

Nach WORLD'S TOP EXPORTS (2019): Venezuela's Top 10 Imports, online unter http://www.worldstopexports.com/venezuelas-top-10-imports/ (Anlage II.2, M 4)

UNDP (2019): Venezuela (Bolivarian Republic of): Human Development Indicators (Anlage II.2, M 2)

Lösungsvorschlag

1.1 *Ihre Aufgabe ist es, das besonders große und künftig im Zuge des Klimawandels zum Teil noch steigende Gefährdungspotenzial für viele Anrainerstaaten am Karibischen Meer aufgrund von Naturgefahren zu erklären. Zunächst sollten Sie mithilfe des Atlas das Karibische Meer verorten. Als gute Grundlage, alle in diesem Raum möglichen Gefährdungen zu erfassen, dienen Ihnen geeignete Atlaskarten zu globalen Naturgefahren und -risiken.*

Die Staaten Mittelamerikas und der Karibik sind durch **Erdbeben** gefährdet. Diese Beben entstehen im Rahmen der Plattentektonik durch die **Kollision** bzw. **Subduktion an** den **Plattengrenzen der Karibischen Platte** mit anderen Platten, z. B. der Kokos- und Nazcaplatte. Wenn sich an diesen Grenzen die Platten in ihrer Bewegung verhaken und verkanten, bauen sich mechanische Spannungen innerhalb des Gesteins auf. Wird die Scherfestigkeit der Gesteine überschritten, entladen sich diese Spannungen durch ruckartige Bewegungen der Erdkruste. Diese tektonisch bedingten Erdbeben gefährden somit nicht nur die Natur, sondern auch die Infrastruktur sowie die Bewohner der betroffenen Regionen. Solche schweren Erdbeben können zudem **Tsunamis** auslösen, da sich durch sie der **Meeresboden** plötzlich **hebt oder senkt**. An der Meeresoberfläche entstehen dabei gefährliche Wellen, die sich in alle Richtungen ausbreiten. In den flacheren

Meeresbereichen türmen sich diese zu **extrem hohen Wellen** auf, die dann einige Hundert Meter bis mehrere Kilometer weit ins Landesinnere vordringen und dort zu schweren Überschwemmungen und Verwüstungen führen.

Im Zuge der Plattentektonik sind an den Plattenrändern im karibischen Raum zudem **Ketten** von heute noch sehr **aktiven Vulkanen** entstanden. Denn hier wird das abgetauchte Material der ozeanischen Lithosphärenkruste aufgrund des enormen Drucks sowie der hohen Temperaturen im oberen Erdmantel zu glutflüssigem, gasreichem Magma aufgeschmolzen. Diese Magmaschmelze steigt dann nach oben, wo der hohe **Druck der Gase** zu **gefährlichen und unberechenbaren Vulkanausbrüchen** führt. Giftige Gase, Staub, Asche, Gesteinsbrocken sowie Lavaströme ergeben dann ein hohes Gefährdungspotenzial für die nähere Umgebung der Vulkane.

Da die karibische Region mit dem Karibischen Meer und dem äquatorialen Atlantik an tropisch warmen Meeren liegt, bilden sich hier zudem **tropische Wirbelstürme**, sogenannte Hurrikane. Ein Hurrikan entsteht, indem infolge einer hohen Meeresoberflächentemperatur feuchtwarme Luft über dem Meer aufsteigt und Unterdruck erzeugt. In dem sich bildenden „Kamin" strömt immer mehr Luft nach oben und wird durch die Corioliskraft in Rotation versetzt. Da die **karibischen Anrainerstaaten** im Bereich der **Zugbahnen dieser Wirbelstürme** liegen, besteht daher die Gefahr von Zerstörungen aufgrund der hohen **Windgeschwindigkeiten** sowie die Gefahr von **Sturmfluten** durch hohe Meereswellen bzw. von **Überschwemmungen** durch die heftigen **Niederschläge** beim Durchzug des Hurrikans. Dieses Gefährdungspotenzial wird durch die Intensivierung dieser Wirbelstürme aufgrund der **steigenden Meerestemperaturen** infolge der **Klimaerwärmung** noch zusätzlich erhöht. Der **Klimawandel** kann in Zukunft auch aufgrund des **Anstiegs des Meeresspiegels** die flachen Küstenregionen in Form von **Überflutungen** gefährden, allerdings auch durch zukünftig teilweise **verringerte Niederschläge** den Anrainerstaaten durch **Dürren** Schaden zufügen.

Erdbeben und Starkregen beim Durchzug von Wirbelstürmen bergen wiederum die Gefahr von **Erdrutschen** in sich. Diese werden zudem durch die **lockeren Vulkanascheböden** sowie durch die im karibischen Raum teilweise vorhandene **hohe Reliefenergie**, d. h. die großen Höhenunterschiede zwischen Gebirgen und Tiefländern auf engem Raum, begünstigt.

1.2 *Zur Lösung dieser Teilaufgabe ist es zuerst einmal wichtig, mithilfe einer Atlaskarte auf der Grundlage der in der Aufgabenstellung angegebenen Daten (8° 5' N/ 63° 33' W) die Stadt Ciudad in Südamerika zu verorten. Denn die Kenntnis über die Lage dieses Ortes am Unterlauf des Orinoco sowie nördlich des Äquators bzw. in nur etwa 200 km Entfernung von der Atlantikküste ist wichtig für die Begründung des hier herrschenden natürlichen Abflussverhaltens bzw. der Besonderheiten der Wasserführung des Orinoco. Zusätzlich ist es hilfreich, geeignete Karten hinzuzuziehen, die die Niederschläge und Windverhältnisse der Passatzirkulation im Orinoco-Tiefland im Januar und Juli aufzeigen. Für die*

Beantwortung der Fragestellung erscheint es sinnvoll, zuerst die Gründe für die langjährigen Durchschnittswerte des Abflusses und erst dann die Schwankungsbreite zwischen den Maximal- und Minimalwerten darzulegen. Zum Abschluss sollen Sie noch zwei mögliche Problembereiche aufzeigen, die sich durch die Besonderheiten der Wasserführung ergeben könnten.

Die **Wasserführung** bzw. Abflussmenge des Orinoco ist grundsätzlich **abhängig** von den **Niederschlägen**. Das **Ansteigen** des Abflusses ab **April bis** zum Maximum im **August** ist das Ergebnis der **Nordverlagerung der ITC** (innertropischen Konvergenzzone) über das Einzugsgebiet des Orinoco. In diesem Zeitraum fördern die immensen **Zenitalregen** der ITC den hohen Wasserabfluss des Orinoco. Diese werden zudem durch die vom Atlantik wehenden feuchten Luftmassen des Nordostpassats gespeist. Die im Vergleich zum Zenitalregen **zeitliche Verzögerung** in den Veränderungen der Wasserführung beruht einerseits auf dem **Rückhalt der Niederschläge im Boden**, andererseits auf der **Distanz** zwischen dem **Oberlauf** und der **Messstelle**. Mit der **Südverlagerung der ITC** lassen hingegen die Niederschläge nach, was zu einem **Rückgang der Wasserführung** des Orinoco bis zum Minimum im April führt. Die erhebliche **Schwankungsbreite** zwischen den in Anlage II.1 aufgezeigten Verläufen von Maximal- und Minimalwerten lässt sich aus der **Niederschlagsvariabilität** der Zenitalniederschläge in einzelnen Jahren erklären.

Folgende **Problembereiche** könnten sich möglicherweise aus der jährlichen bzw. langjährigen Schwankung der Wasserführung des Orinoco ergeben: Es könnte in der sommerlichen Hochwasserzeit im Tiefland zu regelmäßigen ausgedehnten **Überschwemmungen** kommen, was wiederum für eine Besiedlung und Nutzung der flussnahen Bereiche problematisch sein könnte. Zudem stellt die stark unterschiedliche Wasserführung große **finanzielle und technische Herausforderungen** etwa für die **Wasserkraftnutzung** oder bei notwendigen Damm- oder **Brückenbauten** dar. Des Weiteren wird die **Schifffahrt** im schiffbaren Unterlauf sowohl durch Hoch- als auch durch Niedrigwasser **erschwert** bzw. behindert.

2.1 *Diese sehr komplexe Teilaufgabe stellt an Sie hohe Anforderungen, denn Sie müssen aus den Materialien M 1 bis M 4 in Anlage II.2 elementare Informationen und Aussagen zur Entwicklung der ökonomischen und sozialen Situation in Venezuela sowie zu den Gründen für die aktuelle Krise des Landes herausarbeiten. Diese müssen Sie dann fachlich korrekt und klar strukturiert darlegen, wobei Sie im Sinne wissenschaftlichen Arbeitens auch Zitate aus dem Artikel M 1 von ZEIT Online in Ihre Argumentation einbauen sollten. Insgesamt sollte entsprechend der Aufgabenstellung eine schlüssige Verknüpfung der ökonomischen und sozialen Situation mit den Gründen für die aktuelle Krise des Landes erfolgen.*

Die Entwicklung der ökonomischen und sozialen Situation in Venezuela verdeutlicht der Index der menschlichen Entwicklung (Human Development Index/HDI) im Diagramm M 2. Dieser Indikator gibt den Entwicklungsstand eines Landes entsprechend den Grundbedürfnissen der Menschen wieder. Dazu gehören u. a. die Lebenserwartung bei der Geburt, das Bildungsniveau sowie das Pro-Kopf-Einkommen. Der sich seit 2014 **kontinuierlich verschlechternde HDI** kennzeichnet deutlich den **rückläufigen Entwicklungsstand Venezuelas**, der im Jahr 2018 etwa auf das Niveau von 2005 zurückgefallen ist. Zu vermuten ist, dass die vorrangige Ursache hierfür der Niedergang der Wirtschaft ist, was im HDI eine Abnahme des Werts für das Bruttonationaleinkommen (BNE) bedeutet.

Infolge der unter Präsident Hugo Chávez unter dem Slogan „Sozialismus des 21. Jahrhunderts" (M 1, Z. 10) begonnenen und seit dessen Tod 2013 unter Nicolás Maduro weitergeführten **Umverteilung** der **Vermögensverhältnisse** zugunsten der einfachen Bevölkerung sowie aufgrund der **Enteignungen** und Gängelungen der Privatwirtschaft schrumpfte die Wirtschaftskraft des Landes in den vergangenen Jahren extrem. Den **Niedergang der Wirtschaft** verursachte zudem die **schlechte Staatsführung** *(bad governance)* der Regierungen Chávez und Maduro, bei der **öffentliche Gelder** durch **Korruption** und **Streben nach Machterhalt verschwendet** wurden. So wurde ein Großteil der Einnahmen aus dem Erdölgeschäft an Unterstützerinnen und Unterstützer des Präsidenten in Form von Konsumgütern verteilt (vgl. M 1, Z. 13 f.). Zudem investierte die Regierung große Summen in das Militär, um die politische Macht der Generäle auf ihrer Seite zu haben.

In der Außenhandelsbilanz zeigt sich durch die deutliche **Dominanz** von **Rohöl** bei den Exportgütern die **monostrukturierte Wirtschaft** Venezuelas. Aufgrund des Rohölexports liegt der Gesamtwert der Ausfuhren 2018 noch um das Dreifache über dem Wert der Importgüter, was eine **positive Außenhandelsbilanz** bedeutet. Jedoch hat der **Gesamtwert** des Außenhandels im Vergleich zum Jahr 2014 stark **abgenommen** (–53,2 % bei den Exporten, –73,2 % bei den Importen). Zudem haben die ölfinanzierten Importe sicherlich auch dazu beigetragen, die heimische Produktion solcher Importgüter zu vernachlässigen.

Mit dem wirtschaftlichen Niedergang ging zusätzlich eine **Krise** der für Venezuela sehr bedeutenden **Erdölindustrie** einher. Venezuela – das Land mit den weltweit größten Erdölreserven – war wie kaum ein anderes Land von den ab dem Jahr 2014 **fallenden Ölpreisen** und damit dem **Rückgang** seiner wichtigsten **Einnahmequelle** betroffen. Bis dahin profitierte die venezolanische Volkswirtschaft von den ab 2002 steigenden Rohstoffpreisen, trotz der generellen Schwankungen des Weltmarktpreises von Rohöl und der daher schwer kalkulierbaren Deviseneinnahmen. Das Gros dieser Mittel floss in den Ausbau öffentlicher Verkehrsmittel und den Straßenbau. Jedoch sind aufgrund der aktuellen Krise viele dieser Bauprojekte bis heute noch nicht abgeschlossen. Anstatt die Gewinne für schlechtere Zeiten anzusparen und damit **Rücklagen** zu bilden, führte die Regierung die **Einnahmen** aus dem Ölgeschäft aus politischem Kalkül in großem Umfang der **einfachen Bevölkerung** zu. Zudem verschwand ein großer Teil der

Gewinne in den Taschen des Managements des staatlichen Ölkonzerns. Ebenso **fehlte** der Erdölförderung, da sie von einem ideologisch geprägten staatlichen Konzern geleitet wurde, die **marktwirtschaftliche Orientierung** und damit die globale **Konkurrenzfähigkeit**. Heute schafft es aufgrund des fehlenden Kapitals der venezolanische Staat kaum mehr, Anlagen reparieren zu lassen oder in neue Bohrungen zu investieren (vgl. M 1, Z. 7 f.). Da nur ein **geringer Anteil von verarbeitetem Erdöl** exportiert, jedoch ein hoher Anteil von raffiniertem Erdöl importiert wird, ist die **Wertschöpfung** Venezuelas aus seiner Erdölförderung sehr **gering**. Zudem konzentrierte sich der Hauptteil der Erdölexporte auf nur wenige Handelspartner, wie das Beispiel USA zeigt. Hauptabnehmer des exportierten Rohöls waren nämlich bis 2018 die USA, wo das relativ teerhaltige Öl aus Venezuela in speziellen Raffinerien verarbeitet wurde (vgl. M 1, Z. 18 f.). Seit 2015 jedoch ist auch die venezolanische Erdölförderung von durch die USA verhängten und schrittweise verschärften Sanktionen gegen Venezuela betroffen.

Der wirtschaftliche Niedergang seit 2014 traf auch die venezolanische **Bevölkerung**. Ein Großteil der Venezolanerinnen und Venezolaner gelten heute als arm. Die **wachsende Armut** bzw. der **sinkende Lebensstandard** der Bevölkerung führten zu großen Einschnitten hinsichtlich der Versorgung der Einwohnerinnen und Einwohner Venezuelas mit lebensnotwendigen Gütern. So ist die **Versorgung** mit Lebensmitteln und Medizin an vielen Orten **zusammengebrochen**. Zunehmende soziale **Konflikte** und Probleme, etwa in Form von wachsender **Kriminalität**, sind Ausdruck der prekären ökonomischen Lage. So weist Caracas, die Hauptstadt Venezuelas, eine der höchsten Mordraten der Welt auf (vgl. M 1, Z. 1 f.). Seit 2014 haben daher viele der ca. 30 Millionen Venezolanerinnen und Venezolaner das Land verlassen. Unter den **Migranten** sind auch zahlreiche gut ausgebildete Menschen.

Trotz großer Erdölreserven steht Venezuela wirtschaftlich vor einer **unsicheren Zukunft**. Aufgrund des **fehlenden Kapitals** kann es zu keinen sinnvollen Investitionen in die wirtschaftliche Zukunft des Landes kommen. Zudem wurde es **versäumt**, mithilfe der Deviseneinnahmen aus dem Erdölexport die durch die Dominanz von Rohöl monostrukturierte Wirtschaft zu **diversifizieren**. Des Weiteren **halten** sich ausländische **Unternehmen** aufgrund der politischen Ausrichtung der venezolanischen Regierung bzw. der politischen Instabilität im Hinblick auf **Direktinvestitionen** in Venezuela **zurück**. Auch **fehlt** durch die **Migration** eines großen Teils der Bevölkerung, aber besonders der Fachkräfte *(Braindrain)*, das **Humankapital** für einen wirtschaftlichen Neubeginn bzw. Aufschwung.

2.2 *Bei dieser Teilaufgabe sollen Sie die für den Zeitraum von 2015 bis 2017 in Anlage II.3 dargelegte Migration von Venezolanerinnen und Venezolanern nach Brasilien, Spanien und Kolumbien jeweils beschreiben, miteinander vergleichen und mögliche Gründe für die Unterschiede dieser Migrationsströme darlegen. Denken Sie bei den Gründen für die Unterschiede auch an eventuelle sprachliche Barrieren!*

Insgesamt steigt in allen drei Ländern die **Zahl** der **Migrantinnen und Migranten** aus Venezuela aufgrund der in Venezuela herrschenden Wirtschaftskrise bzw. der veränderten politischen Lage an.

Hierbei weist **Brasilien** von allen drei Ländern bei extrem geringem Ausgangswert insgesamt die **geringste Zuwanderung** sowie den geringsten Anstieg an Migrantinnen und Migranten aus Venezuela auf. Entscheidend hierfür ist sicherlich die große **räumliche Entfernung** der Wirtschaftszentren Brasiliens von Venezuela, wobei die geringe Vernetzung der **Verkehrsinfrastruktur** zwischen beiden Ländern ein großes Hindernis für eine höhere Zuwanderung darstellt. Zudem stellt die brasilianische Landessprache **Portugiesisch** im Gegensatz zu den beiden spanisch sprechenden Ländern Spanien und Kolumbien eine gewisse Sprachbarriere dar.

Spanien weist dagegen bei der Migration aus Venezuela mit etwa 170 000 Zuwanderern im Jahr 2015 das **höchste Ausgangsniveau** aller drei Staaten auf, wobei jedoch der Anstieg des Migrantenstroms ebenso gering wie in Brasilien ausfällt. Ursache für das hohe Ausgangsniveau ist sicherlich die **traditionell starke Bindung** an das bzw. die Vernetzung der Bürgerinnen und Bürger Venezuelas mit dem ehemaligen **Mutterland**. Zudem stellen neben der gemeinsamen Landessprache Spanisch der **attraktive Arbeitsmarkt**, die moderne Infrastruktur und die besseren Lebensverhältnisse im hoch entwickelten europäischen **Industrieland** Spanien entscheidende Pullfaktoren dar.

Kolumbien weist mit der Aufnahme von 50 000 Migrantinnen und Migranten 2015 den zweithöchsten Ausgangswert der drei Staaten auf. Mit einer Zunahme der Einwanderer im Jahr 2017 um 550 000 auf einen Wert von 600 000 hat Kolumbien allerdings den mit Abstand **höchsten Zuwanderungswert** aller drei Zielländer im Betrachtungszeitraum. Die **räumliche Nähe** durch die gemeinsame Grenze ermöglicht den Einwohnerinnen und Einwohnern Venezuelas bei **geringen Transportkosten** und der Möglichkeit der Nutzung einfacher Transportmittel, günstig und relativ unkompliziert Kolumbien **über den Landweg** zu erreichen. Zudem stellen die **kulturelle Verwandtschaft** beider Staaten sowie deren gemeinsame Sprache **Spanisch** keine Hürden für eine erfolgreiche Zuwanderung dar. Des Weiteren besteht durch die räumliche Nähe die Möglichkeit einer **schnellen Rückkehr in die Heimat**, wenn sich dort die wirtschaftlichen und politischen Verhältnisse wieder verbessern sollten.

Abitur 2021 Geographie Bayern
Aufgabe III: Philippinen und Indonesien

1 Wirtschaftliche Entwicklung auf den Philippinen

1.1 Beurteilen Sie anhand von Anlage III.1 und geeigneten Atlaskarten das touristische Potenzial der philippinischen Insel Bohol (10° N/ 125 °O) für den internationalen Ferntourismus.

1.2 Charakterisieren Sie die philippinische Arbeitsmigration im Hinblick auf die in der Anlage III.2 dargestellten Merkmale und diskutieren Sie Auswirkungen dieser Arbeitsmigration auf das Herkunftsland.

1.3 In der philippinischen Hauptstadt Manila arbeiten tausende Menschen als Müllsammler, die wiederverwertbare Materialien verkaufen. Diese Tätigkeit wird von den Behörden toleriert.
Stellen Sie mögliche positive und negative Folgen dieser Form des Müllsammelns dar. 32 BE

2 Entwicklungsprozesse in Indonesien

2.1 In der indonesischen Hauptstadt Jakarta setzt die Stadtverwaltung seit dem Jahr 2004 auf das Schnellbussystem *TransJakarta*.
Beschreiben Sie anhand von Anlage III.3 dieses System und zeigen Sie dabei dessen Vorteile auf.

2.2 Die indonesische Regierung plant die Hauptstadtfunktion Jakartas auf eine neu zu gründende Stadt auf der Insel Borneo zu übertragen.
Erläutern Sie auch mithilfe geeigneter Atlaskarten je zwei mögliche Ziele und Probleme dieses Projekts. 18 BE

50 BE

Anlage III.1 Touristisches Potenzial der philippinischen Insel Bohol

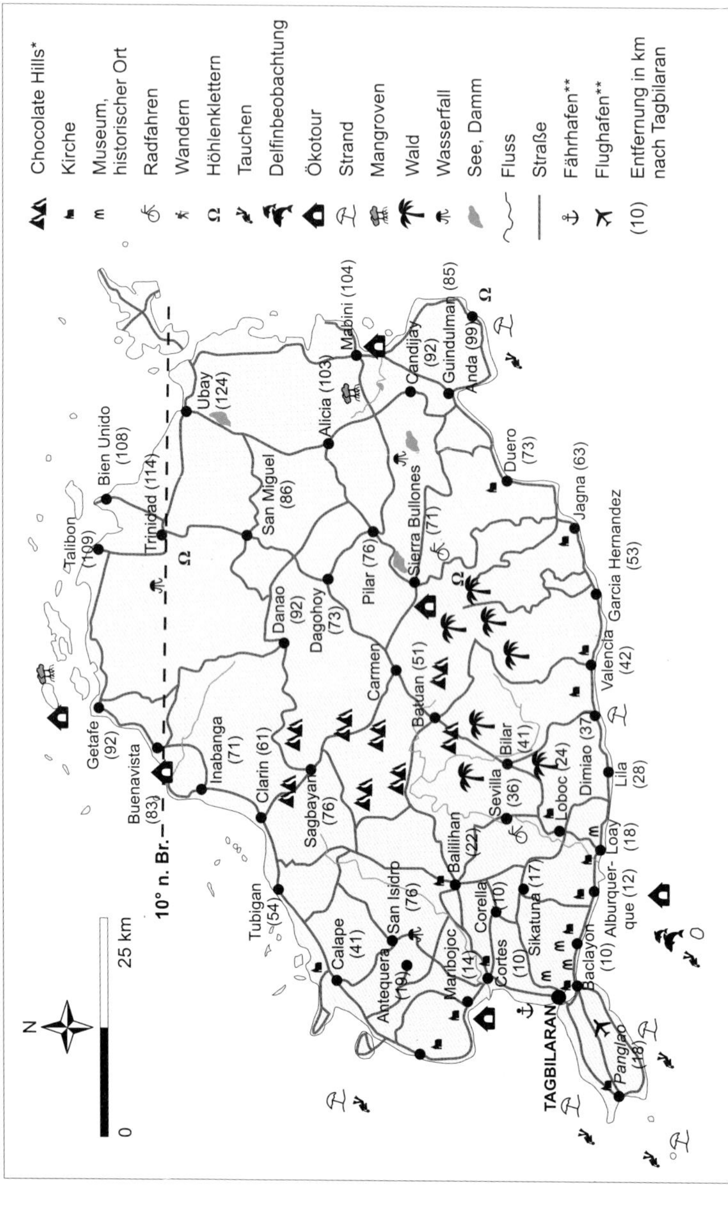

* Chocolate Hills: mehr als 1 250 kegelförmige, während der Trockenzeit braun gefärbte Hügel; Aufnahme in das UNESCO-Weltnaturerbe ist beantragt.

**Anreise: nach Zwischenaufenthalt auf der Nachbarinsel Cebu: Fähre: ca. 4 h; Schnellboot: ca. 2 h nach Umsteigen in Manila: Flugdauer: ca. 1,5 h

Anlage III.2 Philippinische Arbeitsmigranten im Ausland im Jahr 2018

Altersgruppen	14 Jahre und jünger	21 %
	15 bis 44 Jahre	57 %
	45 bis 59 Jahre	12 %
	60 Jahre und älter	10 %
Geschlecht	männlich	40 %
	weiblich	60 %
Tätigkeit oder Status vor der Emigration	Hausfrauen/Hausmänner	20 %
	Schüler, Studierende	25 %
	Berufstätige	27 %
	Kinder unter 7 Jahren und Ruheständler	11 %
	Arbeitslose	17 %
Zielgebiete und dort ausgeübte Berufe	Nordamerika, Europa, Australien, Neuseeland	Akademiker (v. a. Ärzte, Pädagogen, Priester und Ingenieure) sowie Pflegekräfte
	Hongkong, Singapur, Japan, Südkorea	Hausangestellte, Handwerker, Seeleute
	Naher Osten	Bauarbeiter, Hausangestellte

Hinweise:
Aus Gründen der Lesbarkeit wird in Anlage III.2 die männliche Form gewählt, nichtsdestoweniger beziehen sich die Angaben auf Angehörige aller Geschlechter.

Nach Schätzungen leben von der gesamten philippinischen Bevölkerung von 105 Millionen Menschen etwa 13 Millionen permanent oder temporär als Arbeitsmigranten im Ausland.

Anlage III.3 Schnellbussystem *TransJakarta* mit Haltestelle

Zur Bearbeitung der Aufgabe 2.1 ist die ganzseitige farbige Anlage III.3 am Ende des Buchs zu verwenden.

Quellenverzeichnis

NATIONAL GOVERNMENT PORTAL (2020): Commission on Filipinos Overseas, online unter https://cfo.gov.ph/statistics-2/

Eigene Darstellung nach Bohol Tourism Office, March 2004 (Anlage III.1)

Nach SCHWIEGER, JÖRG (2019): Philippinische Arbeitsmigration – weltweit und nach Deutschland (24. 03. 2019), online unter https://suedostasien.net/philippinische-arbeitsmigration-weltweit-und-nach-deutschland/ (Anlage III.2)

TRADING ECONOMICS (2020): Philippinen – Ankünfte von Touristen, online unter https://de.tradingeconomics.com/philippines/tourist-arrivals

GUNAWAN KARTAPRANATA/Wikipedia, CC-BY-SA 4.0 (Anlage III.3)

Lösungsvorschlag

1.1 *Anlage III.1 gibt Auskunft über das touristische Potenzial der philippinischen Insel Bohol. Die Kartenlegende belegt eine Vielzahl von landschaftlichen und kulturellen Attraktionen sowie Angebote für sportliche Aktivitäten auf der Insel. Darüber hinaus enthält die Karte Informationen über die Anreisemöglichkeiten und den dafür notwendigen Zeitaufwand von der philippinischen Hauptstadt Manila aus. Die Entfernungsangaben zahlreicher Orte zu dem regionalen Zentrum Tagbilaran besitzen nur eine geringe Aussagekraft, da es keine Hinweise etwa über den Straßenzustand gibt.*
Die Aufgabenstellung fordert eine Beurteilung des touristischen Potenzials der Insel Bohol; ergänzend sollen Sie geeignete Atlaskarten, z. B. eine physische Karte und eine Wirtschaftskarte Südostasiens, einbeziehen. Der Arbeitsauftrag verlangt somit eine Gegenüberstellung positiver und negativer Standortbedingungen für die touristische Entwicklung der Insel.

Die Insel Bohol liegt in der **tropischen Zone**. Ganzjährig hohe Luft- und Wassertemperaturen bieten hier optimale Bedingungen für einen **Strand- und Wassersporttourismus** im **gesamten Jahresverlauf**. Zusätzlich besitzt die Insel ein breitgefächertes Angebot an Freizeit- und Erholungsmöglichkeiten sowie kulturellen und natürlichen, zum Teil weltweit einmaligen **Sehenswürdigkeiten** wie etwa den *Chocolate Hills*, deren Aufnahme in das UNESCO-Weltnaturerbe-Verzeichnis beantragt ist. Bohol bietet umweltbewussten Touristinnen und Touristen auch Möglichkeiten für einen **nachhaltigen Tourismus**, z. B. Ökotouren oder sportliche Aktivitäten wie Radfahren und Wandern.

Die Insel verfügt über ein weit verzweigtes **Wegenetz**, wobei über die Qualität der Straßen keine weiteren Aussagen gemacht werden können. Überregional ist der Hauptort Tagbilaran sowohl durch **Fährverbindungen** als auch im **Luftverkehr** an die **Hauptstadt Manila** angebunden.

Die **aufwendige Anreise** ist zumindest für ausländische Touristen wegen der **fehlenden internationalen direkten Flugverbindungen** auf die Insel und der **peripheren Lage** innerhalb des Staates der Philippinen ein ernstzunehmender Standortnachteil. Die Lage am Rand der inneren Tropen bedingt eine **hohe Regenwahrscheinlichkeit** mit sehr ergiebigen Niederschlägen durch Zenitalregen in der Regenzeit, wohingegen die Trockenzeit nur wenige Monate andauert (dass es eine Trockenzeit gibt, ist den Hinweisen in der Anlage III.1 zu den *Chocolate Hills* zu entnehmen). Von Nachteil ist auch die Vulnerabilität der Insel **durch Naturkatastrophen** wie etwa **tropische Wirbelstürme**, die immer häufiger hohe Sach- und Personenschäden auf den Philippinen verursachen. Durch die Lage der Philippinen im Bereich des zirkumpazifischen Faltengebirgsgürtels bedrohen auch **Ausbrüche aktiver Vulkane** – einer davon liegt unmittelbar vor der Südküste von Bohol – und **Erdbeben** die Region und mindern deren touristische Attraktivität für Fernreisende.

1.2 *Mit der Arbeitsmigration von den Philippinen in das Ausland beschäftigt sich die zweite Teilaufgabe. Die Anlage III.2 gibt Aufschluss über verschiedene Merkmale der im Ausland arbeitenden Philippinerinnen und Philippiner, deren Charakterisierung nun erfolgen soll. In einem zweiten Schritt sollen die Auswirkungen der Abwanderung von philippinischen Arbeitskräften ins Ausland auf ihr Heimatland diskutiert werden. Damit die Lösung der Aufgabe den Anforderungen gerecht wird und nicht nur eine Aneinanderreihung von Daten ist, sollten wichtige Angaben zusammengefasst und die Merkmale Alter, Geschlecht, Tätigkeit vor der Emigration und Zielgebiete nicht isoliert voneinander charakterisiert werden.*

Die Mehrheit der philippinischen Arbeitsmigrantinnen und -migranten, nämlich 57 %, ist im Alter von 15–44 Jahren. Rechnet man die Altersgruppe der 45- bis 59-Jährigen dazu, so sind fast 70 % aller Arbeitsmigrantinnen und -migranten im Jahr 2018 **im erwerbsfähigen Alter** von 15–59 Jahren. Der Anteil von 21 % an Kindern bis 14 Jahre gibt einen deutlichen Hinweis auf die **Abwanderung ganzer Familien**, wenn die Eltern im Ausland einer Beschäftigung nachgehen. Dass der Anteil der Frauen bzw. Mädchen überwiegt, ist auf deren bevorzugte Tätigkeit als **Hausangestellte** in den Zielländern zurückzuführen. Vor der Abwanderung waren insgesamt 69 % der Migrantinnen und Migranten noch Schüler oder Studierende, übten eine Tätigkeit aus oder waren als Arbeitslose registriert. Die verbleibenden 31 % waren Kinder unter sieben Jahren, Ruheständler oder Hausfrauen bzw. Hausmänner. Es ist davon auszugehen, dass gerade die Gruppe der Hausfrauen und -männer wegen fehlender Arbeitsplätze im Heimatland emigrierte, um im Ausland eine feste Beschäftigung aufzunehmen.

In Abhängigkeit von ihrer beruflichen Qualifikation migrieren die Philippinerinnen und Philippiner in ganz unterschiedliche **Zielländer**. So dominiert bei der **Emigration in westliche Länder sowie nach Australien und Neuseeland** die Beschäftigung in Berufen mit überwiegend **höheren Anforderungen an die Qualifikation**, etwa Akademiker und Pflegekräfte. Dagegen finden Emigrantinnen und Emigranten mit überwiegend **geringer beruflicher Qualifikation**, etwa Hausangestellte, Bauarbeiter und Seeleute, hauptsächlich in **Ost- und Südostasien** sowie in den Ländern des **Nahen Ostens** einen Arbeitsplatz.

Die Auswirkungen der Arbeitsmigration sind vielschichtig. So leben nach Schätzungen 13 Mio. der 105 Mio. Philippinerinnen und Philippiner im Ausland. Dies bedeutet für die Philippinen einen **nachlassenden Bevölkerungsdruck** und damit eine **Entlastung des Wohnungs- und Arbeitsmarkts**. Gleichzeitig gefährdet der **Braindrain** und der resultierende **Fachkräftemangel** die Weiterentwicklung der heimischen Wirtschaft. Die Folgen durch die **Verschiebung der Geschlechterrelation** wegen einer überproportionalen Abwanderung von Frauen sind noch nicht absehbar. Auf der anderen Seite unterstützen die Arbeitsmigrantinnen und -migranten häufig ihre auf den Philippinen lebenden Familien mit **Rücküberweisungen**, wodurch sich deren Kaufkraft und Lebensstandard erhöhen. Die Rücküberweisungen verbessern die Zahlungsbilanz des Staates, können aber auch zur **Abhängigkeit** von diesen finanziellen Transferleistungen führen.

Kommt es zur **Remigration** ins Heimatland, so sind positive Entwicklungsimpulse durch einen möglichen **Transfer von Know-how** für die philippinische Wirtschaft denkbar.

1.3 *Die dritte Teilaufgabe zur wirtschaftlichen Entwicklung auf den Philippinen thematisiert eine Beschäftigung im informellen Sektor, das Sammeln und Verwerten von Müll. In der Hauptstadt Manila arbeiten Tausende als Müllsammler, deren Tätigkeit von den Behörden toleriert wird.*
Die Aufgabenstellung fordert eine Darstellung möglicher positiver und negativer Folgen des Müllsammelns. Für die Beantwortung sind keine Kenntnisse der besonderen Situation in Manila notwendig, da die Tätigkeit der im informellen Sektor tätigen Müllsammler in allen Entwicklungsländern ähnlich ist.

Positive Folgen der im informellen Sektor tätigen Müllsammler sind der **geringere Aufwand** und die **niedrigeren Kosten** für die **städtische Müllentsorgung**. Da es in Manila möglicherweise noch kein funktionierendes **Recycling-System** für Metalle oder bestimmte Kunststoffe gibt, können durch die Mülltrennung der Sammler diese Stoffe wieder in den Produktionskreislauf zurückgeführt werden. Durch den Verkauf der wiederverwertbaren Materialien erzielen die Müllsammler für sich und ihre Familien zwar nur ein geringes **Einkommen**, das ihnen aber das Überleben in einem Staat ohne oder mit nur gering entwickelten Sozialsystemen ermöglicht. Besonders für Menschen ohne oder mit nur sehr geringer schulischer und beruflicher Ausbildung ist das Müllsammeln oft die einzige **Beschäftigungsmöglichkeit**.

Das Einsammeln von Müll und dessen Sortierung birgt jedoch ernstzunehmende **Gefahren für die Gesundheit** durch den Kontakt mit Schadstoffen, Krankheitserregern oder Ungeziefer im Müll. Die Arbeit im informellen Sektor bietet auch kaum Perspektiven für eine **berufliche Qualifikation** und eine **Verbesserung der Bildungschancen**. Letzteres ist besonders gravierend, da häufig **Kinder** als Müllsammler unterwegs sind. Dies wiederum verhindert auch den Aufstieg sozial und wirtschaftlich benachteiligter Bevölkerungsschichten.

Da die Tätigkeit im informellen Sektor von der Verwaltung und den Behörden gesetzlich nicht erfasst wird, fließen dem Staat aus diesem Wirtschaftssektor **keine Steuereinnahmen** zu. Damit fehlen der öffentlichen Hand die finanziellen Mittel z. B. für den Ausbau und die Modernisierung der bestehenden Infrastruktur.

2.1 *Die zweite Aufgabengruppe behandelt Entwicklungsprozesse in Indonesien. In der Hauptstadt Jakarta hat die Stadtverwaltung bereits 2004 ein Schnellbussystem eingeführt, um den öffentlichen Personenverkehr attraktiver zu gestalten. Auf der Grundlage der Anlage III.3 soll das Verkehrskonzept TransJakarta beschrieben und dessen Vorteile (Achtung, es sind wirklich nur die Vorteile gefragt!) aufgezeigt werden.*

Voraussetzung für ein Schnellbussystem ist eine vom privaten Verkehr getrennte **separate Fahrspur** für die Busse, um das Stop-and-go im **Verkehrsstau** zu vermeiden und eine **höhere Reisegeschwindigkeit** bzw. kürzere Fahrtzeiten zu erzielen. An den Haltestellen sind erhöhte, barrierefreie Plattformen zu erkennen, wodurch das Aus- und Einsteigen einfacher und schneller erfolgt und die Haltezeiten sich verkürzen. Für die Fahrwege der Schnellbusse können bereits vorhandene Straßen genutzt und, wenn notwendig, noch ausgebaut werden. Dies erfordert in der Regel einen **geringeren technischen und finanziellen Aufwand** im Vergleich zum Ausbau anderer Verkehrsträger wie etwa einem U-Bahnsystem.

TransJakarta steigert die **Attraktivität des öffentlichen Nahverkehrs**, reduziert den **Individualverkehr** und trägt zu einer **Erhöhung der Fahrgastzahlen** bei. Letzteres führt zu einer **Zunahme der kommunalen Einnahmen**, die wiederum für weitere Investitionen in die städtische Infrastruktur genutzt werden können. Bei der Erneuerung des Omnibusfuhrparks könnte durch die Einführung etwa von elektrisch angetriebenen Bussen ein wesentlicher Beitrag zur **Reduzierung der Schadstoffemissionen** und somit zur **Verbesserung der Luftqualität** in Jakarta geleistet werden.

2.2 *Verlagerungen der Hauptstadt wurden in der Vergangenheit in Ländern wie Brasilien, Nigeria oder Tansania mehr oder weniger erfolgreich durchgeführt. Jetzt plant auch die indonesische Regierung, die Hauptstadtfunktion auf eine neu zu gründende Stadt auf der Insel Borneo zu übertragen. Mithilfe geeigneter Atlaskarten und basierend auf Ihrem Grundwissen über bereits erfolgte Hauptstadtverlagerungen sollen je zwei mögliche Ziele und Probleme dieses Vorhabens erläutert werden.*

Jakarta ist eine **Megacity** mit mehr als fünf Millionen Einwohnerinnen und Einwohnern; in der Agglomeration liegen zudem weitere Großstädte mit zum Teil über einer Million Einwohnern. Die **Verlagerung der Hauptstadtfunktion** und damit die Verlagerung aller wichtigen Behörden sowie der ausländischen Botschaften würde für die Metropole zu einer **Entlastung und Verringerung von Agglomerationsproblemen** etwa auf dem Wohnungsmarkt und bei den Bodenpreisen führen. Wird die Hauptstadtfunktion einer neu gegründeten Stadt übertragen, so bietet sich hier die Möglichkeit, die Funktionen Verwaltung, Arbeit, Wohnen, Verkehr und Erholung unter Einbeziehung **moderner raum- und stadtplanerischer Erkenntnisse** umzusetzen. Ein gutes Vorbild für modernen Städtebau ist die in den 1960er-Jahren neu errichtete brasilianische Hauptstadt **Brasilia**, wo es gelang, die verschiedenen Funktionen räumlich voneinander zu trennen mit dem Ziel, angenehme Lebens- und Wohnbedingungen für die Einwohner zu schaffen.

Hauptstadtverlagerungen haben immer auch das Ziel, eine **periphere Region zu erschließen und in Wert zu setzen**. Für Indonesien würde eine neue Hauptstadt auf der Insel Borneo eine Verringerung der administrativen und wirtschaftlichen

Dominanz der Insel Java und den **Abbau von Disparitäten** innerhalb des Inselstaates zur Folge haben.

Die Planung und der Bau einer neuen Hauptstadt sind jedoch ein Megaprojekt, das enorm **hohe Kosten** für die Errichtung der Regierungs-, Verwaltungs- und Wohngebäude sowie der gesamten Infrastruktur verursacht. Hinzu kommen die Kosten für die Umsiedlung des gesamten Regierungsapparats einschließlich der Regierungsbeamten, von denen vermutlich nicht alle einem Umzug aus der Metropole Jakarta in die Peripherie auf der Insel Borneo widerstandslos zustimmen werden.

Große Teile der Insel Borneo sind heute noch von tropischem Regenwald bedeckt. Der Bau einer neuen Großstadt bedeutet einen **schwerwiegenden Eingriff in ein sensibles Ökosystem**, wenn Regenwaldflächen gerodet werden müssen. Die Zerstörung natürlicher Lebensräume und der Verlust der Funktion des Regenwaldes als CO_2-Speicher wären mögliche Folgen.

Abitur 2021 Geographie Bayern
Aufgabe IV: Rhein-Main-Gebiet

1 Wirtschaft und Bevölkerung

1.1 Die IAA (Internationale Automobil-Ausstellung), eine der größten und bedeutendsten Automobilmessen weltweit, soll nach knapp 70 Jahren von Frankfurt am Main nach München verlegt werden. Zeigen Sie vier mögliche negative Folgen für Frankfurt am Main auf.

1.2 Der Großraum Frankfurt am Main ist in hohem Maße von Suburbanisierungsprozessen betroffen.
Legen Sie deren mögliche negative Auswirkungen für die Kernstadt und die Umlandgemeinden dar.

1.3 Beschreiben Sie in Grundzügen die Unterschiede bei der in Anlage IV.1 dargestellten Altersstruktur zwischen der Kurstadt Bad Orb und der Universitätsstadt Darmstadt (Technische Universität) und stellen Sie mögliche Gründe dafür dar. 30 BE

2 Wasser und Mobilität

2.1 Anlage IV.2 zeigt die Sickerwasserraten* und die Niederschlagswerte in Hessen im außergewöhnlich trockenen und warmen Jahr 2018. Erläutern Sie das Zustandekommen der Sickerwasserraten von Juni bis einschließlich August. Zeigen Sie anschließend sich daraus möglicherweise ergebende Probleme für Hessen auf.

2.2 Bewerten Sie die Wirksamkeit des in Anlage IV.3 vorgestellten Radschnellwegekonzepts im Hinblick auf eine Reduzierung des Autoverkehrs im Regionalverband *FrankfurtRheinMain*. 20 BE

50 BE

* Anmerkung: Die Erklärung dieses Begriffs ist in Anlage IV.2 auf der Folgeseite ersichtlich.

Anlage IV.1 Altersstruktur der Kurstadt Bad Orb und der Universitätsstadt Darmstadt (Technische Universität) im Jahr 2019

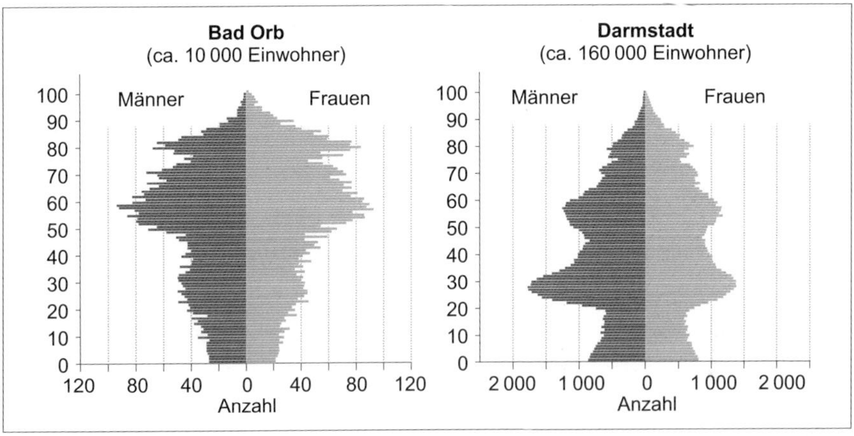

Anlage IV.2 Niederschlagswerte und Sickerwasserraten* in Hessen im Jahr 2018

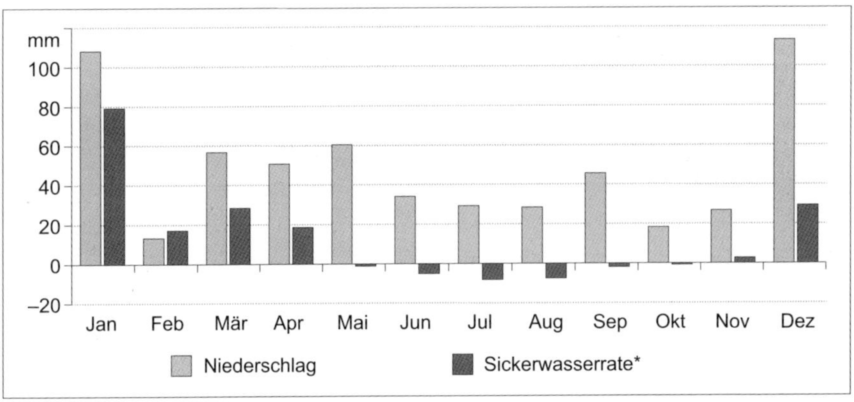

* Die Sickerwasserrate im Boden ergibt sich aus dem Niederschlag, vermindert um Verdunstung und Oberflächenabfluss (gemessen in mm pro Flächeneinheit).
Dieses so im Boden verbleibende Sickerwasser trägt dann zur Grundwasserneubildung bei.

Anlage IV.3 Radschnellwegekonzept des *Regionalverbandes FrankfurtRheinMain*

Aufgrund des hohen Verkehrsaufkommens und der geringen Entfernungen mehrerer Großstädte im Rhein-Main-Gebiet zueinander ist die Einrichtung sogenannter Radschnellwege mit folgenden Merkmalen geplant:

- Radwegeverbindung in einem dichten Wegenetz über größere Entfernungen in den Stadt-Umland-Regionen
- Auslegung für hohes Fahrradaufkommen mit ausreichender Breite für etwa drei Fahrräder
- durchgängig befahrbar, d. h. ohne Notwendigkeit der Nutzung von Pkw-Fahrspuren
- besonders hochwertige, witterungsbeständige (insbesondere frostbeständige) und langlebige Fahrbahnbeläge
- konzipiert auch für höhere Radfahrgeschwindigkeiten von mindestens 20 km/h
- besonders hohe Standards bei der Linienkennzeichnung
- Bevorzugung von Fahrrädern bei Ampelanlagen im Überschneidungsbereich mit dem Straßenverkehr
- ggfs. Errichten eigener kleiner Kreisverkehre oder Abbiegespuren

Quellenverzeichnis

BERTELSMANN STIFTUNG (2020): Wegweiser-Kommune. Statistische Daten, online unter https://www.wegweiser-kommune.de (Anlage IV.1)

Nach HESSISCHES LANDESAMT FÜR NATURSCHUTZ, UMWELT UND GEOLOGIE (2019): Gewässerkundlicher Jahresbericht 2018. Wiesbaden (Anlage IV.2)

HESSISCHES LANDESAMT FÜR NATURSCHUTZ, UMWELT UND GEOLOGIE (2020): Klima – Vergangenheit/Niederschlag, online unter http://atlas.umwelt.hessen.de/servlet/Frame/atlas/klima/niederschlag_txt.htm

Nach REGIONALVERBAND FrankfurtRheinMain (2017): Radschnellwege in der Region FrankfurtRheinMain. Flörsheim am Main (Anlage IV.3)

WETTERKONTOR (2020): Niederschlag – Monatswerte für Hessen, online unter https://www.wetterkontor.de/wetter-rueckblick/gebietsmittel/monatswerte/hessen

Lösungsvorschlag

1.1 *Seit ungefähr 70 Jahren findet alljährlich die Internationale Automobil-Ausstellung in Frankfurt am Main statt. Die Veranstalter planen, zukünftig den Standort dieser Messe nach München zu verlegen. Es sollen vier mögliche negative Folgen dieser Verlegung für Frankfurt am Main aufgezeigt werden. Bedenken Sie hierbei die Auswirkungen auf die Stadt Frankfurt insgesamt bzw. Beschäftigte und Wirtschaftsunternehmen, die von dem Messegeschehen profitieren.*

Die Internationale Automobil-Ausstellung ist nur eine von zahlreichen Messeveranstaltung in Frankfurt am Main. Trotzdem hätte eine Verlagerung dieses Ereignisses von Frankfurt weitreichende Folgen, da die IAA eine der **größten und global bedeutendsten Automobilmessen** ist und Tausende von Besuchern aus aller Welt deswegen nach Frankfurt kommen.

Wird diese Messe nicht mehr in Frankfurt am Main stattfinden, so bedeutet dies einen **Imageverlust** für die Stadt und einen Verlust der mit der IAA verbundenen medialen Aufmerksamkeit.

Dies könnte unter anderem zur Folge haben, dass weitere Messen an andere Standorte abwandern und es so zu einem **Bedeutungsverlust und Abwärtstrend für den Messeplatz Frankfurt am Main** kommt.

Da die Internationale Automobil-Ausstellung die größte Veranstaltung im Rhein-Main-Gebiet ist, droht bei einer Verlegung der **Verlust von Arbeitsplätzen** im Messebetrieb, bei Zulieferfirmen und Handwerksbetrieben aufgrund fehlender Nachfrage durch die Aussteller.

In gleicher Weise sind wegen des Ausbleibens der Aussteller sowie der Messebesucher aus dem In- und Ausland **Umsatzeinbußen im Gastronomie- und Übernachtungsgewerbe** zu befürchten.

1.2 *Die Agglomeration Frankfurt am Main ist laut der Aufgabenstellung von Suburbanisierungsprozessen betroffen. Obwohl eine Definition oder Erklärung von Suburbanisierung nicht gefordert ist, sollte in die Beantwortung der Aufgabe eine Erläuterung des Fachbegriffs einfließen. So ist es dann ohne Weiteres möglich, negative Auswirkungen für die Kernstadt und die Umlandgemeinden Frankfurts darzulegen. Detaillierte Kenntnisse über das Rhein-Main-Gebiet sind nicht erforderlich, da die Suburbanisierungsprozesse in allen Agglomerationen der Welt in ähnlicher Weise erfolgen.*

Unter **Suburbanisierung** versteht man die Wanderung der Wohnbevölkerung und die Verlagerung von Betrieben des sekundären und tertiären Sektors aus der Kernstadt in deren Umland.

Eine mögliche negative Auswirkung für die Kernstadt ist eine **Zunahme der Einpendler aus dem Umland** in die Kernstadt, wodurch es vermehrt zu **Verkehrs-**

staus und Schadstoffemissionen des privaten Kfz-Verkehrs sowie in den Hauptverkehrszeiten zu einer **Überlastung der öffentlichen Verkehrsmittel** kommt. Das erhöhte Verkehrsaufkommen erfordert zudem zusätzliche Kosten für den Bau und Unterhalt der Straßen und eine Verdichtung des ÖPNV im Berufsverkehr.

Die Verlagerung von Betrieben in die Umlandgemeinden bedeutet für die Kernstadt nicht nur einen **Verlust von Arbeitsplätzen**, sondern auch eine **Verringerung der Steuereinnahmen** bei gleichzeitig **hohem Investitionsaufwand** für die Modernisierung der Infrastruktur.

Da vor allem junge Familien mit Kindern sowie hochqualifizierte Personen mit einem überdurchschnittlichen Einkommen die Kernstadt verlassen, sind **ältere Menschen** und **sozial schwache Bevölkerungsgruppen** in der Kernstadt, v. a. im Innenstadtrandbereich, **überproportional vertreten**.

Auch für die Umlandgemeinden hat Suburbanisierung einige negative Auswirkungen. Das Bevölkerungswachstum führt zu einer **steigenden Nachfrage nach privaten Eigenheimen, Eigentums- und Mietwohnungen**. Wenn das Angebot des Immobiliensektors nicht deutlich ausgeweitet wird, kommt es zu stark steigenden Boden- und Mietpreisen. Die Ausweitung der Siedlungsflächen für eine Wohnbebauung ist in der Regel gleichbedeutend mit einem Verlust von Agrar- und naturbelassenen Flächen und verstärkt so die **Flächenversiegelung**. Der Zuzug von gutverdienenden Bevölkerungsgruppen und die Niederlassung von neuen Gewerbebetrieben steigern zwar die Steuereinnahmen der Gemeinden, die aber dringend für den **Neubau von Kinderbetreuungseinrichtungen und Schulen** sowie die **Investitionen für den Ausbau der Infrastruktur** der neuen Baugebiete benötigt werden. Hinzu kommt eine **steigende Verkehrsbelastung** in den Umlandgemeinden durch die Auspendler in die Kernstadt, weshalb das bestehende Straßennetz erweitert und zusätzliche Streckenverbindungen des ÖPNV eingerichtet werden müssen, die ebenfalls den Finanzhaushalt der Umlandgemeinden belasten.

1.3 *Der dritten Teilaufgabe zum Rhein-Main-Gebiet liegt die Anlage VI.1 zugrunde, die die Altersstrukturen von Bad Orb und Darmstadt gegenüberstellt. In der Aufgabenstellung wird darauf hingewiesen, dass es sich bei Bad Orb um eine Kurstadt handelt und dass Darmstadt Sitz einer technischen Universität ist. Diese beiden Angaben sind wichtig für den Vergleich der jeweiligen Altersstrukturen. Die Unterschiede sind in Grundzügen zu beschreiben und mögliche Ursachen hierfür sind darzustellen. Beachten Sie, dass die unterschiedlichen Einwohnerzahlen (Bad Orb 10 000 Einwohner*innen, Darmstadt 160 000 Einwohner*innen) keinen Einfluss auf die Altersstruktur haben!*

Besonders auffällig sind im Vergleich der beiden Altersstrukturen die Unterschiede bei den über 60-Jährigen, deren Anteil in Bad Orb deutlich höher ist als in Darmstadt. Die im Spessart gelegene Kurstadt ist für viele nicht mehr Berufstätige und Pensionäre ein bevorzugter **Altersruhesitz** – es handelt sich um eine ruhige Kleinstadt in einer landschaftlich attraktiven Mittelgebirgslage. Dagegen ist in Bad Orb der Anteil der Einwohnerinnen und Einwohner im arbeitsfähigen Alter zwischen 20 und ca. 50 Jahren geringer im Vergleich zu Darmstadt. Ein Grund ist möglicherweise die geringe Zahl von Beschäftigungsmöglichkeiten für gut ausgebildete und hochqualifizierte Arbeitskräfte wegen der **Dominanz von Kureinrichtungen** und der **peripheren Lage** etwa zum Rhein-Main-Gebiet.

Darmstadt liegt **zentral** in der Rheinebene und nahe den Wirtschaftszentren Frankfurt, Ludwigshafen/Mannheim und Wiesbaden/Mainz. Diese **Standortgunst** ist auch von Bedeutung für die Technische Universität Darmstadt, die für den hohen Anteil der 20- bis 30-jährigen Einwohnerinnen und Einwohner verantwortlich ist. Auffällig in dieser Altersgruppe ist der fast doppelt so große Anteil der Männer in Darmstadt, was auf das überwiegende **Angebot technischer Studiengänge** zurückzuführen ist. Der vergleichsweise hohe Anteil der Kinder bis zehn Jahre in Darmstadt ist eine Folge der im Vergleich zu Bad Orb vorherrschenden jüngeren Bevölkerung, vor allem auch junger Familien. Daraus resultiert auch eine **höhere Geburtenrate** in der Universitätsstadt.

2.1 *Die beiden Teilaufgaben der zweiten Aufgabengruppe Wasser und Mobilität stehen in keinerlei Zusammenhang, sodass deren Beantwortung unabhängig voneinander erfolgen kann. Die erste Teilaufgabe beschäftigt sich mit den monatlichen Niederschlägen und den Sickerwasserraten in Hessen im außergewöhnlich trockenen und warmen Jahr 2018, die in der Anlage IV.2 abzulesen sind. Die Definition der Sickerwasserrate erfolgt im Text zur Anlage IV.2: Sie ergibt sich aus dem Niederschlag vermindert um die Verdunstung und den Oberflächenabfluss; das verbleibende Sickerwasser trägt zur Neubildung von Grundwasser bei. Die Aufgabenstellung fordert eine Erläuterung der Sickerwasserraten ausschließlich von Juni bis August. Die anderen Monate bleiben außerhalb der Betrachtung, können aber, wo sinnvoll, in Ihre Ausführungen mit einfließen. In einem zweiten Schritt sollen mögliche resultierende Probleme für das Bundesland Hessen aufgezeigt werden.*

Von Juni bis August 2018 wurden in Hessen **negative Sickerwasserraten** gemessen. Doch auch in den Monaten Mai sowie September und Oktober waren die Sickerwasserraten leicht negativ. Negative Sickerwasserraten zeigen an, dass der Niederschlag geringer ist als die Verdunstung und der Oberflächenabfluss und es somit keine Neubildung von Grundwasser gibt. Ursachen hierfür sind einerseits die **geringen Niederschläge** in den Sommermonaten Juni bis August, andererseits die **intensivere Verdunstung** in diesen Monaten wegen der hohen Temperaturen. Dementsprechend war in dieser Periode auch der Wasserbedarf der Vegetation besonders hoch, sodass die Pflanzen dem Boden verstärkt Wasser entzogen haben.

Negative Sickerwasserraten zeigen an, dass im Boden kein Wasser bzw. Niederschlag versickert. Eine Folge ist ein **sinkender Grundwasserspiegel**, der zum Versiegen von Quellen und Brunnen führen kann. Es kommt zu einer **Verknappung der Ressource Wasser** für alle denkbaren Nutzungen im privaten Bereich, in der Industrie und besonders in der Landwirtschaft. Da in vielen Kommunen das Trinkwasser zumindest teilweise dem Grundwasserkörper entnommen wird, sind vor allem in den Sommermonaten Versorgungslücken und -reduzierungen zu befürchten.

2.2 *Der Regionalverband FrankfurtRheinMain plant zur Reduzierung des Autoverkehrs die Errichtung von Radschnellwegen. Hierfür wurde ein Konzept erstellt, dessen Merkmale in der Anlage IV.3 aufgelistet sind. Ihre Aufgabe ist es, die Wirksamkeit dieses Konzepts hinsichtlich seiner Zielsetzung zu bewerten. Dies erfordert eine Gegenüberstellung von Argumenten, die für bzw. gegen eine Zunahme des Radverkehrs infolge der Ausweisung von Radschnellwegen sprechen. Allgemeine Aussagen, warum eine Zunahme des Radverkehrs bzw. eine Abnahme des Autoverkehrs wünschenswert wären, sind hier nicht gefragt.*

Die Einrichtung von Radschnellwegen bietet sich im Rhein-Main-Gebiet an, da hier mehrere Großstädte in relativ geringer Entfernung zueinander liegen. Radschnellwege könnten zu einer **Zunahme des Radverkehrs** besonders auf nicht allzu langen und für den Autoverkehr stauintensiven Strecken führen. Sind die neuen Radwege durchgängig und auch mit höheren Geschwindigkeiten über 20 km/h befahrbar, so kann wegen einer möglichen Zeitersparnis der Radverkehr eine **Alternative zum Auto** sein. Dies gilt besonders bei Nutzung eines **E-Bikes**, bei dem der Kraftaufwand für das Radfahren deutlich geringer wird. Wirksam werden solche Radschnellwege durch ein **dichtes Wegenetz** mit ausreichender Breite der Fahrwege, den Vorrang für Radfahrer an Ampelanlagen und hohe Standards bei den Fahrbahnbelägen und der Streckenführung etwa mit Abbiegespuren. Ein großer Vorteil der Radschnellwege ist die **geringere Unfallgefahr**, da keine Straßen für den Autoverkehr genutzt werden müssen. Der **Wegfall der** mühsamen, oft zeitraubenden **Parkplatzsuche** und der zum Teil hohen Parkgebühren spricht ebenfalls für die Nutzung des Rades.

Das Angebot von Radschnellwegen kann vor allem in den Sommermonaten eine Zunahme des Radverkehrs zur Folge haben. Bei **schlechtem Wetter** und in den kalten **Wintermonaten** ist die Nutzung des Autos die bequemere Alternative. Dies gilt ebenso, wenn Gepäckstücke zu transportieren sind. Darüber hinaus ist die Frage der **angemessenen Bekleidung** ein schwerwiegendes Argument gegen die Nutzung des Rades für den täglichen Weg zur Arbeitsstelle, wenn etwa am Arbeitsplatz intensiver Kundenkontakt und ein Dresscode notwendig sind. Bei längeren Fahrtstrecken ist trotz der Radschnellwege das **Auto** das deutlich **schnellere Verkehrsmittel**.

Radschnellwege führen sicherlich in Ballungsräumen zu einer Steigerung der Attraktivität des Radverkehrs. Ob es jedoch deswegen zu einer deutlichen Reduzierung des Autoverkehrs kommen wird, ist mehr als fraglich.

Abitur 2022
Geographie Bayern

Um Ihnen die Prüfung 2022 schnellstmöglich zur Verfügung stellen zu können, bringen wir sie in digitaler Form heraus.

Sobald die Original-Prüfungsaufgaben 2022 freigegeben sind, können sie als PDF auf der Plattform **MyStark** heruntergeladen werden (Zugangscode vgl. Farbseiten vorne im Buch).

Prüfung 2022

www.stark-verlag.de/mystark

Farbabbildungen

Anlage II.1 / Abitur 2017

Quelle: Marian Kamensky / Cartoon Movement

Anlage IV.1 / Abitur 2017

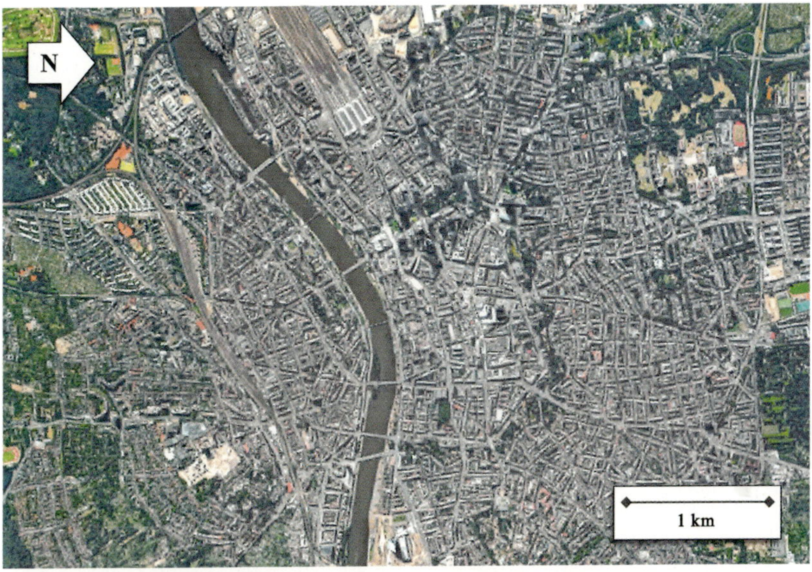

Bilder © 2017 Google; Kartendaten: © Geobasis-DE/BKG (2009) Google;
Bilder © 2017 Google; Kartendaten: © 2017 Google

Anlage I.3 / Abitur 2018

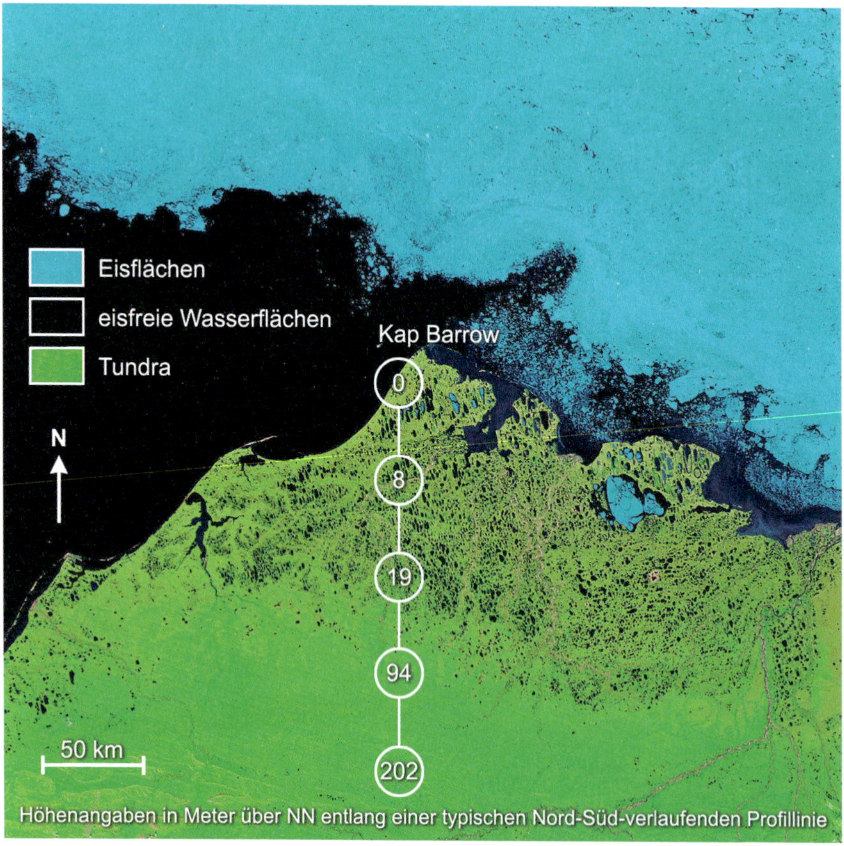

Quelle: NASA images courtesy Jeff Schmaltz, MODIS Rapid Response Team, Goddard Space Flight Center, verändert

© Ulrich Doering / Alamy Stock Photo

Bild (groß): https://dilemma-x.net/2016/07/16/update-on-eko-atlantic-in-the-city-of-lagos/
Bild (klein): © Universal Images Group North America LLC / Alamy Stock Foto

Anlage I.3/Abitur 2020

Anlage III.3 / Abitur 2021

Gunawan Kartapranata / Wikipedia, CC-BY-SA 4.0